普通高等教育工业设计专业"十二五"规划教材
上海高校市级精品课程教材

设计图学

主　编　袁和法　　副主编　姚　喆

主　审　王继成

中国水利水电出版社
www.waterpub.com.cn

内 容 提 要

全书共 8 章，包括绪论、制图投影基础理论、组合体视图与尺寸、轴测图、常用表达方法、零件图和装配图、建筑制图基础、透视图基础。

本书在保证制图教学系统性、严密性的前提下，重点突出培养学生规范地制图和阅读设计图样的知识和技能，加强训练学生空间想象和形体构思的能力，阐述了设计图学与工业设计关系及其在工业设计中的实例应用，为工业设计的表现奠定理论知识基础。书中采用了最新的国家技术制图标准，插图均采用计算机绘制，质量精美。本书教学案例注重专业性，并增加了"工业设计制图应用与实例"一节，介绍了工业设计中运用的各种图例和要求。

本书配有《设计图学习题集》，并配有习题参考解答。本书还配有教学课件和数字教材，读者可登录行水云课教育平台（https：//www.xingshuiyun.com）或关注"行水云课"公众号进行阅读或下载。

本书可作为高等院校工业设计、产品设计、环境设计及非机械类各专业的教材，也可作为产品设计等相关设计人员的参考用书。

图书在版编目（CIP）数据

设计图学 / 袁和法主编. -- 北京：中国水利水电出版社，2014.3（2022.2重印）
 普通高等教育工业设计专业"十二五"规划教材
 ISBN 978-7-5170-1283-2

Ⅰ．①设… Ⅱ．①袁… Ⅲ．①工程制图－高等学校－教材 Ⅳ．①TB23

中国版本图书馆CIP数据核字(2014)第036130号

书　　名	普通高等教育工业设计专业"十二五"规划教材 **设计图学**
作　　者	主编　袁和法　副主编　姚喆　主审　王继成
出版发行	中国水利水电出版社 （北京市海淀区玉渊潭南路1号D座　100038） 网址：www.waterpub.com.cn E-mail：sales@waterpub.com.cn 电话：（010）68367658（营销中心）
经　　售	北京科水图书销售中心（零售） 电话：（010）88383994、63202643、68545874 全国各地新华书店和相关出版物销售网点
排　　版	中国水利水电出版社微机排版中心
印　　刷	北京印匠彩色印刷有限公司
规　　格	210mm×285mm　16开本　10.5印张　318千字
版　　次	2014年3月第1版　2022年2月第3次印刷
印　　数	5001—7000册
定　　价	**45.00元**

凡购买我社图书，如有缺页、倒页、脱页的，本社营销中心负责调换
版权所有·侵权必究

丛书编写委员会

主任委员：刘振生　李世国

委　　员：（按拼音排序）

包海默	陈登凯	陈国东	陈江波	陈晓华	陈　健　陈思宇
杜海滨	董佳丽	段正洁	樊超然	方　迪	范大伟　傅桂涛
巩森森	顾振宇	郭茂来	何颂飞	侯冠华	胡海权　姜　可
焦宏伟	金成玉	金　纯	喇凯英	兰海龙	李德君　李奋强
李　锋	李光亮	李　辉	李华刚	李　琨	李　立　李　明
李　杨	李　怡	梁家年	梁　莉	梁　珣	刘　驰　刘　婷
刘　刚	刘　军	刘青春	刘　新	刘　星	刘雪飞　卢　昂
卢纯福	卢艺舟	罗玉明	马春东	马　彧	米　琪　聂　茜
彭冬梅	邱泽阳	曲延瑞	任新宇	单　岩	沈　杰　沈　楠
孙　浩	孙虎鸣	孙　巍	孙巍巍	孙颖莹	孙远波　孙志学
孙正广	唐　智	田　野	王　军	王俊民	王俊涛　王　丽
王丽霞	王少君	王艳敏	王一工	王英钰	王永强　邬琦姝
奚　纯	肖　慧	熊文湖	许　佳	许　江	许　坤　薛　川
薛　峰	薛　刚	薛文凯	谢天晓	严　波	杨　梅　杨骁丽
杨　翼	姚　君	叶　丹	余隋怀	余肖江	袁光群　袁和法
张　焱	张　安	张春彬	张东生	张寒凝	张　建　张　娟
张　莉	张　昆	张庶萍	张宇红	赵　锋	赵建磊　赵俊芬
钟　蕾	周仕参	周晓江	周　莹		

本书编委会

主　编　袁和法

副主编　姚　喆

主　审　王继成

参　编　李　鼎　樊天华　侯　林

普通高等教育工业设计专业"十二五"规划教材参编院校

清华大学美术学院	天津理工大学
江南大学设计学院	哈尔滨理工大学
北京服装学院	中国矿业大学
北京工业大学	佳木斯大学
北京科技大学	浙江理工大学
北京理工大学	青岛科技大学
大连民族学院	中国海洋大学
鲁迅美术学院	陕西理工大学
上海交通大学	嘉兴学院
杭州电子科技大学	中南大学
山东工艺美术学院	杭州职业技术学院
山东建筑大学	浙江工商职业技术学院
山东科技大学	义乌工商学院
东华大学	郑州航空工业管理学院
广州大学	中国计量学院
河海大学	中国石油大学
南京航空航天大学	长春工业大学
郑州大学	天津工业大学
长春工程学院	昆明理工大学
浙江农林大学	北京工商大学
兰州理工大学	扬州大学
辽宁工业大学	广东海洋大学
浙江树人大学	南昌大学
南昌航空大学	

序 Foreword

工业设计的专业特征体现在其学科的综合性、多元性及系统复杂性上，设计创新需符合多维度的要求，如用户需求、技术规则、经济条件、文化诉求、管理模式及战略方向等，许许多多的因素影响着设计创新的成败，较之艺术设计领域的其他学科，工业设计专业对设计人员的思维方式、知识结构、掌握的研究与分析方法、运用专业工具的能力，都有更高的要求，特别是现代工业设计的发展，在不断向更深层次延伸，愈来愈呈现出与其他更多学科交叉、融合的趋势。通用设计、可持续设计、服务设计、情感化设计等设计的前沿领域，均表现出学科大融合的特征，这种设计发展趋势要求我们对传统的工业设计教育作出改变。同传统设计教育的重技巧、经验传授，重感性直觉与灵感产生的培养训练有所不同，现代工业设计教育更加重视知识产生的背景、创新过程、思维方式、运用方法，以及培养学生的创造能力和研究能力，因为工业设计人员的能力是发现问题的能力、分析问题的能力和解决问题的能力综合构成的，具体地讲，就是选择吸收信息的能力、主体性研究问题的能力、逻辑性演绎新概念的能力、组织与人际关系的协调能力。学生这些能力的获得，源于系统科学的课程体系和渐进式学程设计。十分高兴的是，即将由中国水利水电出版社出版的"普通高等教育工业设计专业'十二五'规划教材"，有针对性地为工业设计课程教学的教师和学生增加了学科前沿的理论、观念及研究方法等方面的知识，为通过专业课程教学提高学生的综合素质提供了基础素材。

这套教材从工业设计学科的理论建构、知识体系、专业方法与技能的整体角度，建构了系统、完整的专业课程框架，此种框架既可以被应用于设计院校的工业设计学科整体课程构建与组织，也可以应用于工业设计课程的专项知识和技能的传授与培训，使学习工业设计的学生能够通过系统性的课程学习，以基于探究式的项目训练为主导、社会化学习的认知过程，学习和理解工业设计学科的理论观念，掌握设计创新活动的程序方法，构建支持创新的知识体系并在项目实践中完善设计技能，"活化"知识。同时，这套教材也为国内众多的设计院校提供了专业课程教学的整体框架、具体的课程教学内容以及学生学习的途径与方法。

这套教材的主要成因，缘于国家及社会对高质量创新型设计人才的需求，以及目前我国新设工业设计专业院校现实的需要。在过去的20余年里，我国新增数百所设立工业设计专业的高等院校，在校学习工业设计的学生人数众多，亟须系统、规范的教材为专业教学提供支撑，因为设计创新是高度复杂的活动，需要设计者集创造力、分析力、经验、技巧和跨学科的知识于一身，才能走上成功的路径。这样的人才培养目标，需要我们的设计院校在教育理念和哲学思考上作出改变，以学习者为核心，所有的教学活动围绕学生个体的成长，在专业教学中，以增进学生的创造力为目标，以工业设计学科的基本结构为教学基础内容，以促进学生再发现为学习的途径，以深层化学习为方法、以跨学科探究为手段、以个性化的互动为教学方式，使学生在高校的学习中获得工业设计理论观念、专业精神、知识技能以及国际化视野。这套教材是实现这个教育目标的基石，好的教材结合教师合理的学程设计能够极大地提高学生的学习效率。

改革开放以来，中国的发展速度令世界瞩目，取得了前人无以比拟的成就，但我们应当清醒地认识到，这是以量为基础的发展，我们的产品在国际市场上还显得竞争力不足，企业的设计与研发能力薄弱，产品的设计水平同国际先进水平比仍有差距。今后我国要实现以高新技术产业为先导的新型产业结构，在质量上同发达国家竞争，企业只有通过设计的战略功能和创新的技术突破，创造出更多自主品牌价值，才能使中国品牌走向世界并赢得国际市场，中国企业也才能成为具有世界性影响的企业。而要实现这一目标，关键是人才的培养，需要我们的高等教育能够为社会提供高质量的创新设计人才。

从经济社会发展的角度来看，全球经济一体化的进程，对世界各主要经济体的社会、政治、经济产生了持续变革的压力，全球化的市场为企业发展提供了广阔的拓展空间，同时也使商业环境中的竞争更趋于激烈。新的技术及新的产品形式不断产生，每个企业都要进行持续的创新，以适应未来趋势的剧烈变化，在竞争的商业环境中确立自己的位置。在这样变革的压力下，每个企业都将设计创新作为应对竞争压力的手段，相应地对工业设计人员的综合能力有了更高的要求，包括创新能力、系统思考能力、知识整合能力、表达能力、团队协作能力及使用专业工具与方法的能力。这样的设计人才规格诉求，是我们的工业设计教育必须努力的方向。

从宏观上讲，工业设计人才培养的重要性，涉及的不仅是高校的专业教学质量提升，也不仅是设计产业的发展和企业的效益与生存，它更代表了中国未来发展的全民利益，工业设计的发展与时俱进，设计的理念和价值已经渗入人类社会生活的方方面面。在生产领域，设计创新赋予企业以科学和充满活力的产品研发与管理机制；在商业流通领域，设计创新提供经济持续发展的动力和契机；在物质生活领域，设计创新引导民众健康的消费理念和生活方式；在精神生活领域，设计创新传播时代先进文化与科技知识并激发民众的创造力。今后，设计创新活动将变得更加重要和普及，工业设计教育者以及从事设计活动的组织在今天和将来都承担着文化和社会责任。

中国目前每年从各类院校中走出数量庞大的工业设计专业毕业生，这反映了国家在社会、经济以及文化领域等方面发展建设的现实需要，大量的学习过设计创新的年轻人在各行各业中发挥着他们的才干，这是一个很好的起点。中国要由制造型国家发展成为创新型国家，还需要大量的、更高质量的、充满创造热情的创新设计人才，人才培养的主体在大学，中国的高等院校要为未来的社会发展提供人才输出和储备，一切目标的实现皆始于教育。期望这套教材能够为在校学习工业设计的学生及工业设计教育者提供参考素材，也期望设计教育与课程学习的实践者，能够在教学应用中对它做出发展和创新。教材仅是应用工具，是专业课程教学的组成部分之一，好的教学效果更多的还是来自于教师正确的教学理念、合理的教学策略及同学习者的良性互动方式上。

2011 年 5 月
于清华大学美术学院

前言

设计图学是一门专门研究绘制和阅读产品设计中各种工程图样的学科。与传统工程制图教材相比，设计制图为适应设计专业学生需求和特点，其教材的内容更广、更注重培养和训练学生的绘制草图能力、形体构思和空间想象能力的培养。本书内容上有如下特点：

(1) 教材内容面广、系统性强。
(2) 教材注重基础内容的系统性和设计图例的专业性。
(3) 教材图例丰富，深入浅出，便于学生复习自学。
(4) 教材采用最新实施的《技术制图》、《机械制图》国家标准及相关的最新标准。
(5) 教材插图采用计算机绘制与处理，视觉效果精良。

本书由上海第二工业大学袁和法主编，各章节编写分配如下：袁和法编写了第1~3、6章及附录，大连工业大学李鼎编写了第4、5章，上海第二工业大学姚喆编写了第7章、上海第二工业大学侯林、樊天华、袁和法编写了第8章。全书由袁和法统稿、调整并最后定稿。

本书由东华大学王继成教授担任主审，他为教材的最后完成提供了许多宝贵意见。

本书与配套出版的《设计图学习题集》一起使用。

本教材的编写过程中，得到了上海木马工业设计公司的大力支持。上海第二工业大学李少恒、安子恒、黄岩、阮澄、李婷婷、杨琦等学生帮助处理了大量的CAD图，在此一并表示衷心的感谢。

由于时间仓促，尽管编写过程反复审阅，但疏漏之处在所难免，恳请读者批评指正。

袁和法
2013年7月

作者简介

袁和法,现上海第二工业大学应用艺术设计学院工业设计系副教授。

1984年毕业于上海理工大学机械工程系本科、工学硕士。

1987年9月至1988年7月在上海交通大学研究生院全国高校师资班进修产品造型设计。

1984年7月进入上海第二工业大学任教至今。

现中国工业设计协会会员、中国机械工程学会工业设计分会理事、上海工业设计协会理事、上海市图学学会常务理事/工业设计专业委员会主任,已出版设计类专著、教材6本,在核心期刊等发表论文10多篇,为企业设计产品40多项,获国家外观设计专利30多项。

重印说明

《设计图学》出版以来，受到高校师生的欢迎，对提高高校设计类专业制图课程教学质量起到了积极的促进作用。本教材针对工业设计和环境设计专业制图教学特点，编写严谨，内容丰富，图例经典，适用性强。但近年来，有关制图标准、产品技术规范和机械部件技术规范陆续修订更新，教材相关内容有必要进行更新完善。

在《设计图学》第三次印刷之际，作者按照我国现行标准规范对教材内容进行了修订，并对教材中部分插图的色彩进行了调整，使其内容更加准确、时效性更强，插图更加清晰直观，便于读者阅读和快速理解。同时，出版社还将修订后教材制作为数字教材，供读者线上阅读学习。另外，教材主编主讲的"设计图学"课程于2015年获评上海高校市级精品课程，该课程配套教学课件作为修订重印教材的配套教学资源，也一同提供给广大读者阅读使用。

2022 年 2 月

目 录
Contents

序
前言
重印说明

第 1 章　绪论 ……………………………………………………………………………………… 1
　1.1　设计图学概述 ………………………………………………………………………………… 1
　1.2　设计图学与工业设计 ………………………………………………………………………… 2
　1.3　制图的基本知识与技能 ……………………………………………………………………… 3
　　1.3.1　制图国家标准的基本规定 ……………………………………………………………… 3
　　1.3.2　制图的基本技能 ………………………………………………………………………… 9
　　1.3.3　平面图形的绘制方法和步骤 …………………………………………………………… 12
　　1.3.4　徒手绘图基础 …………………………………………………………………………… 14

第 2 章　制图投影基础理论 …………………………………………………………………… 16
　2.1　投影的基本知识 ……………………………………………………………………………… 16
　2.2　几何元素的正投影 …………………………………………………………………………… 18
　　2.2.1　点的正投影 ……………………………………………………………………………… 18
　　2.2.2　直线的正投影 …………………………………………………………………………… 18
　　2.2.3　平面的正投影 …………………………………………………………………………… 20
　2.3　立体的正投影及其表面上取点和线 ………………………………………………………… 21
　　2.3.1　立体的三面正投影与三视图 …………………………………………………………… 21
　　2.3.2　基本立体的三视图及其表面上取点和线 ……………………………………………… 22
　2.4　立体的截交线与相贯线 ……………………………………………………………………… 23
　　2.4.1　立体表面的截交线 ……………………………………………………………………… 23
　　2.4.2　两曲面立体表面的相贯线 ……………………………………………………………… 27
　思考题 ……………………………………………………………………………………………… 31

第 3 章　组合体视图与尺寸 …………………………………………………………………… 32
　3.1　组合体的构成及三视图 ……………………………………………………………………… 32
　　3.1.1　组合体的概念及组合方式 ……………………………………………………………… 32
　　3.1.2　三视图的形成与对应关系 ……………………………………………………………… 33
　3.2　组合体视图的画法 …………………………………………………………………………… 34
　　3.2.1　形体分析法 ……………………………………………………………………………… 34
　　3.2.2　组合体视图绘制方法与步骤 …………………………………………………………… 34
　3.3　组合体视图的尺寸标注 ……………………………………………………………………… 36
　　3.3.1　尺寸标注的基本要求 …………………………………………………………………… 36
　　3.3.2　尺寸类型和标注方法 …………………………………………………………………… 37
　　3.3.3　尺寸标注中应注意的问题 ……………………………………………………………… 39

3.4 组合体视图的阅读 ·· 40
3.4.1 看图的基本知识 ·· 40
3.4.2 看图的基本方法 ·· 41
3.4.3 看图的步骤与举例 ··· 43
思考题 ·· 46

第4章 轴测图 ··· 47
4.1 轴测图的概述 ··· 47
4.1.1 轴测图的形成 ··· 47
4.1.2 轴测图的种类 ··· 48
4.2 正等轴测图的画法 ··· 49
4.2.1 平面立体的正等轴测图的画法 ·· 49
4.2.2 曲面立体的正等轴测图的画法 ·· 50
4.2.3 正等轴测图画法举例 ··· 53
4.3 轴测图的徒手绘制与尺寸标注 ······································· 54
4.3.1 轴测图的徒手绘制 ··· 54
4.3.2 轴测图的尺寸标注 ··· 55
思考题 ·· 56

第5章 常用表达方法 ··· 57
5.1 视图与剖视图 ··· 57
5.1.1 视图 ··· 57
5.1.2 剖视图 ··· 59
5.2 断面图与局部放大图 ··· 68
5.2.1 断面图 ··· 68
5.2.2 局部放大图 ··· 69
5.3 简化画法与表达方法综合运用 ······································· 70
5.3.1 简化画法 ··· 70
5.3.2 表达方法综合运用 ··· 73
思考题 ·· 75

第6章 零件图和装配图 ·· 76
6.1 标准件与常用件的简介与表达 ······································· 76
6.1.1 螺纹及其规定画法 ··· 76
6.1.2 螺纹紧固件及其规定画法 ·· 80
6.1.3 键及其联结画法 ·· 82
6.1.4 齿轮及其画法 ··· 83
6.2 零件图的表达 ··· 83
6.2.1 零件图的概述 ··· 84
6.2.2 零件图的内容与作用 ··· 84
6.2.3 零件上常见的工艺结构 ·· 85
6.2.4 零件的分类与表达 ··· 85
6.2.5 零件的尺寸与技术要求 ·· 90
6.3 装配图的表达 ··· 99
6.3.1 装配图内容和作用 ··· 99

  6.3.2 装配图的画法 ·· 100
  6.3.3 装配图中常见的装配结构 ·· 101
  6.3.4 装配图的尺寸与技术要求 ·· 102
  6.3.5 装配图的零件序号及明细栏 ·· 103
  6.3.6 装配图的绘制与阅读 ·· 104
 6.4 工业设计制图应用与实例 ··· 106
  6.4.1 产品设计草图和效果图 ·· 107
  6.4.2 产品外形尺寸图 ·· 107
  6.4.3 产品工程图 ·· 107
  6.4.4 产品说明与产品分解图 ·· 107
思考题 ·· 109

第 7 章 建筑制图基础 ·· 110

 7.1 建筑制图的基本规范 ··· 110
  7.1.1 图线和比例 ·· 110
  7.1.2 常见建筑材料图例 ·· 111
  7.1.3 常用符号 ·· 112
  7.1.4 定位轴线 ·· 115
 7.2 建筑总平面图与施工说明书 ··· 115
  7.2.1 总平面图 ·· 115
  7.2.2 施工总说明书 ·· 117
 7.3 平面图阅读与绘制 ··· 117
  7.3.1 平面图概述 ·· 117
  7.3.2 平面图的图示内容 ·· 117
  7.3.3 平面图的绘制规范 ·· 120
  7.3.4 平面图的绘制步骤 ·· 120
 7.4 立面图的阅读与绘制 ··· 121
  7.4.1 立面图概述 ·· 121
  7.4.2 立面图的图示内容 ·· 121
  7.4.3 立面图的绘制规范 ·· 122
  7.4.4 立面图的绘制步骤 ·· 122
 7.5 剖面图的阅读与绘制 ··· 123
  7.5.1 剖面图概述 ·· 123
  7.5.2 剖面图的图示内容 ·· 124
  7.5.3 剖面图的绘制规范 ·· 124
  7.5.4 剖面图绘制步骤 ·· 124
 7.6 详图的阅读与绘制 ··· 125
  7.6.1 详图概述 ·· 125
  7.6.2 详图的图示内容 ·· 125
  7.6.3 详图的绘制 ·· 126

第 8 章 透视图基础 ·· 131

 8.1 透视概述 ··· 131
  8.1.1 透视图的基本概念 ·· 131

8.1.2　透视图的原理与术语 ………………………………………………………………… 132
　　8.1.3　学习透视的目的 …………………………………………………………………… 132
8.2　透视图分类与基本画法 …………………………………………………………………… 133
　　8.2.1　透视图分类 ………………………………………………………………………… 133
　　8.2.2　画面、视点和物体相对位置的确定 ………………………………………………… 134
　　8.2.3　透视图的基本画法 ………………………………………………………………… 134
8.3　简捷透视图画法 …………………………………………………………………………… 140
　　8.3.1　一点和二点透视的简捷画法 ……………………………………………………… 140
　　8.3.2　45°简捷透视图画法 ………………………………………………………………… 141
　　8.3.3　30°~60°简捷透视图画法 …………………………………………………………… 142
　　8.3.4　透视网格作图画法 ………………………………………………………………… 142
　　8.3.5　室内微角二点透视图画法 ………………………………………………………… 144

附录 ……………………………………………………………………………………………… 146

参考文献 ……………………………………………………………………………………… 151

第 1 章 绪 论

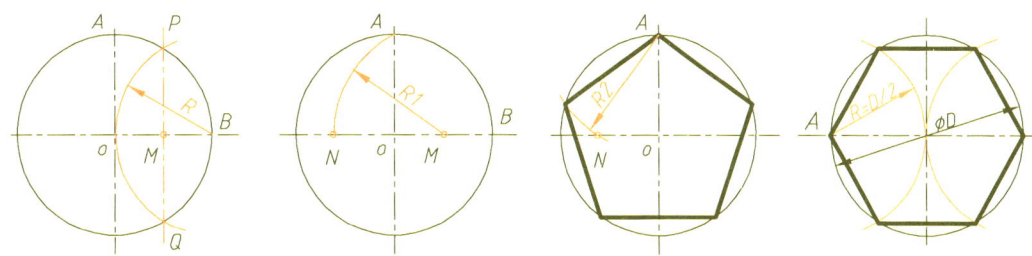

- **学习目标**

1. 了解设计图学的学习目的、内容和作用。
2. 了解设计中各种常用的图样。
3. 掌握制图的基本规定和几何作图的方法。

- **学习重点**

制图的基本规定和几何作图的方法。

1.1 设计图学概述

设计图学是一门专门研究绘制和阅读设计中各种技术图样表达方法和规范的学科。它的研究内容包括投影基础理论及应用、设计中各种图样的规范、绘制和阅读方法。

1. 学习设计图学的目的和意义

设计图学是工业设计专业必修的专业基础课。在工程与设计领域中,图样作为设计表达和交流的手段,它是设计师、工程师展开构思,推敲和交流方案的重要方式和手段。因此,技术图样也被称为设计和工程技术交流的语言,是设计师和工程技术人员必须掌握的专业知识和技能。学好设计图学既是学习后续专业知识的基础,又能培养学生良好的空间想象与分析能力。因此,设计图学是学习工业设计的重要基础。

2. 课程内容、要求及学习方法

根据工业设计师的知识结构需求和专业知识的要求,本书内容分为:绪论、投影制图基础理论、组合体视图与尺寸、轴测图、常用表达方法、零件图与装配图、建筑制图基础、透视图基础等内容。

通过学习,要求学生掌握技术制图国家标准及规范、各种图样的表达方法、产品零件图和装配图的绘制和阅读方法、建筑施工图的阅读与绘制、轴测图和透视图的绘制方法。

设计图学学习是理论和实际相结合的学习过程,在学习中应注重学习方法:

(1) 强化制图标准化、规范化意识,在作业和练习中认真贯彻国家标准和规范。

(2) 注重空间想象分析与视图绘制相结合,加强空间到平面、平面到空间的想象能力训练。

(3) 注重理论分析与作图实践相结合,掌握正确的绘制与阅读图样的方法与技能。

（4）养成认真仔细的学习习惯。

1.2 设计图学与工业设计

在设计和生产过程中人们常常会看到各种图样。以工业设计为例，其设计过程与各种图样关系密切。首先是在产品设计的设计构思、讨论和汇报阶段，应有设计研究图纸；其次设计师向他人传达设计意图，反映设计预期效果的图纸；最后要提供产品加工制造、安装和使用说明的图纸。一般在与客户交流时，设计师会采用设计草图、设计效果图；产品确认后要有产品外形尺寸图；产品制造和安装时会用到零件图、装配图和爆炸图等。表1-1简要介绍了工业设计中各种常用的图样。

表1-1　　　　　　　　　　　工业设计中各种图样的应用

应用	名称	方式与作用	图例	表现方法
设计过程	设计草图	以线条为主，表达设计雏形或表明产品的特征、机构、组合方式，以利沟通及思考	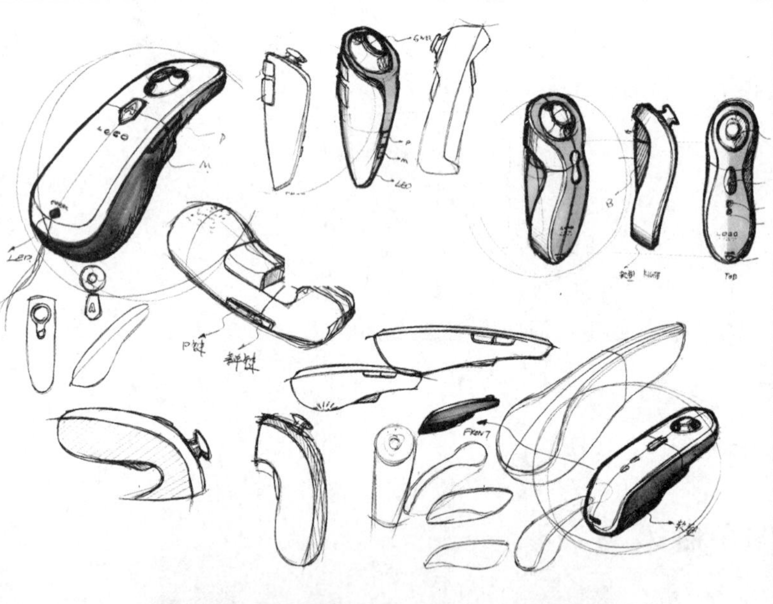	速写 透视图
	效果图	通过手绘或电脑效果图来表现产品预期的设计效果	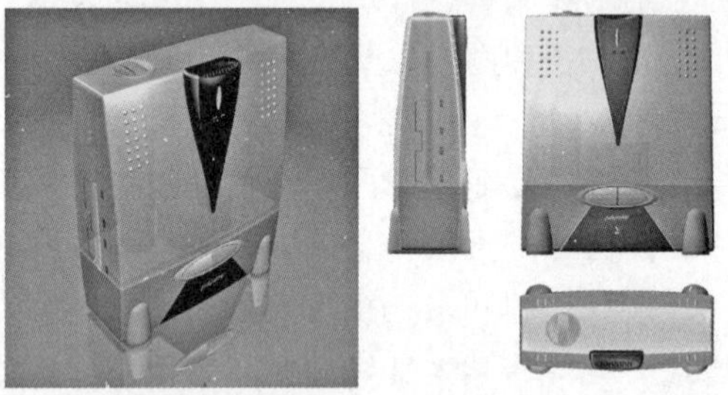	透视图 正投影图
	外形尺寸图	表示产品的完整外形，结构和设计风格，并标注外观尺寸。常用三视图等表示	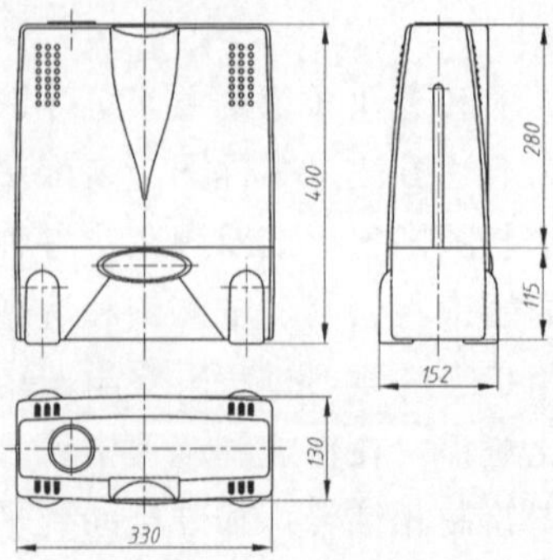	正投影图

续表

应用	名称	方式与作用	图例	表现方法
加工过程	零件图	表示零件形状、结构、大小及技术要求的图样	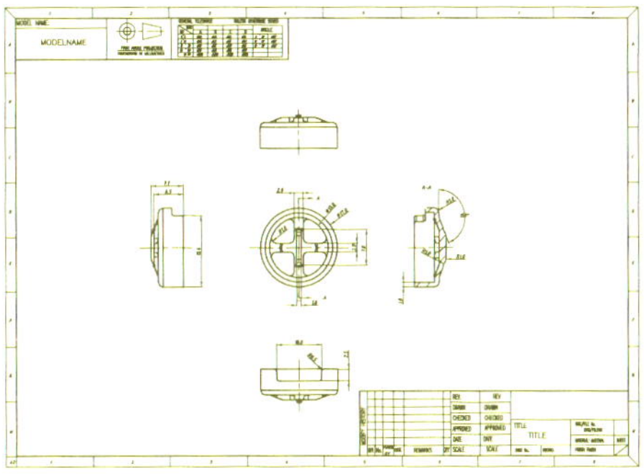	正投影图
加工过程	装配图	反映产品零件之间装配关系和工作原理的图样	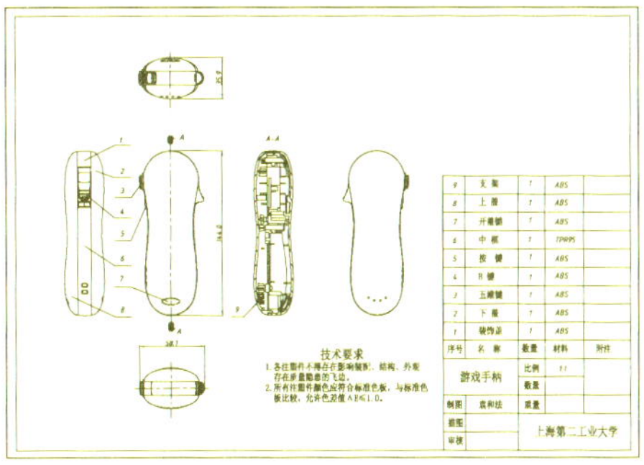	正投影图
维修说明	爆炸图分解图	用轴测图反映零件数量和装配顺序的图样。常用于产品的维修和设计说明中	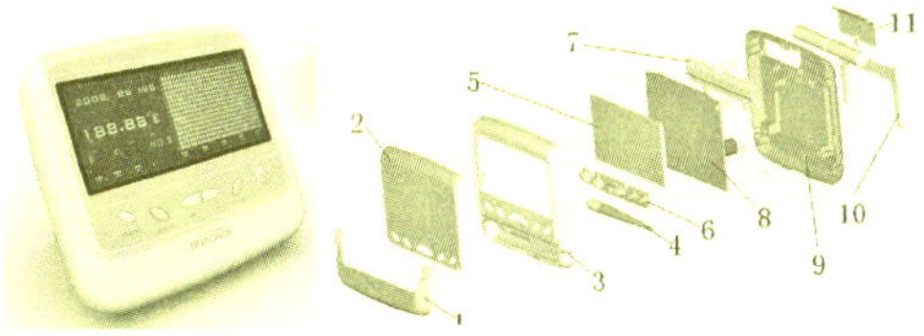	轴测图

1.3 制图的基本知识与技能

1.3.1 制图国家标准的基本规定

制图的国家标准包括技术制图标准、机械制图标准和建筑制图标准等，它们对与图样相关的画法、尺寸和技术要求等分别有统一的规定，设计和工程技术人员必须严格遵守，认真执行。下面主要对技术制图国家标准作简要介绍。

我国国家标准代号为"GB"；推荐性国家标准代号为"GB/T"。

1. 图纸幅面和格式（GB/T 14689—2008）

绘制工程图样时，应优先采用表1-2所规定的基本幅面。图幅代号为A0、A1、A2、A3和A4五种，各种图纸幅面之间尺寸关系如图1-1所示。图纸可以横放，也可以竖放，但必须用粗实线画出图框，用来界定绘图边界。图纸幅面代号和尺寸见表1-2。

由图1-1和表1-2可知，图幅的长宽比都是$\sqrt{2}$，它所构成的矩形称为$\sqrt{2}$矩形，且对折所形成的图幅仍是同长宽比的矩形。

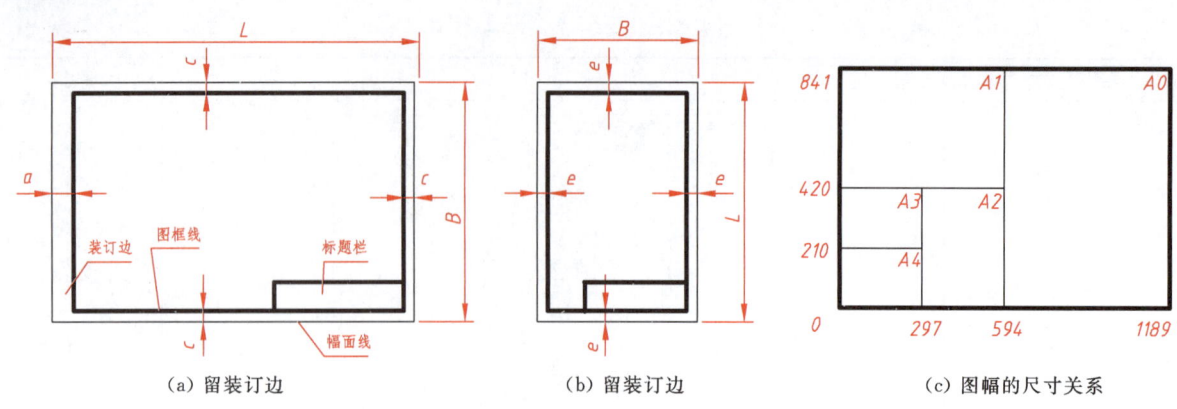

(a)留装订边　　　　　(b)留装订边　　　　　(c)图幅的尺寸关系

图 1-1　图框格式与图纸幅面

表 1-2　　　　　　　　　　图纸幅面代号和尺寸　　　　　　　　　　单位：mm

幅面代号	A0	A1	A2	A3	A4
$B×L$	841×1189	594×841	420×594	297×420	210×297
e	20	20		10	10
c	10	10	10	5	5
a	25				

2. 标题栏（GB/T 10609.1—2008）

每张图纸上都必须画出标题栏。看图的方向与看标题栏的方向一致。国家标准中推荐的标题栏及明细栏格式，如图 1-2 所示。

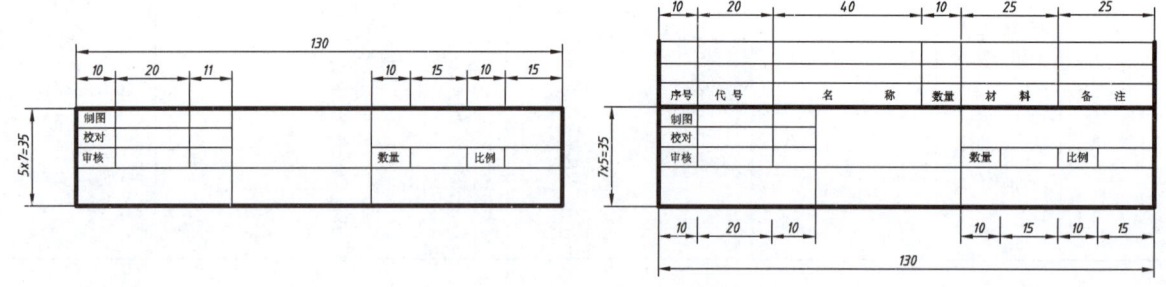

图 1-2　标题栏及明细栏格式

3. 比例（GB/T 14690—1993）

图中图形与其机件相应要素的线性尺寸之比，称为比例。比值为 1 的比例成为等值比例，比值大于 1 的成为放大比例，比值小于 1 的成为缩小比例。绘制图样时，应尽量按 1∶1 画出，以方便看图。如机件太大或太小，可优先选用表 1-3 规定优先系列中的适当比例。必要时，也允许选取表中右侧的比例。图样不论放大或缩小，在标注尺寸数字时，应按机件的实际大小填写，与比例无关，如图 1-3 所示。绘制同一机件的各个视图应采用相同比例，并在标题栏的比例一栏中填写，如 1∶1 或 1∶2。当某个视图需要采用不同比例时，必须另行标注。

表 1-3　　　　　　　　　　　　　　　比　　例

种　类	优　先　选　用　比　例	允　许　选　用　比　例
原值比例	1∶1	
放大比例	5∶1　　2∶1 5×10^n∶1　2×10^n∶1　1×10^n∶1	4∶1　　25∶1 4×10^n∶1　25×10^n∶1
缩小比例	1∶2　　1∶5　　1∶10 1∶1.5×10^n　1∶5×10^n　1∶1×10^n	1∶1.5　1∶2.5　1∶3　1∶4　1∶6 1∶1.5×10^n　1∶2.5×10^n　1∶3×10^n　1∶4×10^n　1∶6×10^n

4. 字体（GB/T 14691—1993）

(1) 书写的汉字、数字、字母必须做到：字体端正、笔画清楚、间隔均匀、排列整齐。

(2) 字体的号数，即字体的高度（用 h 表示），其公称尺寸系列为 1.8mm，2.5mm，3.5mm，5mm，7mm，10mm，14mm，20mm 八种。如需要书写更大的字，其字体高度应按 $\sqrt{2}$ 的比率递增。

(3) 汉字应写成长仿宋体字，并采用国家正式公布推行的简化字。汉字的高度 h 不应小于 3.5mm，其宽度一般为 $h/\sqrt{2}$。

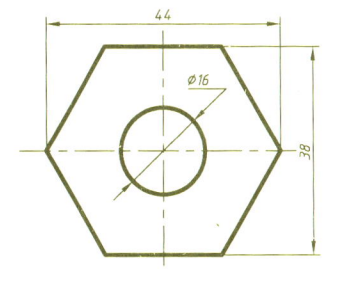 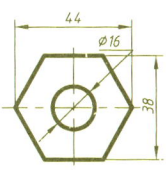

图 1-3 不同比例的图形

(4) 字母和数字分 A 型和 B 型。A 型字体的笔画宽度（d）为字高（h）的 1/14。B 型字体的笔画宽度（d）为字高（h）的 1/10。在同一图样上，只能允许选用一种型式的字体。

(5) 字母和数字可写成斜体和直体，斜体字字头向右倾斜，与水平基准线成 75°。

(6) 用作指数、分数、极限偏差、注脚等的数字及字母，一般采用小一号字体。

(7) 长仿宋体汉字、拉丁字母及阿拉伯数字示例如图 1-4 所示。

字体工整　笔画清楚　间隔均匀　排列整齐

横平竖直注意起落结构均匀填满方格

ABCDEFGHIJKL　　ABCDEFGHIJKL
abcdefghilkl　　abcdefghijkl
0123456789　　0123456789

图 1-4 字体示例

5. 图线（GB/T 17450—1998、GB/T 4457.4—2002）

图线是图中使用的各种型式的线。在国标中规定的基本线型有 15 种，在表 1-4 中列出了技术制图中常用图线的名称、型式及应用说明。各种图线在图形上的应用如图 1-5 所示。

表 1-4　　　　　　　图线的名称、型式、线宽及应用说明

图线名称	图线型式	图线宽度	应用举例
粗实线	——————（b）	b	可见轮廓线，可见过渡线
细实线	——————	约 $b/2$	尺寸线，尺寸界线，剖面线，重合断面的轮廓线，引出线
波浪线	∼∼∼∼∼	约 $b/2$	断裂处的边界线，视图和剖视的分界线
双折线	—/\—/\—	约 $b/2$	断裂处的边界线
虚线	- - - - - (2-6，≈1)	约 $b/2$	不可见轮廓线

续表

图线名称	图线型式	图线宽度	应用举例
细点画线	≈20 ≈3	约 b/2	轴线，对称中心线
粗点画线	≈3 ≈15	约 b	有特殊要求的线和表面的表示线
双点画线	≈5 ≈20	约 b/2	相邻辅助零件的轮廓线，极限位置的轮廓线，假想投影轮廓线，中断线

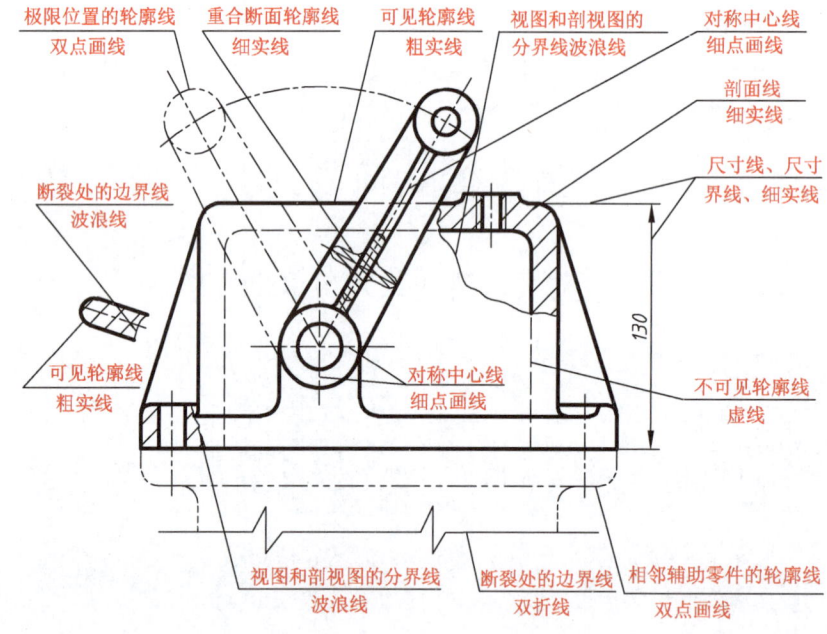

图 1-5 各种图线应用示例

（1）同一图样中，同类图线的宽度应基本一致。虚线、点画线及双点画线的线段长短和间隔应大致相等。点画线和双点划画的首尾两端应是长画而不是短画。

（2）图线相交时应以线段相交，但当虚线是粗实线的延长线时，其连接处应留空隙。

（3）绘制圆的对称中心线时，圆心应为线段的交点，且对称中心线两端应超出圆弧 3~5mm。在较小的图形上绘制点画线或双点画线有困难时，可用细实线代替，如图 1-6 所示。

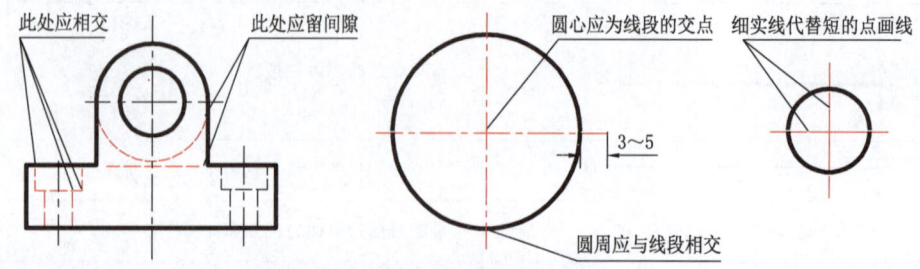

图 1-6 图线画法

6. 尺寸标注（GB/T 4458.4—2003、GB/T 16675.2—2012）

（1）基本规则。

图样上所注的尺寸数值为真实大小，与图形的比例及绘图的准确程度无关。

1）图样中（包括技术要求和其他说明）的尺寸，以毫米为单位时，不需标注计量单位的代号或名称，如采用其他单位，则必须说明相应的计量单位的代号或名称。

2）图样中所标注的尺寸，为该图样所示机件的最后完工尺寸，否则应另加说明。

3）机件的每一尺寸，一般只标注一次，并应标注在反映该结构最清晰的图形上。

（2）尺寸的组成及基本规定。

每个完整的尺寸一般应由尺寸数字、尺寸界线、尺寸线及其终端等组成，如图 1-7 所示。

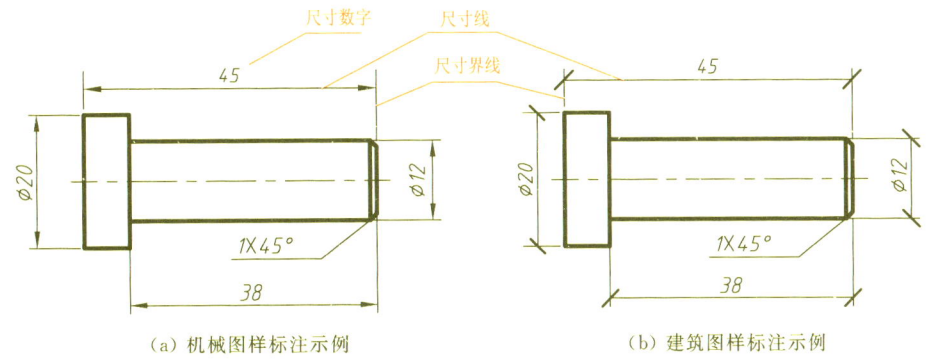

(a) 机械图样标注示例　　　　　(b) 建筑图样标注示例

图 1-7　尺寸的组成

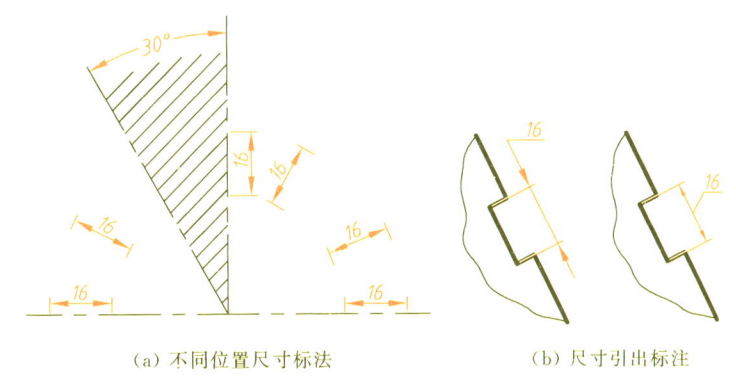

(a) 不同位置尺寸标法　　　　　(b) 尺寸引出标注

图 1-8　线性尺寸数字方向

1）尺寸数字。尺寸数字一般应注写在尺寸线上方，也允许注写在尺寸线的中断处。但在同一张图样上，应尽可能采用同一种形式注写。

尺寸数字方向按图 1-8（a）注写，并尽可能避免在图示 30°阴线范围内标注尺寸，无法避免时可引出标注，如图 1-8（b）。角度数字一律注写成水平方向。尺寸数字不可被任何图线所穿过，否则必须将该图线断开或将尺寸数字引出标注，如图 1-9 所示。

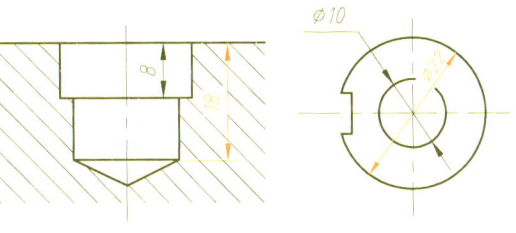

图 1-9　图线断开或引出标注

2）尺寸线。尺寸线画法如图 1-10 所示。

尺寸线的终端可以有下列两种形式：

- 箭头　主要用在机械图样中，如图 1-11（a）所示，图样中所有箭头的大小应基本相同。
- 斜线　主要用在建筑图样中。斜线用细实线绘制，画法见图 1-11（b）。

同一张图样中只能采用一种尺寸线终端的形式，不得混用。当采用箭头时，在间距不够的情况下，允许用圆点或斜线代替箭头，如图 1-12 所示。

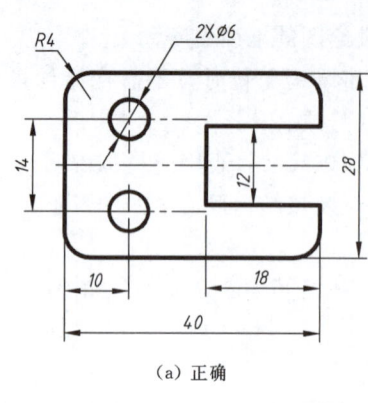 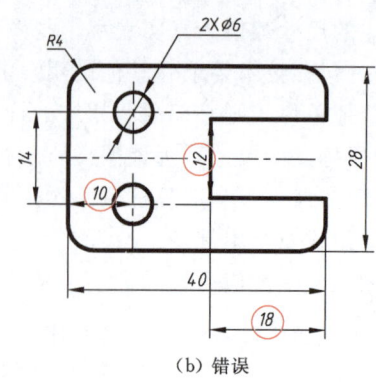

(a) 正确　　　　　　　　　　　　　　(b) 错误

图 1-10　尺寸线画法

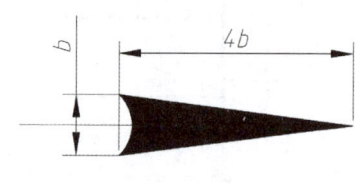 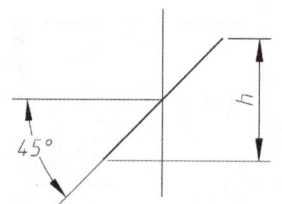

(a) 用于机械图样　　　　　　　　　　(b) 用于建筑图样

图 1-11　箭头与斜线画法（b 为粗线宽度；h 为字高）

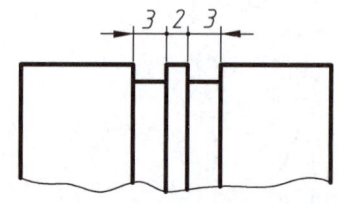 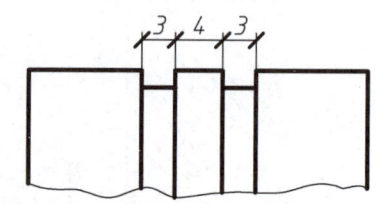

图 1-12　小尺寸注法

- 标注直径尺寸时，应在尺寸数字前加注符号"ϕ"。标注半径时，加注符号"R"，其尺寸线应通过圆心。圆的直径和圆弧半径的尺寸线的终端应画成箭头，如图 1-13 所示。

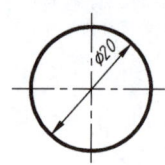  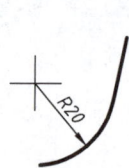 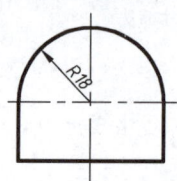 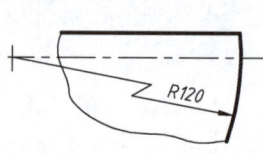 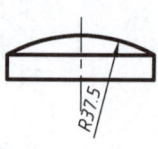

图 1-13　圆、圆弧及大圆弧的标注方法

3）尺寸界线。尺寸界线用细实线绘制，并应由图形的轮廓线、轴线或对称中心线处引出，也可利用轮廓线、轴线或对称中心线作尺寸界线，如图 1-10（a）所示。尺寸界线一般应与尺寸线垂直，必要时允许倾斜，如图 1-14 所示。

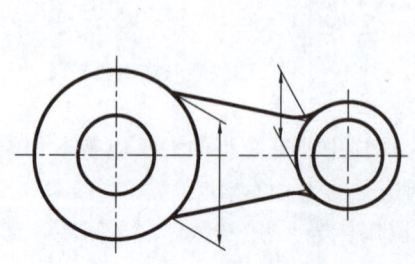 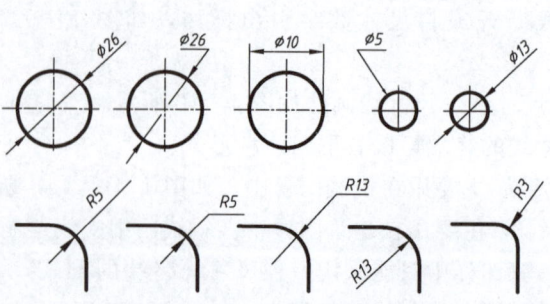

图 1-14　尺寸界线倾斜画法　　　　　图 1-15　小圆和小圆弧标注方法

4) 特殊情况下的尺寸标注。如图1-15～图1-18所示。

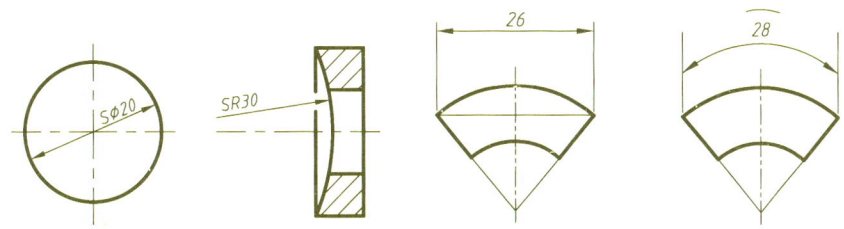

图1-16 球的尺寸标注　　　　　图1-17 弦与弧的尺寸标注

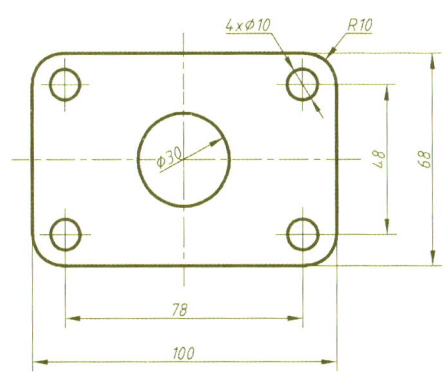 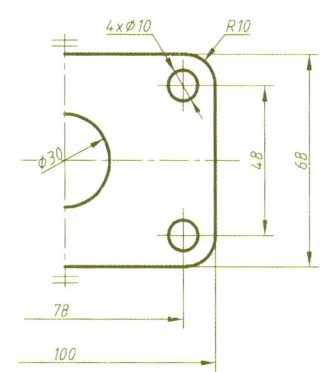

图1-18 对称图形的尺寸注法

1.3.2 制图的基本技能

1. 常用绘图工具及其使用方法

(1) 铅笔的用法。根据铅笔上标记B（表示软）和H（表示硬）来辨别铅芯的软硬度。常用的绘图铅笔其硬度一般为B～2H，通常打底稿时选用H或2H；写字时选用HB；加深时选用HB～B；加深圆弧时，圆规铅心可选用B。

铅笔芯一般削磨成圆锥形，加深时，铅笔芯也可削磨成扁平形，其笔芯宽度 b 为粗实线宽度，如图1-19所示。

(2) 图板、丁字尺和三角板的用法，如图1-19所示。

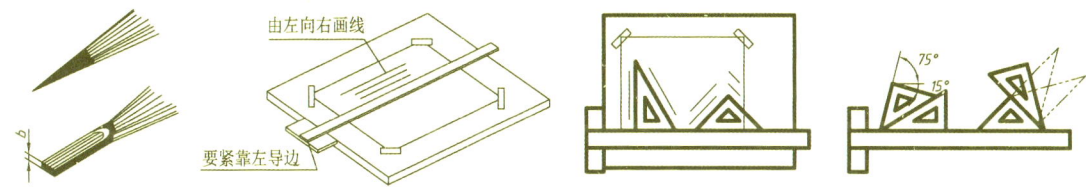

图1-19 笔、图板、丁字尺和三角板的用法

(3) 曲线板的用法。首先将一系列点依次连成光滑曲线。分段描绘从曲线的一端开始，在曲线板上找出与该曲线吻合的一段，图1-20（c）中的1、2、3、4、5点，并用铅笔沿曲线板将该段曲线加深，但不可一次描完，余留少许，待再次与曲线板吻合后描深，如图1-20（d）中的4、5、6、7点，以保证所连曲线光滑过渡。

(4) 分规与圆规的用法。分规用以截取或等分线段，如图1-21所示。圆规画圆的方法和注意点，见图1-22。需画大圆时，可使用引伸杆接长圆规腿。

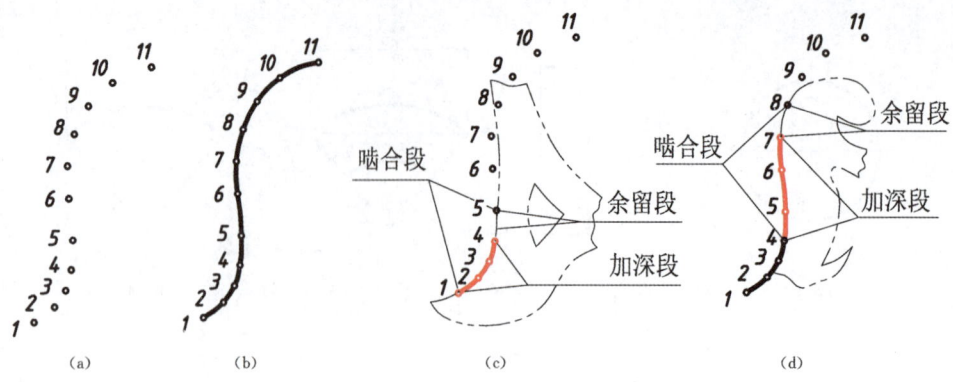

图 1-20 曲线板的用法

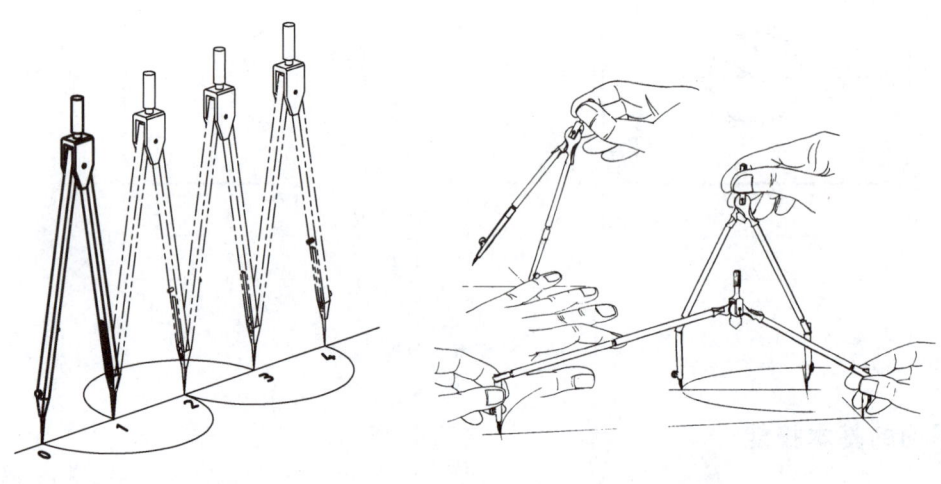

图 1-21 分规的用法　　　　图 1-22 圆规的用法

2. 几何作图

在绘制设计图样时，经常遇到线段的等分、正多边形、圆弧连接等几何作图问题。下面介绍几种常用的几何作图方法。

用已知半径的圆弧光滑连接两已知线段（直线或圆弧），称为圆弧连接。连接点又称为切点。该圆弧称为连接弧，连接弧的半径称为连接半径。画圆弧连接时，必须准确地画出连接圆弧的圆心和切点。圆弧连接基本原理见图 1-23。常见的几何作图见表 1-5 和表 1-6。

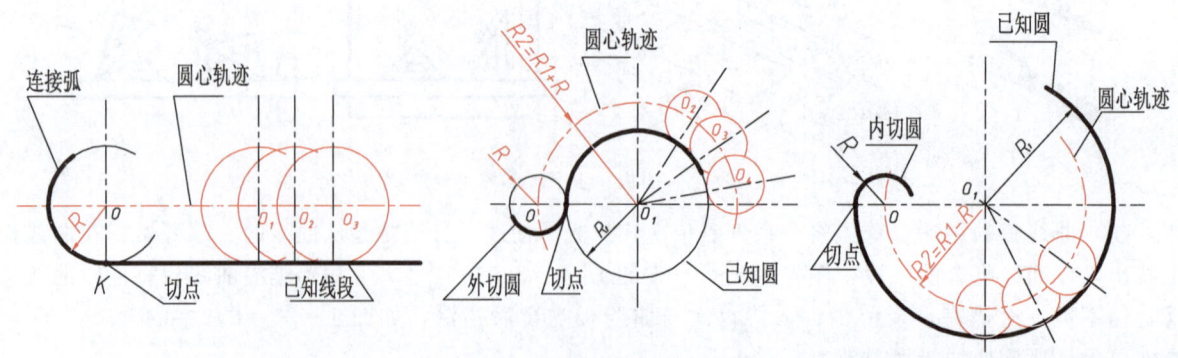

图 1-23 圆弧连接的基本原理

表 1-5　　　　　　　　　　　直线等分与正多边形等分作图

要求	作图
直线等分	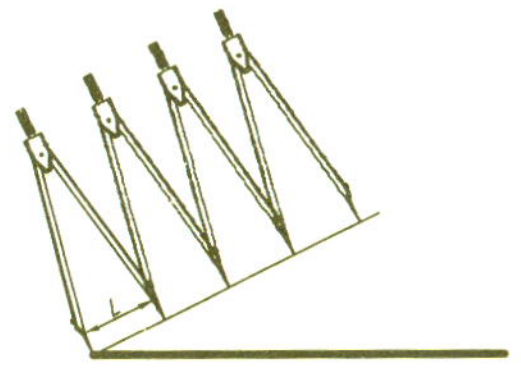 
正多边形（五边六边）	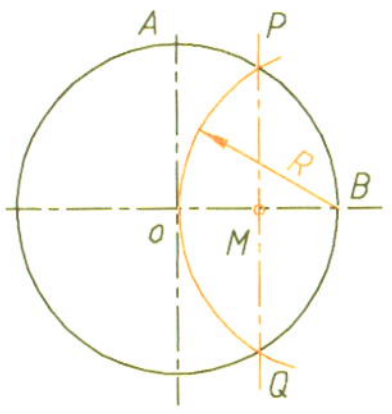 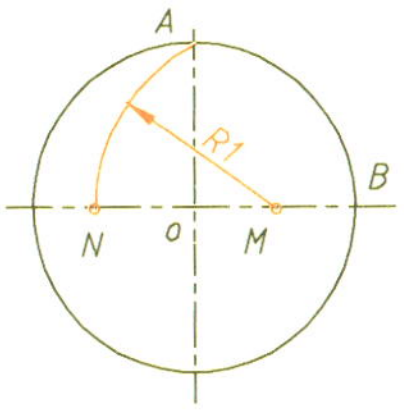 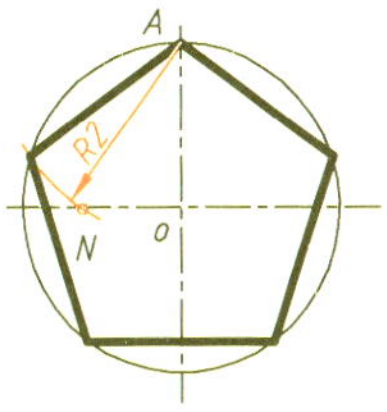 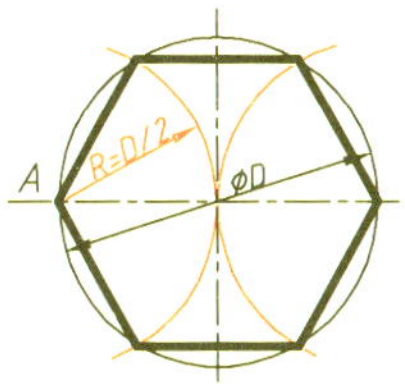
正 N 边形（正七边形）	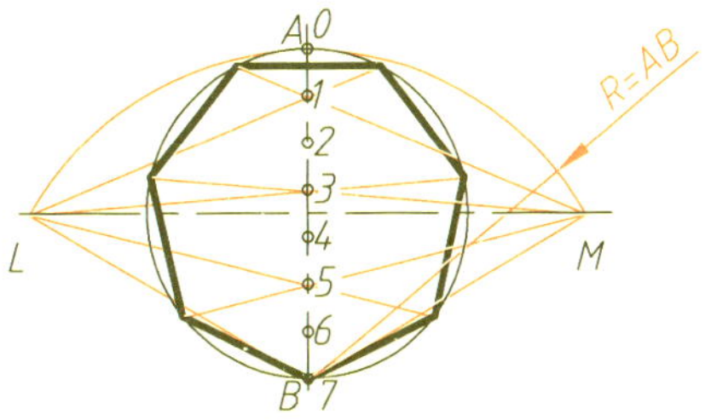
$\sqrt{2}$ 矩形 $\sqrt{3}$ 矩形 黄金矩形	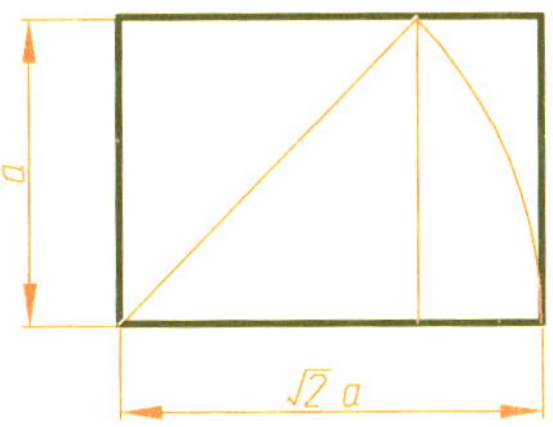 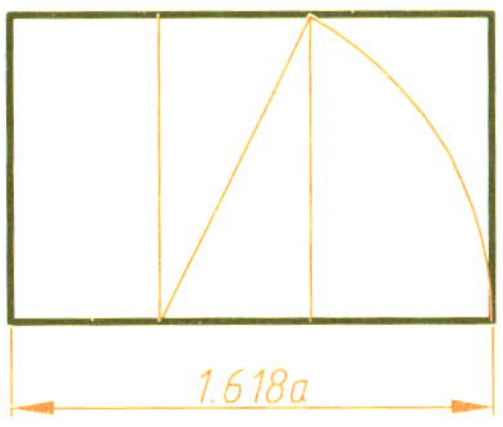 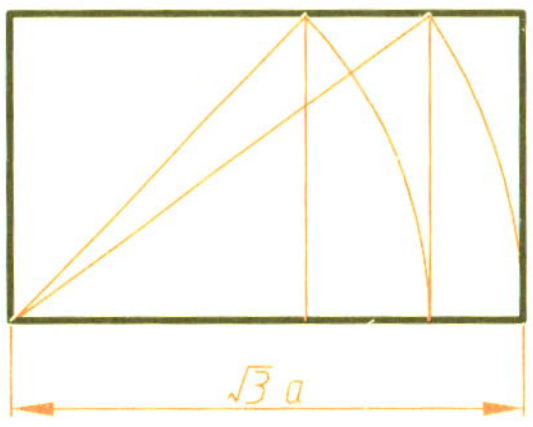

表 1-6　　　　　　　　　　　圆弧连接及特殊曲线

连接形式	圆弧连接作图
与两已知线段连接（直线或圆弧）	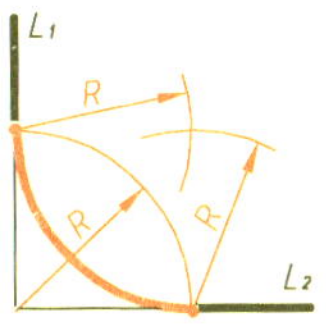 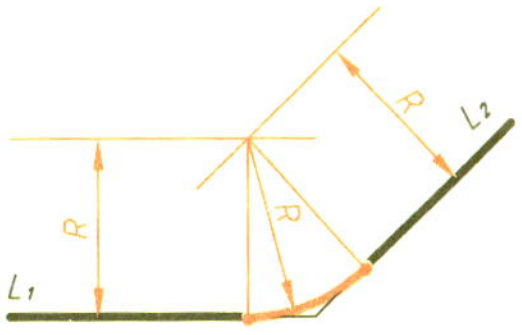
与两已知圆弧外切	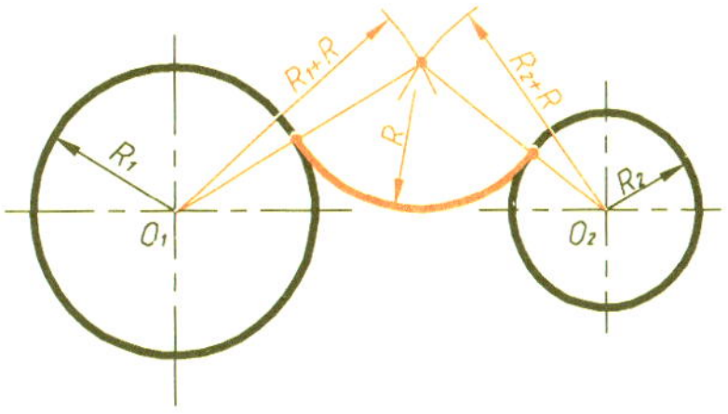

续表

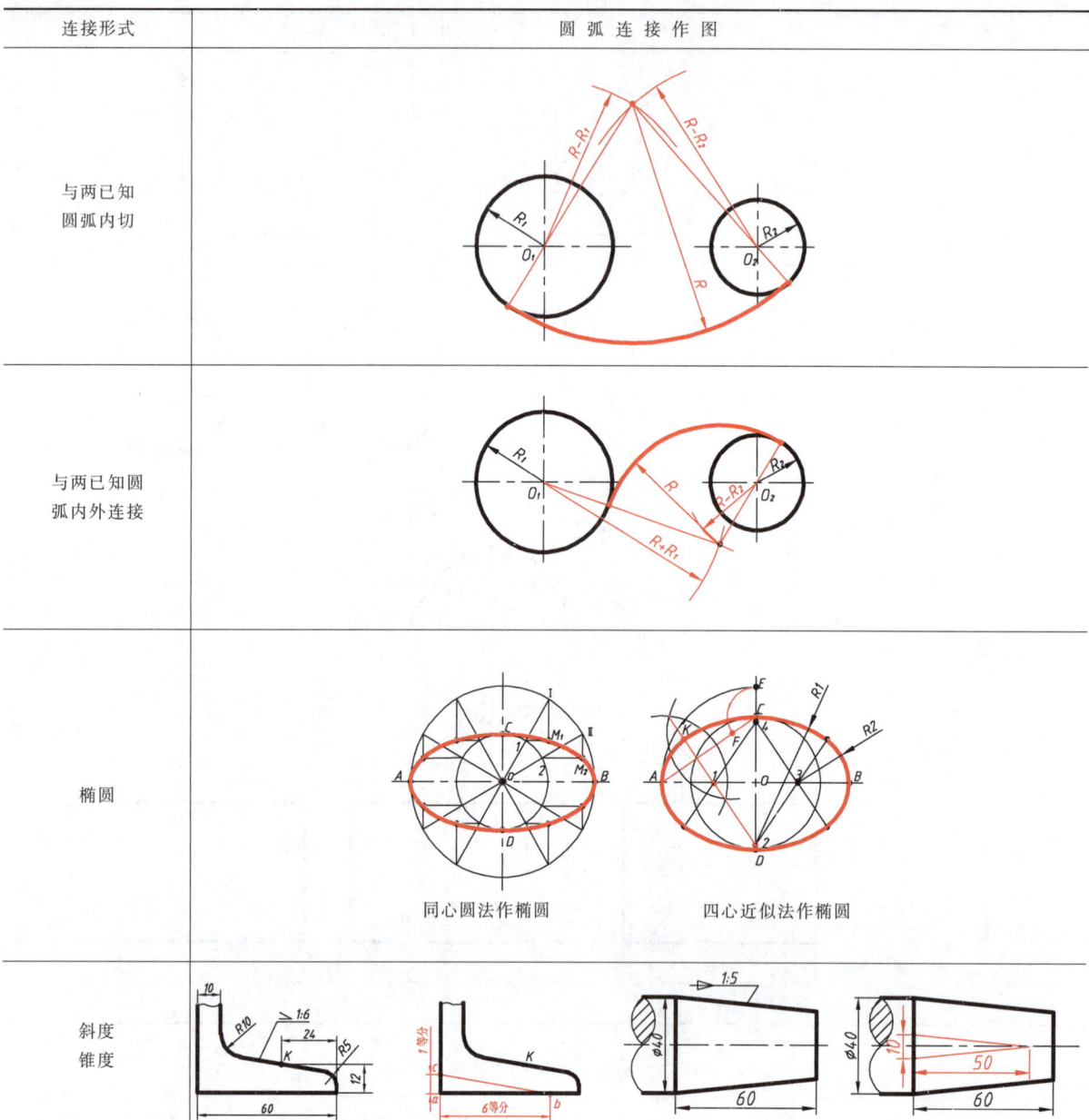

1.3.3 平面图形的绘制方法和步骤

一个平面图形常由若干线段构成,一般由直线和圆弧等所组成,相邻线段彼此相交或相切。要正确绘制一个平面图形,必须正确掌握平面图形的尺寸分析和线段分析。

1. 平面图形的尺寸分析

根据尺寸在平面图形中所起的作用,一般可分为定位尺寸和定形尺寸两大类。

(1) 定形尺寸。用以确定平面图形线段或形状大小所需的尺寸被称为定形尺寸。如图 1-24 中的 $\phi 20$,$\phi 5$,15,$R15$,75 等。标注尺寸时,一般应先标注定位尺寸,然后再标注定形尺寸。

(2) 定位尺寸。用以确定平面图形中各线段或线框之间相对位置的尺寸被称为定位尺寸。确定位置必须有尺寸的参考起始点,成为尺寸基准。图 1-24 中,手柄轴线作为圆周方向的尺寸基准,端面作为长度方向的尺寸基准。尺寸 8 即为孔 $\phi 5$ 的定位尺寸。

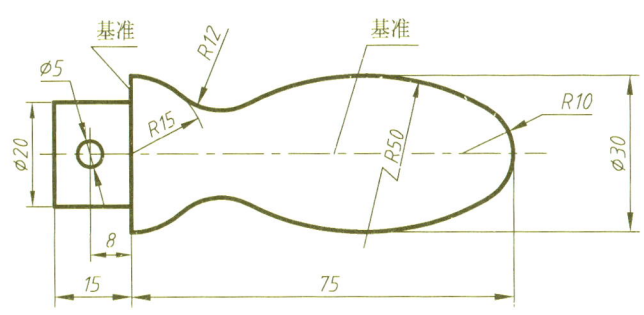

图 1-24 手柄的平面图形

2. 平面图形的线段分析及画图步骤

根据图形中所注的尺寸和线段间的连接关系，平面图形中的线段可以分为以下三种：

(1) 已知线段。定形尺寸和定位尺寸全部已知的线段称为已知线段，如图 1-25（b）中的圆弧 $R15$、$R10$、$\phi 5$ 等均为已知线段。

(2) 中间线段。注有定形尺寸和不完全的定位尺寸的线段称为中间线段，中间线段的位置可根据已给尺寸和该线段与一相邻线段间的连接关系，通过几何作图确定，如图 1-25（d）中的圆弧 $R50$。

(3) 连接线段。只注出定形尺寸而不必注出定位尺寸的线段称为连接线段。连接线段的位置可根据已给尺寸和该线段与两相邻线段的连接关系，通过几何作图确定，如图 1-25（e）中的圆弧 $R12$。

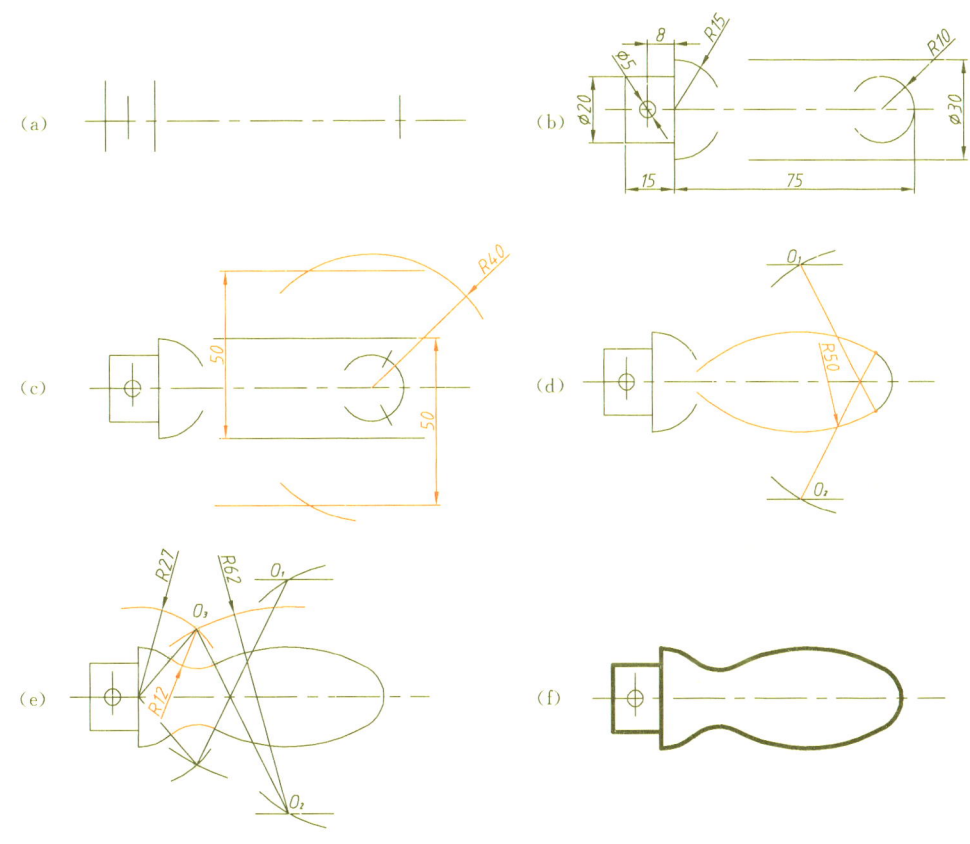

图 1-25 平面图形作图步骤

画图步骤：对平面图形进行尺寸分析，分清各线段性质；画出基准线，并根据各封闭图形的定位尺寸画出定位线；画出已知线段；画出中间线段；画出连接线段。

3. 平面图形的尺寸标注

标注平面图形尺寸时，应先对平面图形进行分析，即哪些是已知线段、中间线段和连接线段，然后选择合适的尺寸基准，标出平面图形的全部定形尺寸和定位尺寸，如图1-26所示。

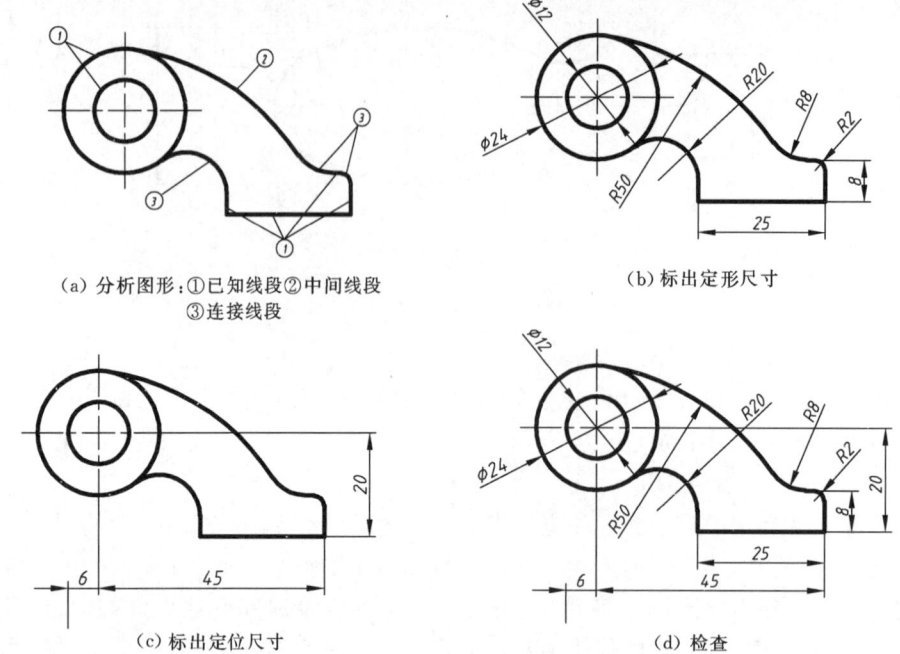

图1-26 平面图形尺寸标注步骤

1.3.4 徒手绘图基础

徒手图也称草图，是不借助绘图工具，用目测图形的形状及其大小，徒手绘制的图样。在设计和测绘时，都需要绘制草图。所以，徒手绘图是设计师和工程技术人员的基本技能，必须熟练掌握徒手绘图的方法和技能。徒手绘图的工具没有具体要求，铅笔、水笔、圆珠笔等都可以。

1. 徒手绘制直线、圆和椭圆

徒手绘图可先借助辅助方法进行训练，如网格或辅助线等，如图1-27所示。通过大量反复练习，逐渐提高徒手绘制线条和形体的控制能力和水平。

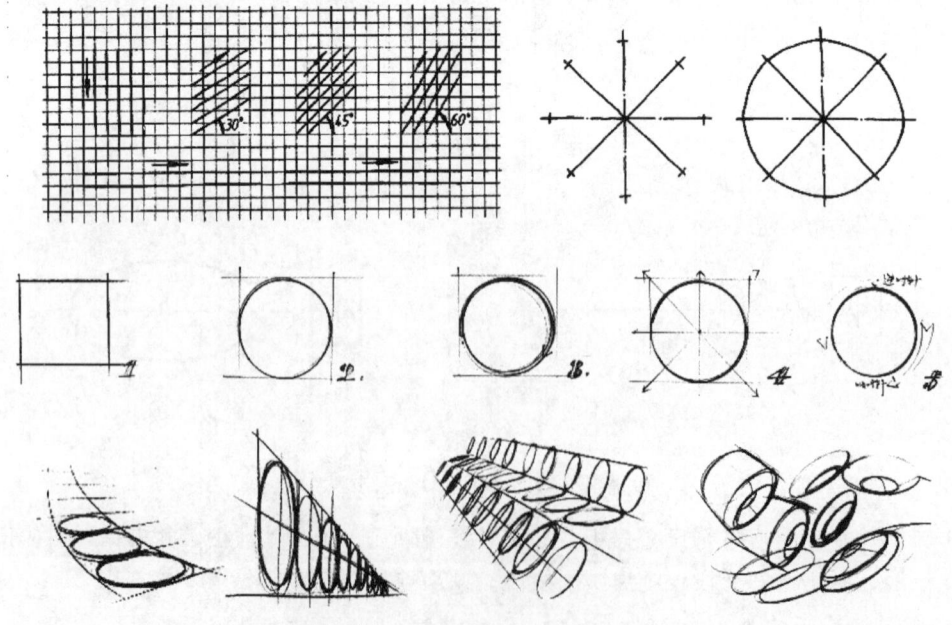

图1-27 徒手绘图的基础练习

2. 徒手绘制立体图和视图

在线条和几何形练习的基础上,学生应该根据实物模型和产品,训练自己的观察能力和草图绘制技能。如图1-28(a)所示是根据模型徒手绘制立体图和三视图;图1-28(b)是设计构思时徒手绘制的设计草图。

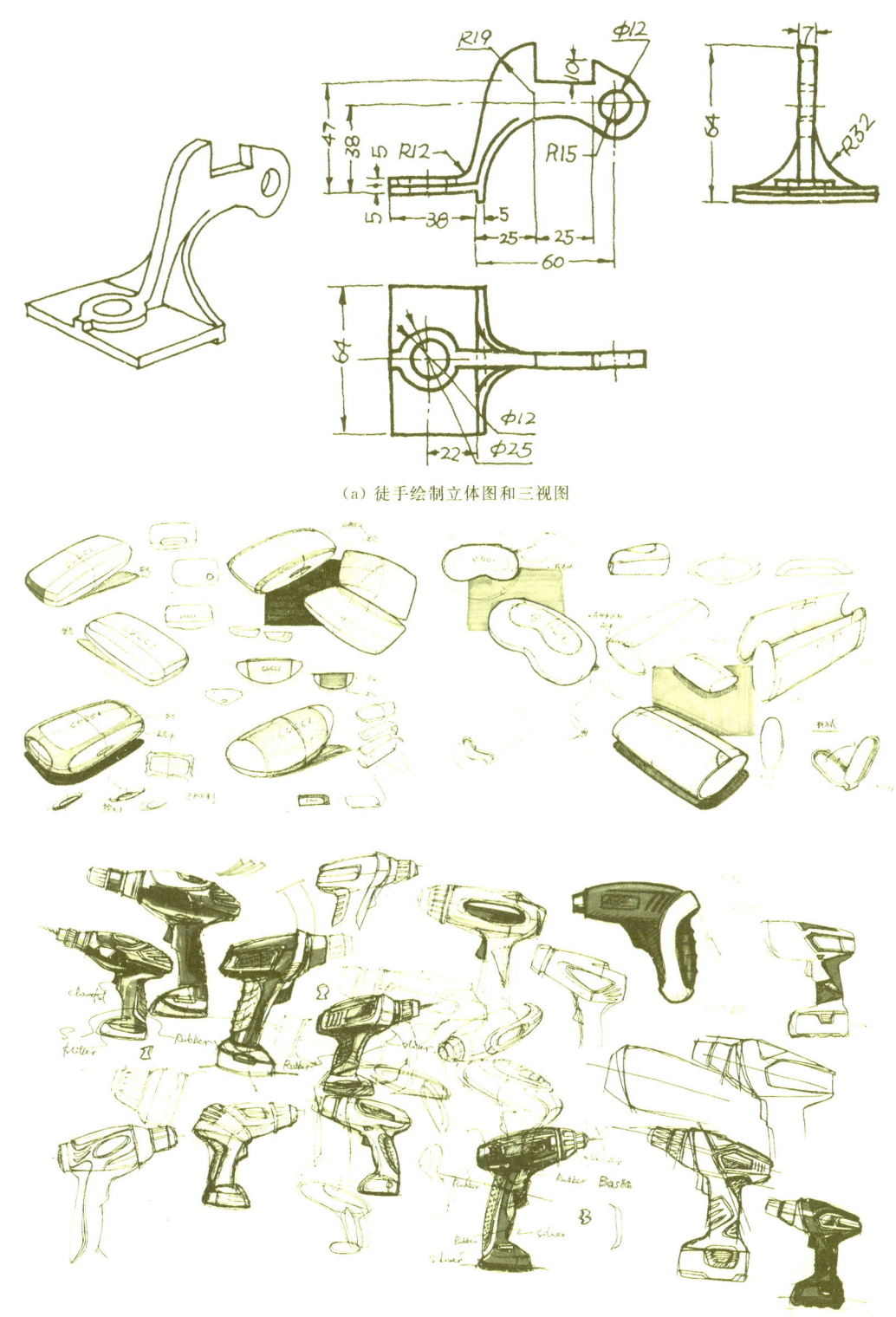

(a) 徒手绘制立体图和三视图

(b) 徒手绘制的设计草图

图1-28 徒手绘制视图和形体训练

第 2 章 制图投影基础理论

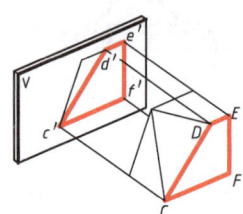 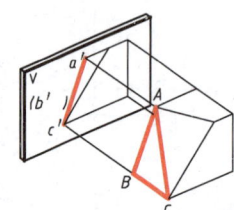 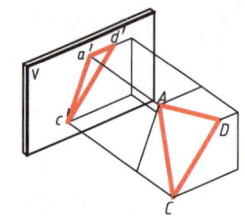 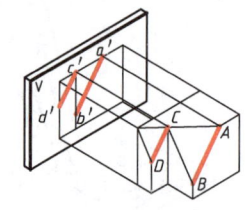

• 学习目标

1. 了解投影的形成和投影法的分类。
2. 掌握点、线、面的正投影原理及规律。
3. 了解直线、平面的投影特点。
4. 掌握基本立体的正投影和立体的截交线和相贯线。

• 学习重点

基本立体的正投影和立体的截交线和相贯线。

2.1 投影的基本知识

1. 投影的概念与形成

如图 2-1 (a)、(b) 所示的投影现象在生活中大家已非常熟悉。投影一般由投影中心（光源）、投影线、几何元素、投影面等要素构成。形体在光线投射下，会在某一平面上产生影子，如图 2-1 (c) 中。其中 S 为光源，P 为投影面，在光源 S 和平面 P 之间有一个三角形 ABC，将 SA 连成直线，并延长与平面 P 交于 a。则点 a 即为空间点 A 在投影面 P 上的投影，同理 abc 是三角形 ABC 在 P 面上的投影。

2. 投影法的分类

根据投影线及其与投影面的相对位置，投影法可分为两类：中心投影法或称透视投影法（投影线汇聚一点）和平行投影法（投影线相互平行），平行投影法又称斜投影和正投影两种。表 2-1 列出了工程与设计中常用的投影法及其分类。

3. 正投影的基本特性

在工程和设计领域中使用最多的投影法是正投影法。因为正投影具有以下四个重要的投影特性：即真实性、积聚性、类似性和平行性，如图 2-2 所示。

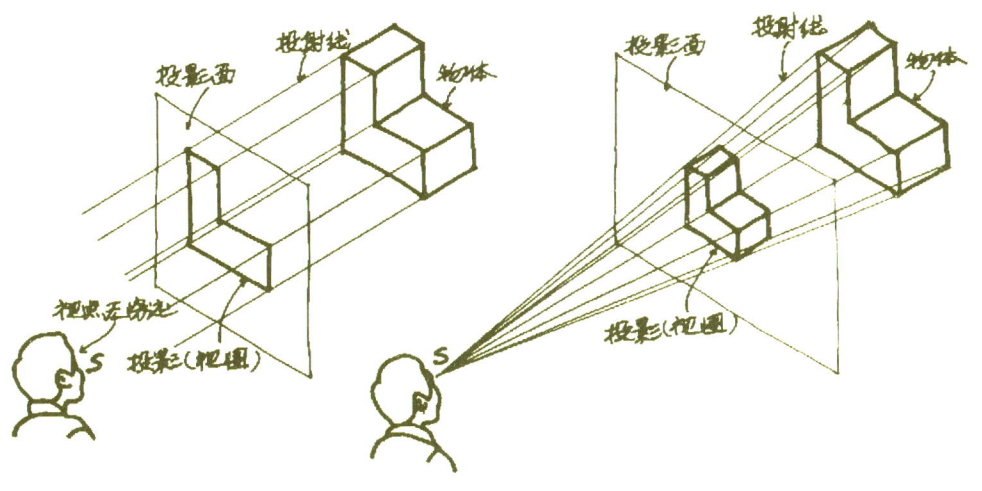

　　　　（a）平行投影法　　　　　　　　　　　　（b）中心投影法

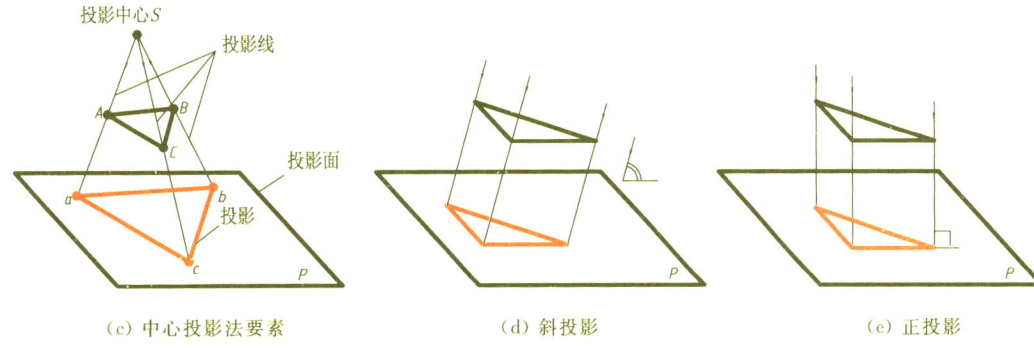

　（c）中心投影法要素　　　　　（d）斜投影　　　　　　　（e）正投影

图 2-1　投影的概念与投影法分类

表 2-1　　　　　　　　　　常见的几种投影法及其分类

投影法			投影图
平行投影	正投影（投影线与投影面垂直）	多面正投影｛第一角画法　第三角画法｝	正投影视图
		立体正投影	轴测投影｛正等测　正二测　正三测｝
	立体斜投影（投影线与投影面不垂直）		斜投影图｛等斜测　斜二测｝
中心投影	一点透视（平行透视）二点透视（成角透视）三点透视（斜透视）		透视图

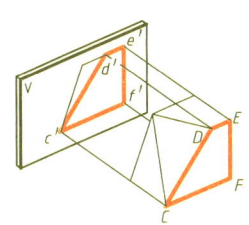 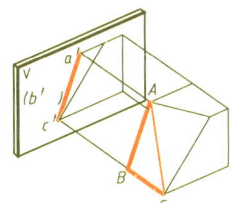 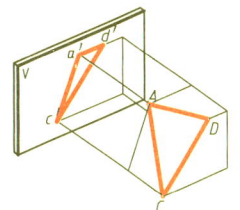 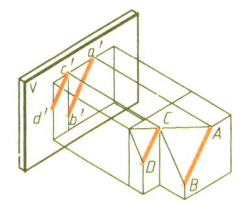

　（a）真实性　　　　　（b）积聚性　　　　　（c）类似性　　　　　（d）平行性

图 2-2　正投影的基本特性

2.2 几何元素的正投影

点、直线和平面是组成几何形体的基本元素。绘制几何形体的投影，实际上就是绘制形体上这些几何元素的投影。因此，学习几何元素的正投影及其投影规律是掌握投影制图的重要理论基础。

2.2.1 点的正投影

1. 点的投影特性

(1) 点的投影仍是点，见图2-3 (a)。

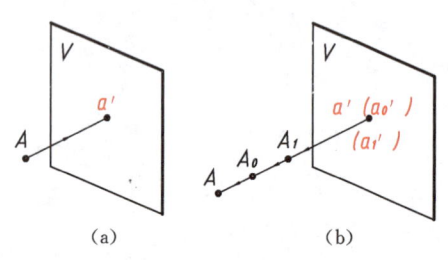

图2-3 点的投影特性

(2) 点的一个投影不能确定点的空间位置，见图2-3 (b)。

因此，我们将几何要素放置在相互垂直的两个或三个投影面之间，向这些投影面作正投影，形成了多面正投影，常用的是三面正投影。

2. 点的三面正投影及其投影规律

在三面投影体系中，三个投影面 H（水平面）、V（正平面）、W（侧平面）两两垂直，并两两相交产生三根投影轴 OX、OY 和 OZ，如图2-4 (a) 所示。三投影面展开原则：V 面不动，H 面向下、W 面向后旋转90°，展开图如图2-4 (b) 所示。简化后如图2-4 (c) 所示。

(1) 点的空间位置的确定，如图2-4所示，可由点的三面正投影来确定。

(2) 点的投影与该点直角坐标的关系，$X_A = aa_Y$；$Y_A = aa_x$；$Z_A = a'a_x$。

(3) 点的正投影规律如下：点的投影连线垂直于投影轴，即 $a'a \perp OX$、$a'a'' \perp OZ$；点的水平投影到 OX 轴的距离等于侧面投影到 OZ 轴的距离，即 $aa_x = a''a_y$。

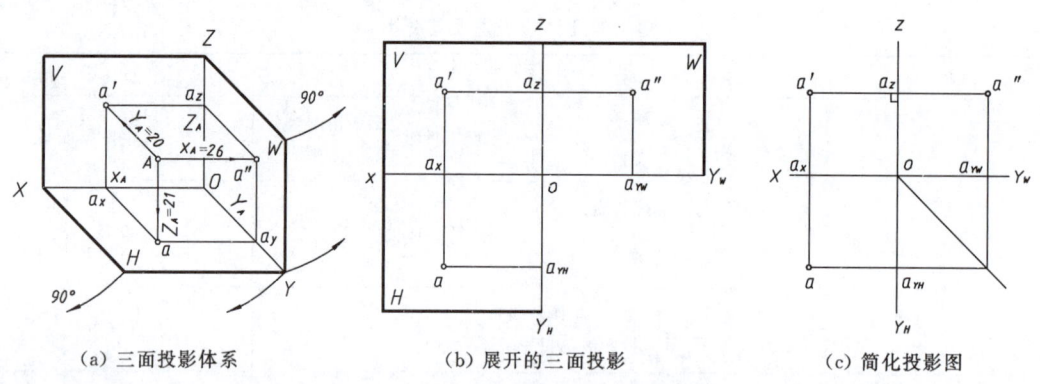

(a) 三面投影体系　　(b) 展开的三面投影　　(c) 简化投影图

图2-4 点的三面正投影及其投影规律

3. 两点的相对位置与重影点

两点的相对位置：反映两点在空间的上下、左右、前后三个方向的位置关系，如图2-5 (a) 所示，A 点在 B 点上方、前方和左侧。

重影点：空间两点在某一投影面上的投影重合为一点时，则称此两点为该投影面的重影点，如图2-5 (b) 所示，正面投影 a' 和 b' 为重影点。

2.2.2 直线的正投影

1. 直线的投影

不垂直于投影面的直线其投影仍为直线；垂直于投影面的直线在该投影面的投影积聚成一点，如图2-6 (a) 所示。直线的投影只要画出直线上两端点的投影即可得到直线的投影，如图2-6 (b) 所示。

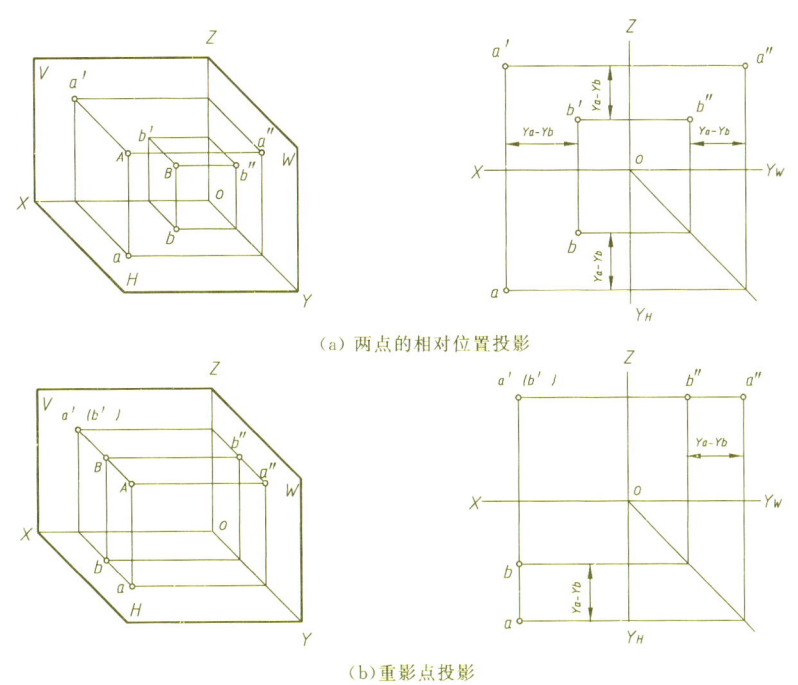

(a) 两点的相对位置投影

(b) 重影点投影

图 2-5 两点的相对位置与重影点

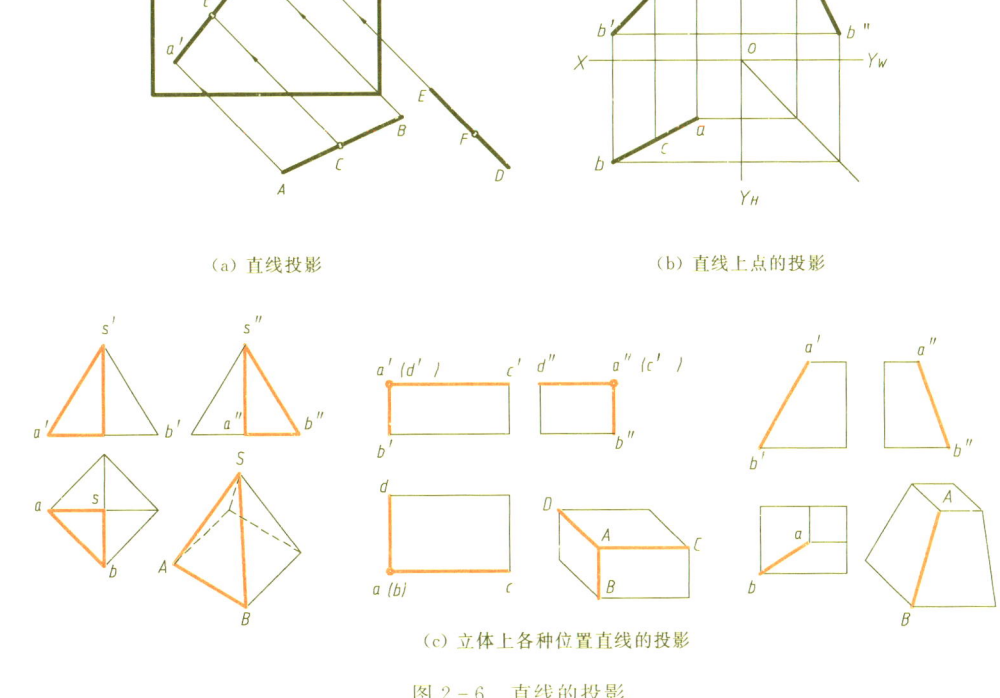

(a) 直线投影　　　　(b) 直线上点的投影

(c) 立体上各种位置直线的投影

图 2-6 直线的投影

2. 直线上点的投影

直线上点的投影具有如下特点：

(1) 从属性：直线上的点其各面投影必在该直线的同面投影上。如图 2-6（b）所示。

(2) 定比性：点分割线段之比等于点的各面投影分割线段的同面投影之比。即 $ac/cb = a'c'/c'b' = a''c''/c''b''$，如图 2-6（b）所示。

3. 各种位置直线的投影

直线按对投影面的相对位置可分为以下三类，具体名称和示例见表 2-2。

表 2-2　　　　　　　　　　　　各种位置的直线

类别	名称	空间位置与投影图
倾斜线	又称 一般位置直线	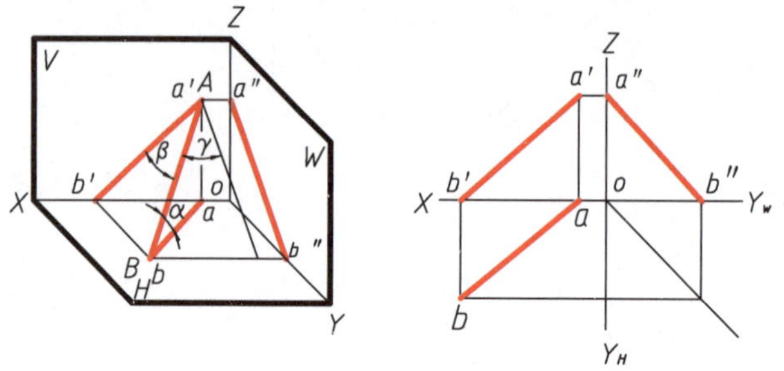 投影特性：三面投影都倾斜于投影轴，投影长度都小于线段的实长；投影与投影轴的夹角，不反映直线对投影面的倾角
平行线	正平线 （//V 面，对 H、W 面倾斜）	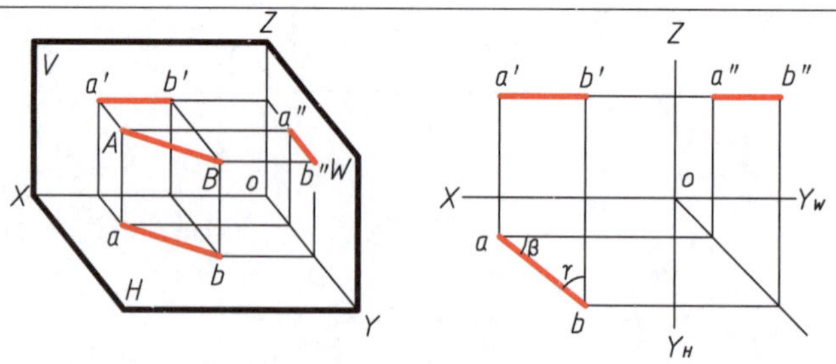
	水平线 （//H 面，对 V、W 面倾斜）	投影特性：水平线，$a'b'$//OX；$a''b''$//OY_w；$ab=AB$ 反映真实角 $β$、$γ$
	侧平线 （//W 面，对 V、H 面倾斜）	
垂直线	正垂线 （⊥V 面，//H 和 W 面）	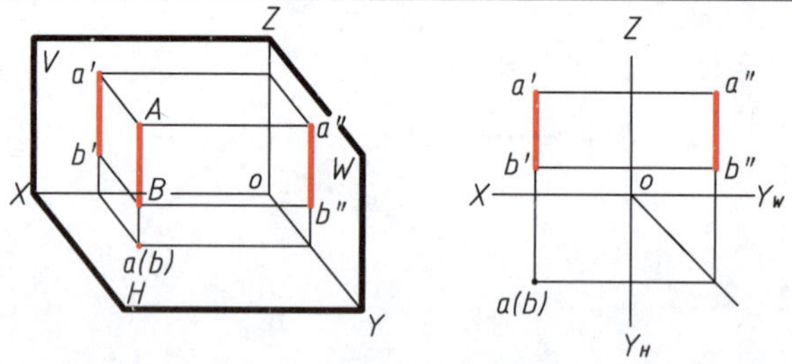
	铅垂线 （⊥H 面，//V 面和 W 面）	投影特性：铅垂线，ab 积聚一点；$a'b'⊥OX$；$a''b''⊥OY_w$；$a'b' = a''b''= AB$
	侧垂线 （⊥W 面，//V 面和 H 面）	

2.2.3 平面的正投影

平面可以用多种形式来表示，最常见是几何形平面，如图 2-7（a）所示。平面按对投影面的相对位置可分为以下三类，具体名称和示例见表 2-3。如图 2-7（b）所示是立体上各种位置平面及其投影。

表 2-3　　　　　　　　　　　　各种位置的平面

类别	名称	空间位置与投影图
倾斜面	又称 一般位置平面 （对 V、H、W 面都倾斜）	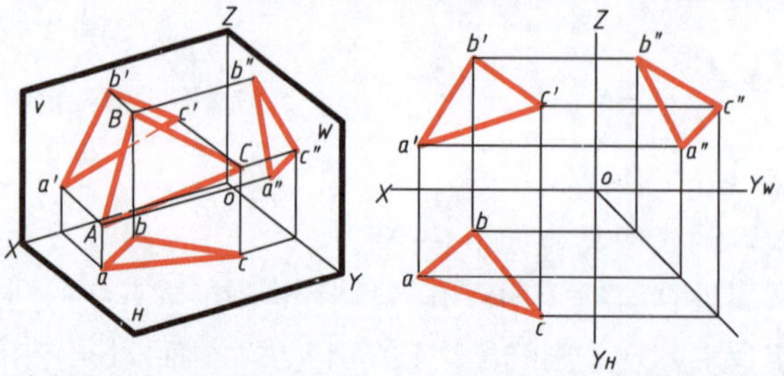 投影特性：各投影为小于实形的类似形；三个投影都不能直接反映该平面对投影面的倾角 $α$、$β$、$γ$

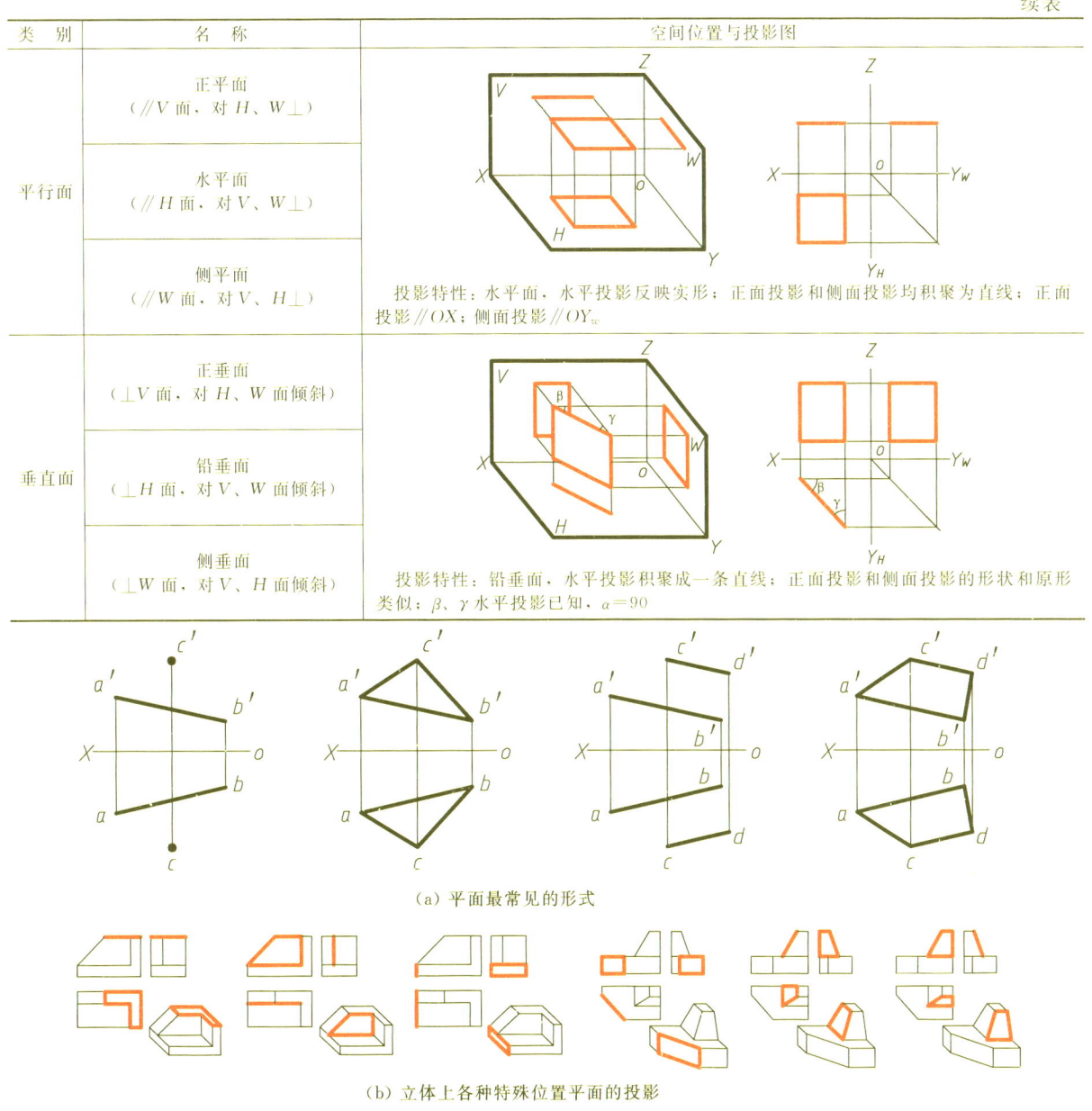

图 2-7 平面的投影

2.3 立体的正投影及其表面上取点和线

2.3.1 立体的三面正投影与三视图

如图 2-8 所示,将立体置于三投影面体系中。用正投影法所绘制出的立体的三面正投影,并按规定展开三面正投影在同一平面上,在工程上把这三面正投影称为三视图。在三视图的表达中,简化去掉了原来的投影轴。

在正面投影上,由前向后投射所得的正面投影称为主视图。

在水平投影上,由上向下投射所得的水平投影称为俯视图。

在侧投影面上,由左向右投射所得的侧面投影称为左视图。

根据点的投影规律可推知,三面投影展开后具有以下投影规律。

主视图与俯视图:长对准;主视图与左视图:高平齐;俯视图与左视图:宽相等。

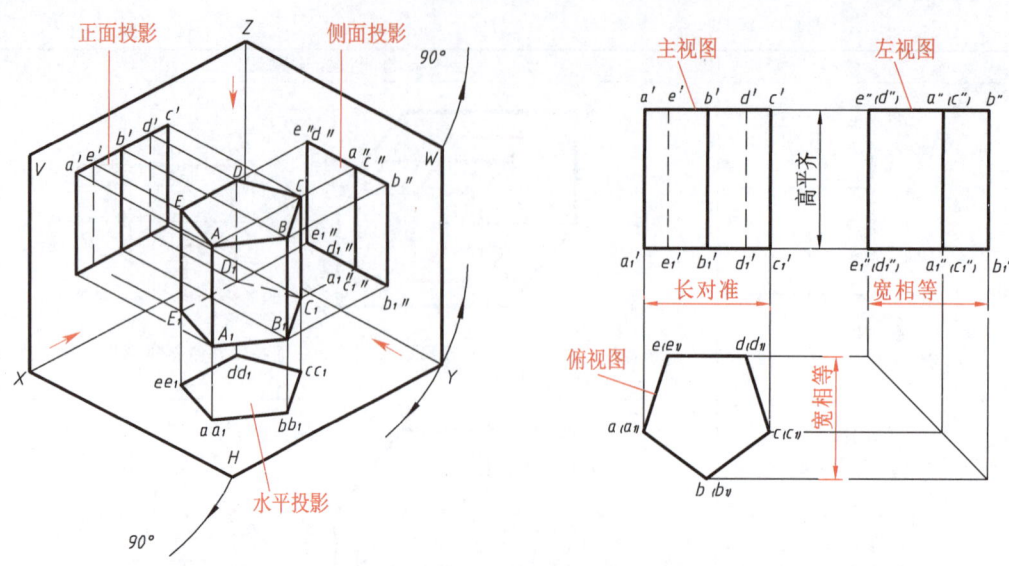

图 2-8 立体的三面正投影和三视图

2.3.2 基本立体的三视图及其表面上取点和线

基本立体的三视图是绘制和阅读复杂立体视图的重要基础,学生必须熟悉。下面以列表形式说明基本立体三视图及其表面上取点和线的作图方法,如表 2-4 所示。

表 2-4　　　　　　　　　　基本立体的三视图及其表面上取点

名称	立体图	三视图	表面取点
棱柱			
棱锥			
圆柱			

续表

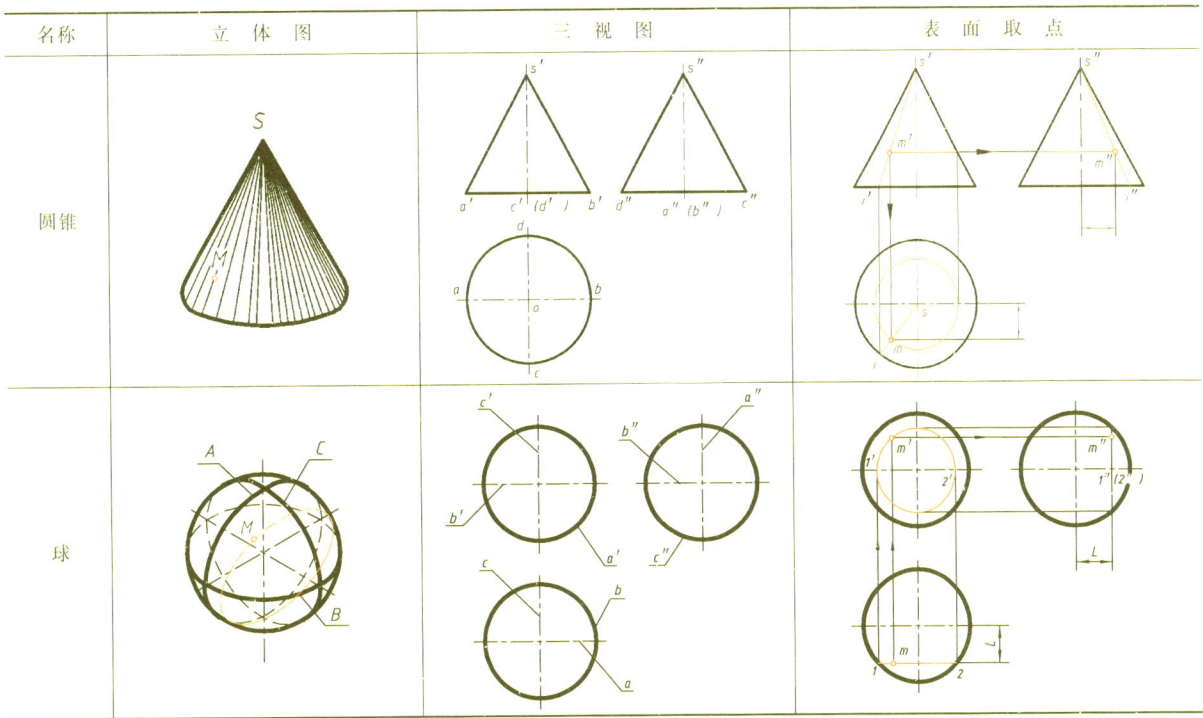

例题 1：根据已知圆锥表面上给出的点和线的投影，见图 2-9（a）。作出点和线在其他投影面上的投影。

作图分析：①通过在立体表面作经过点的辅助线，求出点的其他投影；②将立体表面的线的投影分成若干个点，并尽量找出特殊点，求出线的投影。

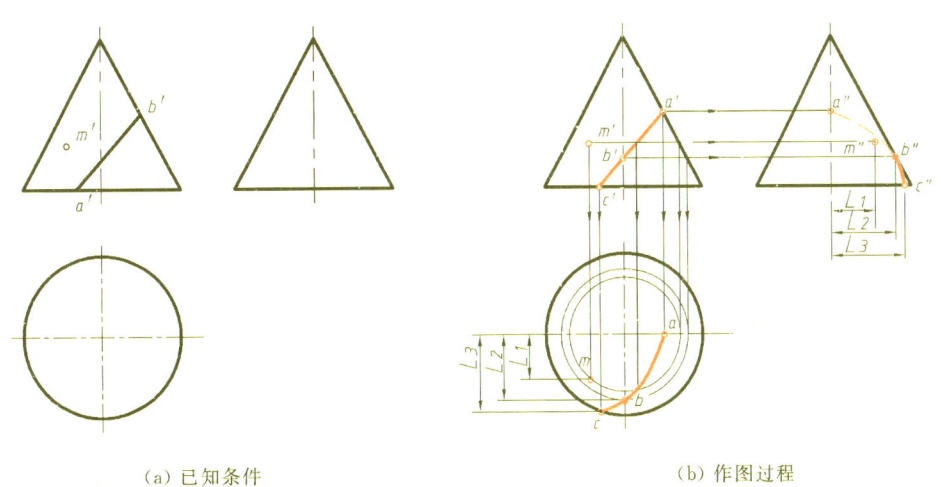

（a）已知条件　　　　　　　　　　（b）作图过程

图 2-9　圆锥表面上取点、线

2.4　立体的截交线与相贯线

2.4.1　立体表面的截交线

1. 截交线的概念和性质

平面与立体表面相交的交线称为截交线。该平面称为截平面。如图 2-10 所示，为截平面 P 与四棱锥表面和圆柱表面的交线。一般情况下，截交线具有下述性质：

(1) 截交线是平面和立体表面的共有线。

(2) 截交线是一封闭的平面多边形或平面曲线。

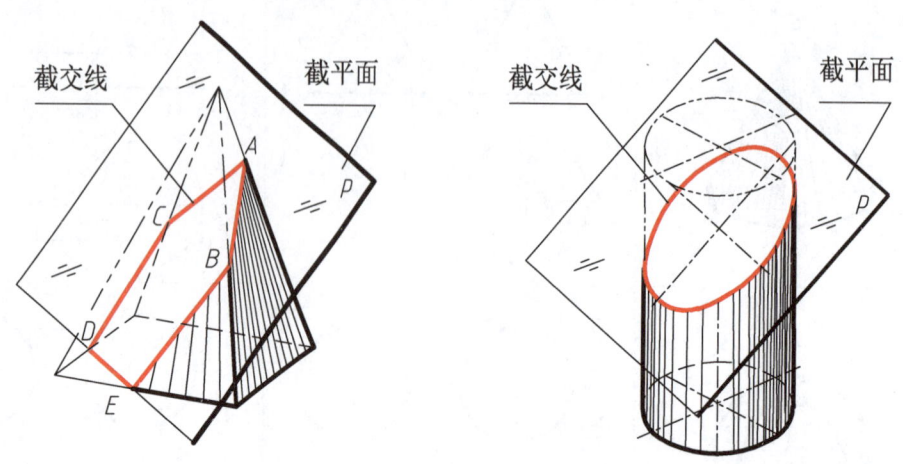

图 2-10　截交线的形成

2. 截交线的作图方法

图 2-11 是截平面 P 与正四棱锥相交，其截交线是一封闭的平面多边形，多边形的每条边是截平面与各棱面（或底面）的交线，多边形的顶点是截平面与平面立体的棱线（或底边）的交点。

截交线作图一般有两种方法：

(1) 线面交点法。即作出平面立体的各条棱线与截平面的交点，然后按顺序将同一棱面上的两点用直线连接，便得截交线，如图 2-11 所示。

(2) 面面交线法。分别作出平面立体各棱面与截平面的交线，各段交线围成的多边形即为所求截交线，如图 2-11 所示。

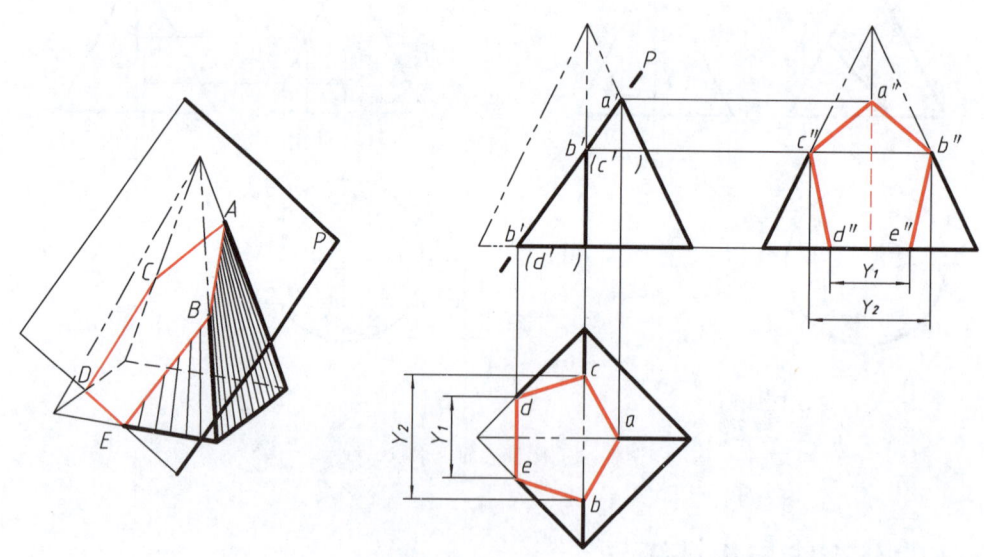

图 2-11　截交线作图

圆柱、圆锥、球等曲面立体表面的截交线在零件上十分常见，学生必须熟悉这些截交线的性质和绘制方法，下面通过列表对常见曲面立体表面的截交线性质和作图方法加以说明如表 2-5～表 2-7 所示。

表 2-5　　　　　　　　　　　　　平面与圆柱的截交线

截平面的位置	截平面平行于轴线	截平面垂直于轴线	截平面倾斜于轴线
截交线性质	矩形	圆	椭圆
立体图			
投影图			

表 2-6　　　　　　　　　　　　　平面与圆锥的截交线

位置	截平面垂直于轴线（$\theta=90°$）	截平面倾斜于轴线（$\theta>\varphi$）	截平面倾斜于轴线（$\theta=\varphi$）	截平面倾斜于轴线（$\theta<\varphi$），或平行于轴线（$\theta=\varphi$）	截平面通过锥顶
性质	圆	椭圆	抛物线	双曲线	两条相交直线
立体图					
投影图					

例题 2：根据已知的空心圆柱体，见图 2-12（a），完成被截切后的俯视图。

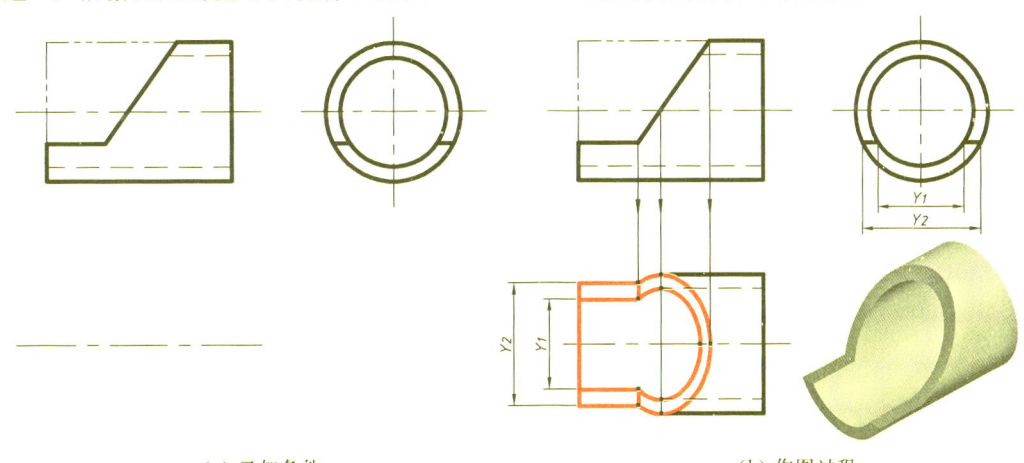

(a) 已知条件　　　　　　　　　(b) 作图过程

图 2-12　作出圆柱被截切后的立体视图

例题 3： 根据圆锥体被截切的状态，见图 2-13（a），完成截切后立体的俯视图和左视图。

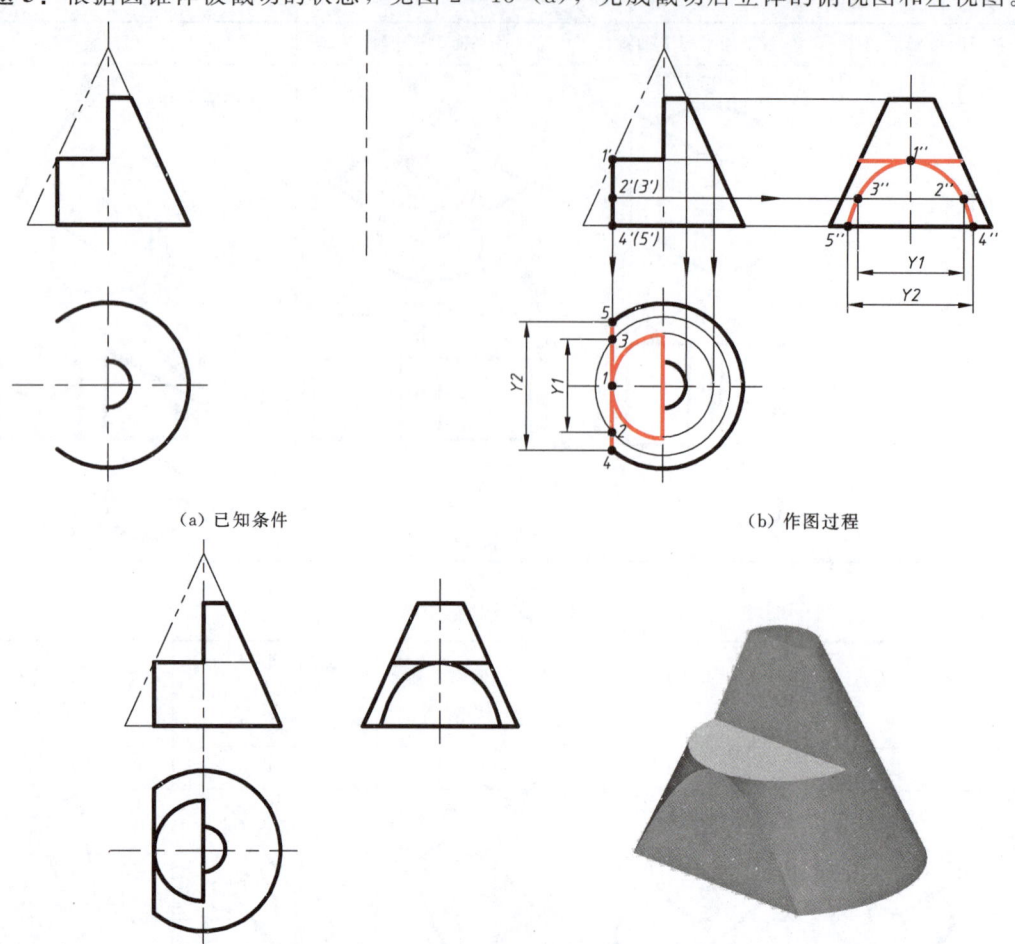

(a) 已知条件　　(b) 作图过程

(c) 完成后投影和立体图

图 2-13　作出圆锥被截切后的立体视图

表 2-7　　　　　　　　　　平面与球的截交线

截平面位置	平行于投影面	倾斜于投影面
截交线性质	截交线为圆，投影也为圆	截交线为圆，投影为椭圆
立体图		
投影图		

例题 4：已知半球体立体图和左视图如图 2-14（a）所示，完成截切后半球体的主、俯视图。

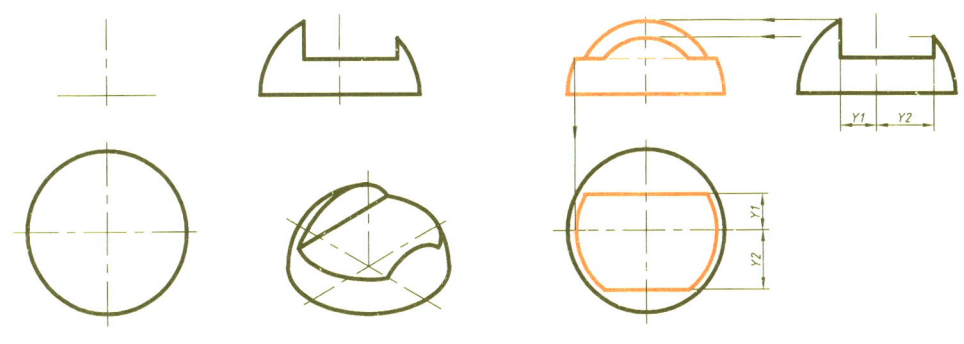

（a）已知条件　　　　　　　　（b）截交线求作过程

图 2-14　作出球被截切后的立体视图

例题 5：已知圆锥、圆柱及半球组合体被截切，如图 2-15（a）所示，完成截切后的主视图。

作图分析：根据已知形体分析可知，截平面是一个正平面，它与组合体产生截交线在主视图上反映实形。截平面与圆锥交线是双曲线、与两个圆柱交线是直线、与球体交线是半圆。

作图步骤见图 2-15（b）、（c）所示。最终的投影和立体形状见图 2-15（d）所示。

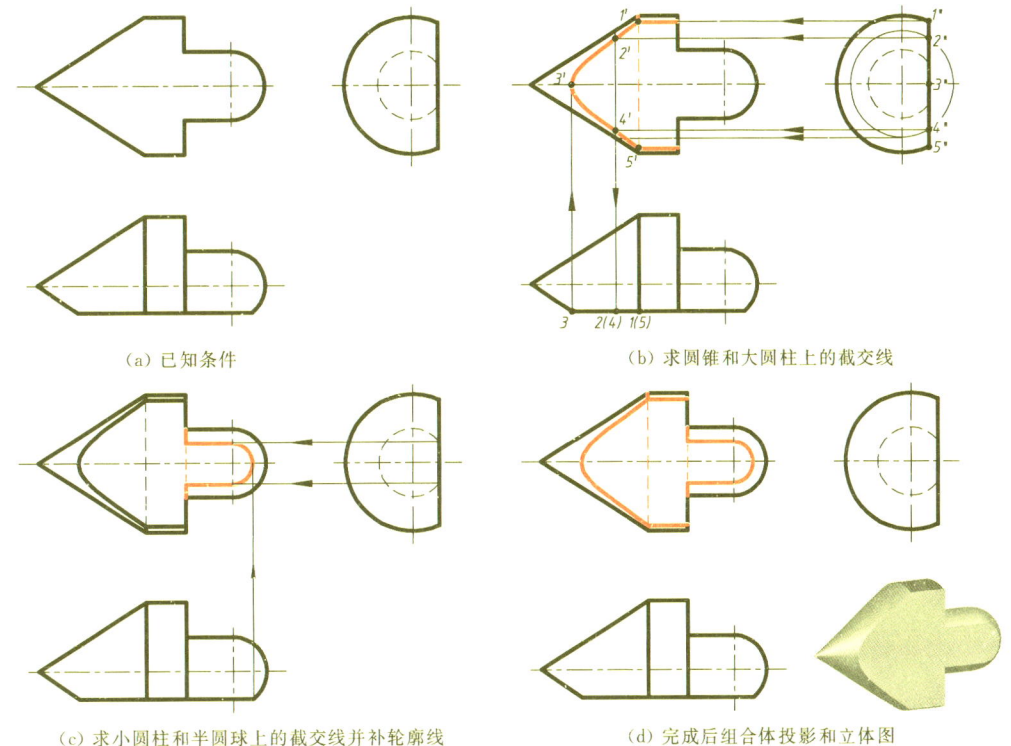

（a）已知条件　　　　　　　　　　　（b）求圆锥和大圆柱上的截交线

（c）求小圆柱和半圆球上的截交线并补轮廓线　　　（d）完成后组合体投影和立体图

图 2-15　求作组合体被截切后的投影

2.4.2　两曲面立体表面的相贯线

1. 相贯线的概念与性质

通常，两曲面立体表面相交的交线被称为相贯线，相交的两立体称作相贯体。在工程上最为常见的是圆柱、圆锥、球等之间的两立体表面的相贯，如图 2-16 所示。

一般情况下，相贯线具有下述性质：

（1）相贯线是封闭的空间曲线［图 2-16(a)、(b)、(d)］，特殊情况下是平面曲线［图 2-16(c)］。

（2）相贯线是两立体表面的共有线，也是两立体表面的分界线。

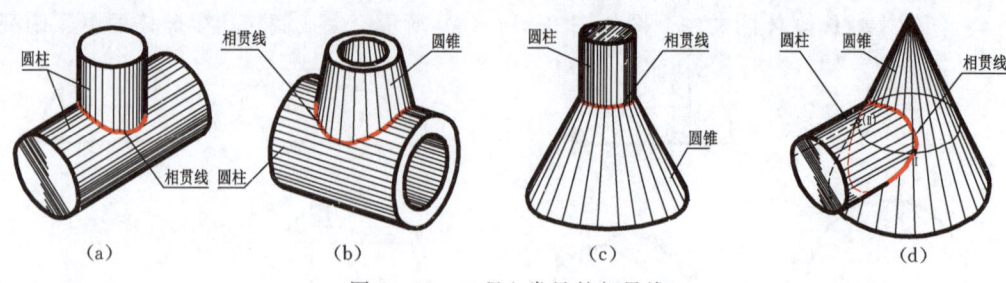

图 2-16 工程上常见的相贯线

2．相贯线的基本作图方法

（1）作图方法概述。

由于相贯线上的点是两曲面立体表面的共有点。所以，求相贯线的投影可归结为求相交两曲面立体表面一系列共有点的投影。然后，将这些共有点的同面投影依次光滑连接即可。当相贯线的某个投影具有积聚性时，其投影可以采用立体表面取点法作图；当相贯线各投影均无积聚性时，可以采用作辅助平面方法作出其投影。

（2）求作相贯线的步骤。

步骤：①求点（特殊点和一般位置点）；②判别点的可见性；③依次连点成线；④补全轮廓线。

3．相贯线的作图举例

（1）利用立体表面取点法求作两立体的相贯线。

当两相贯体中有一个为圆柱体，且该圆柱体轴线垂直于某一投影面时，可运用表面取点法求两立体的相贯线。

例题 6：两圆柱体相贯，且轴线正交，如图 2-17（a）所示，求相贯线的投影。

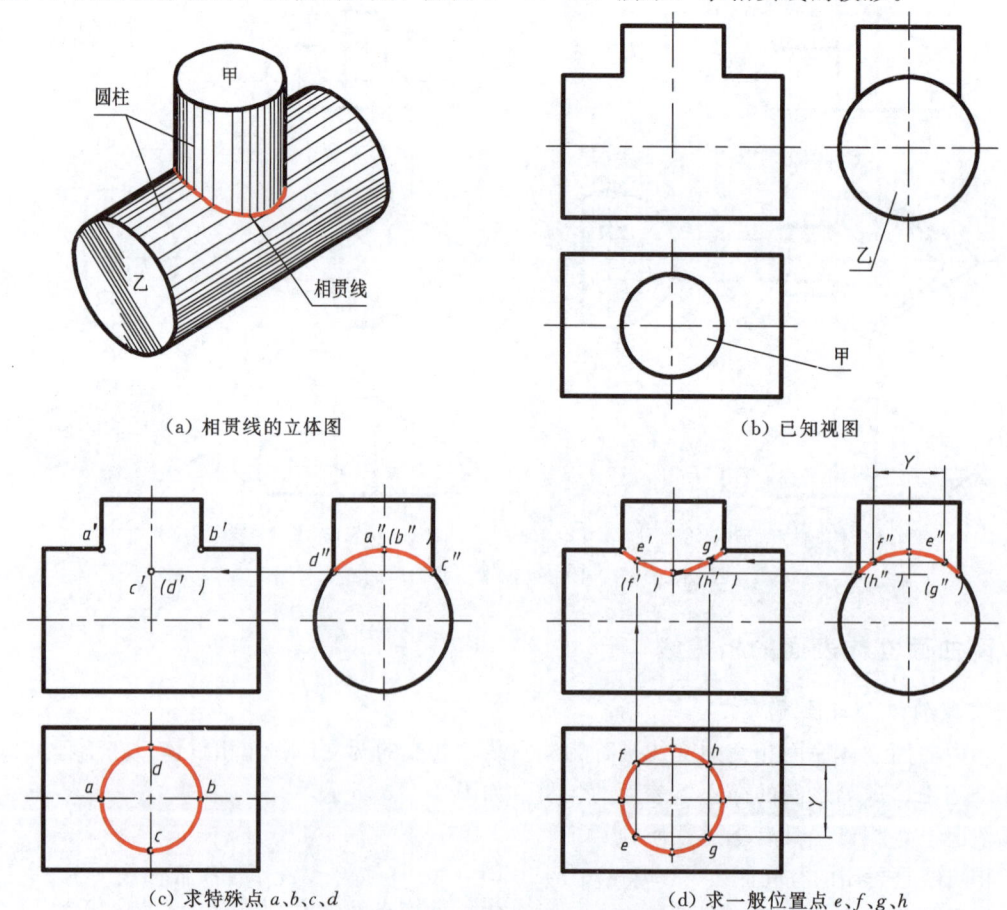

(a) 相贯线的立体图　　　　(b) 已知视图

(c) 求特殊点 a、b、c、d　　　　(d) 求一般位置点 e、f、g、h

图 2-17 正交两圆柱的相贯线

例题 7：圆柱体与圆锥体相贯，且两轴线正交，如图 2-18（a）所示，求其相贯线的投影。

作图过程见图 2-18（b）、（c）、（d）。其中相贯线上最右点 5 和 6 是通过左视图上的圆锥顶点向圆柱侧投影图作切线，得两切点。

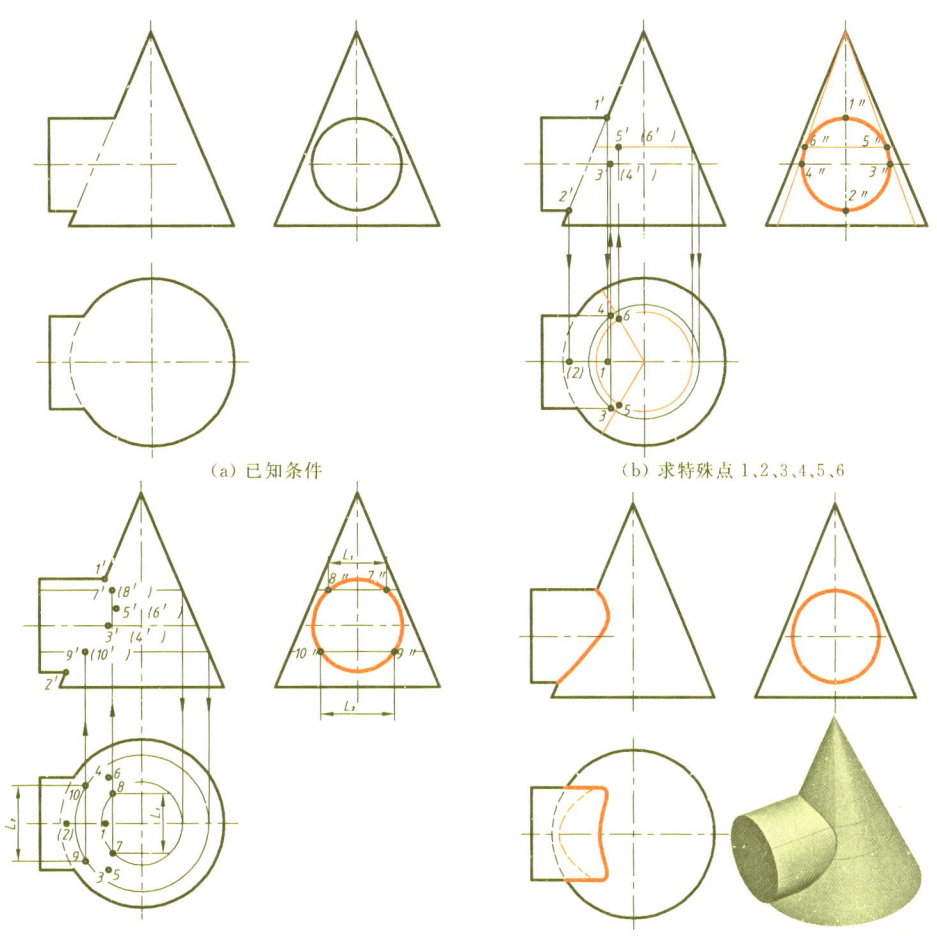

（a）已知条件　　　　　　　　　　（b）求特殊点 1、2、3、4、5、6

（c）求一般位置点 7、8、9、10　　　（d）连线并判别可见性、补全轮廓线

图 2-18　求圆锥和圆柱正交的相贯线

表 2-8　　　　　　　　　　　　　两圆柱正交相贯线的简化作图

立体图	正投影图	相贯线作图说明
		1. 相贯线始终凹向大圆柱的轴线； 2. 相贯线用圆弧近似代替：$R=\phi/2$，作图方法：通过两圆柱轮廓线交点作半径为 R 的圆弧，相交于小圆柱的轴线并以交点为圆心，以半径 R 为圆弧作相贯线。此为正交两圆柱的相贯线的简化画法
		两直径相等的圆柱正交，其相贯线的空间形状为椭圆，其正面投影为相交的两直线

续表

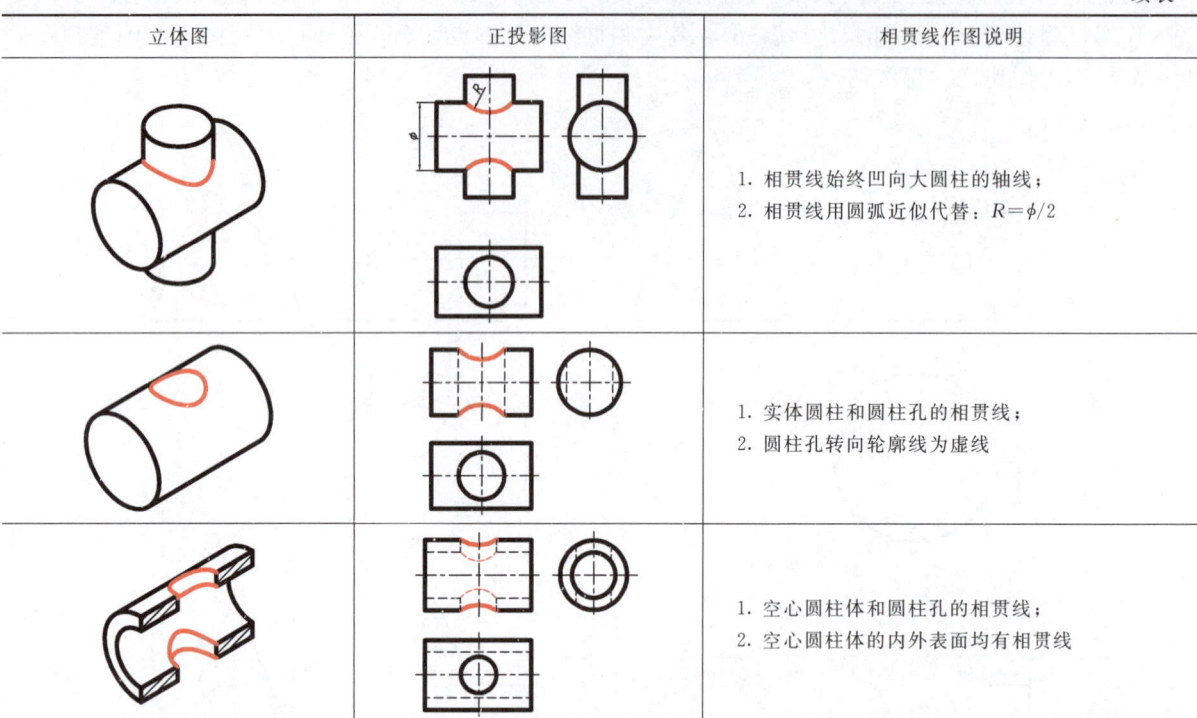

立体图	正投影图	相贯线作图说明
		1. 相贯线始终凹向大圆柱的轴线； 2. 相贯线用圆弧近似代替：$R=\phi/2$
		1. 实体圆柱和圆柱孔的相贯线； 2. 圆柱孔转向轮廓线为虚线
		1. 空心圆柱体和圆柱孔的相贯线； 2. 空心圆柱体的内外表面均有相贯线

（2）利用辅助平面法求作两立体的相贯线。

如图 2-19 所示，圆锥台和半球表面相交，求相贯线。

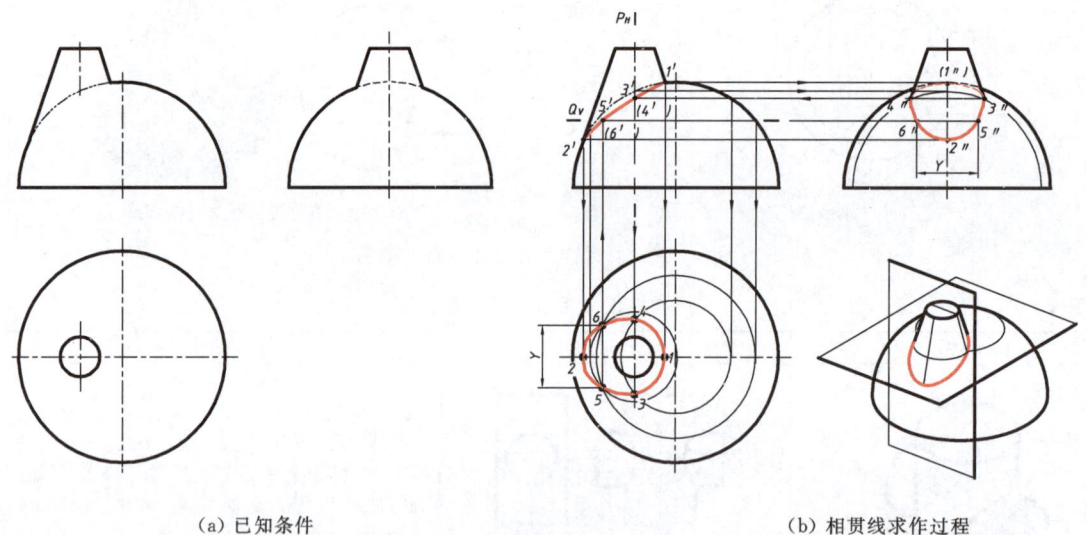

(a) 已知条件　　　　　　　　　(b) 相贯线求作过程

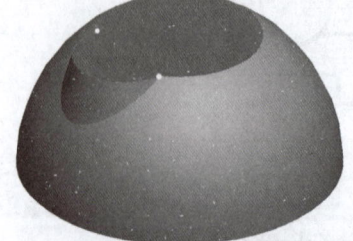

(c) 辅助平面作图原理

图 2-19　圆锥台和半球的相贯线与立体图

作图分析：圆锥台轴线为铅垂线，与半球的公共对称面是正平面，故相贯线为前后对称的封闭空间曲线。因圆锥台和半球的投影均无积聚性，故相贯线的三个投影均需求出。

作图采用辅助平面法，通过采用水平面及过锥顶的正平面和侧平面作为辅助平面，可求出相贯线上一系列的特殊点（最前点3和最后点4、最高点1和最低点2等）和一般位置点5和6。具体作图过程见图2-19所示。

思 考 题

1. 投影法分为哪两类？请阐述正投影的投影特性？
2. 试述点的三面投影特性和直线上点的投影特性。
3. 一般位置直线、投影面平行线、投影面垂直线分别有哪些投影特性？
4. 如何利用重影点判断可见性？
5. 一般位置平面、投影面平行面、投影面垂直面分别有哪些投影特性？
6. 什么是曲面立体的转向轮廓线？它对判断视图上曲面立体投影的可见性有何意义？
7. 什么是相贯线？
8. 什么是表面取点法？什么是辅助平面法？这两种方法分别可以应用于哪些场合？
9. 如何判断相贯线投影的可见性？

第 3 章 组合体视图与尺寸

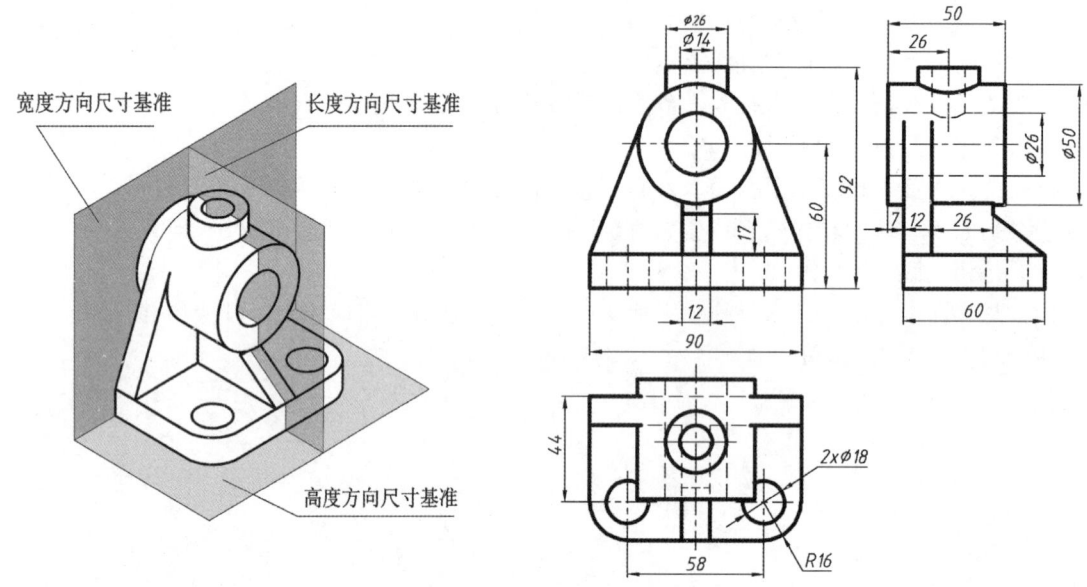

- 学习目标

1. 掌握用形体分析法和线面分析法绘制和阅读组合体视图。
2. 掌握组合体视图的尺寸标注方法。

- 学习重点

组合体视图的绘制、尺寸标注和阅读。

3.1 组合体的构成及三视图

3.1.1 组合体的概念及组合方式

大多机器零件可看成是由简单的棱柱、棱锥、圆柱、圆锥、球、环等基本形体组合而成,由基本形体按一定方式组合而成的形体称为组合体。

组合体的构成一般可分为叠加、切割、综合三种组合方式,如图 3-1 所示。其中综合方式最为常见,综合包含了叠加和切割两种形式。立体构形一般可通过基本立体的切割和叠加方法得到。在产品设计中,构思形体同时应考虑产品的功能、结构、工艺、材料、宜人性等多种因素。这里撇开一切造型的限制条件,将构思组合体的方法分成切割法和叠加法两种,以期培养和训练学生的形体构思能力,如图 3-2 所示。

叠加又可分为叠合、相切、相交三种形式,如图 3-3 所示。

(a) 叠加　　　　　　　　　(b) 切割　　　　　　　　　(c) 综合

图 3-1　组合体的组合方式

图 3-2　立体的切割与叠加构形法

(a) 叠合　　　　　　　　　(b) 相切　　　　　　　　　(c) 相交

图 3-3　叠加的三种形式

3.1.2　三视图的形成与对应关系

如图 3-4，将组合体置于三投影面体系中，用正投影法所绘制出它的三面正投影，称之为三视图。在正投影面上，由前向后投射所得的正面投影称为主视图；在水平投影面，由上向下投射所得的水平投影称为俯视图；在侧投影面上，由左向右投射所得的侧面投影称为左视图。三视图要求画在一个平面上，并保证对应关系。

在图 3-4 所示的三视图中，主视图反映立体的长和高；俯视图反映立体的长和宽；左视图反映立体的高和宽。三视图之间投影规律为：主、俯视图长对正；主、左视图高平齐；俯、左视图宽相等。为了更加清晰地表达视图,在三视图中都不画投影轴。

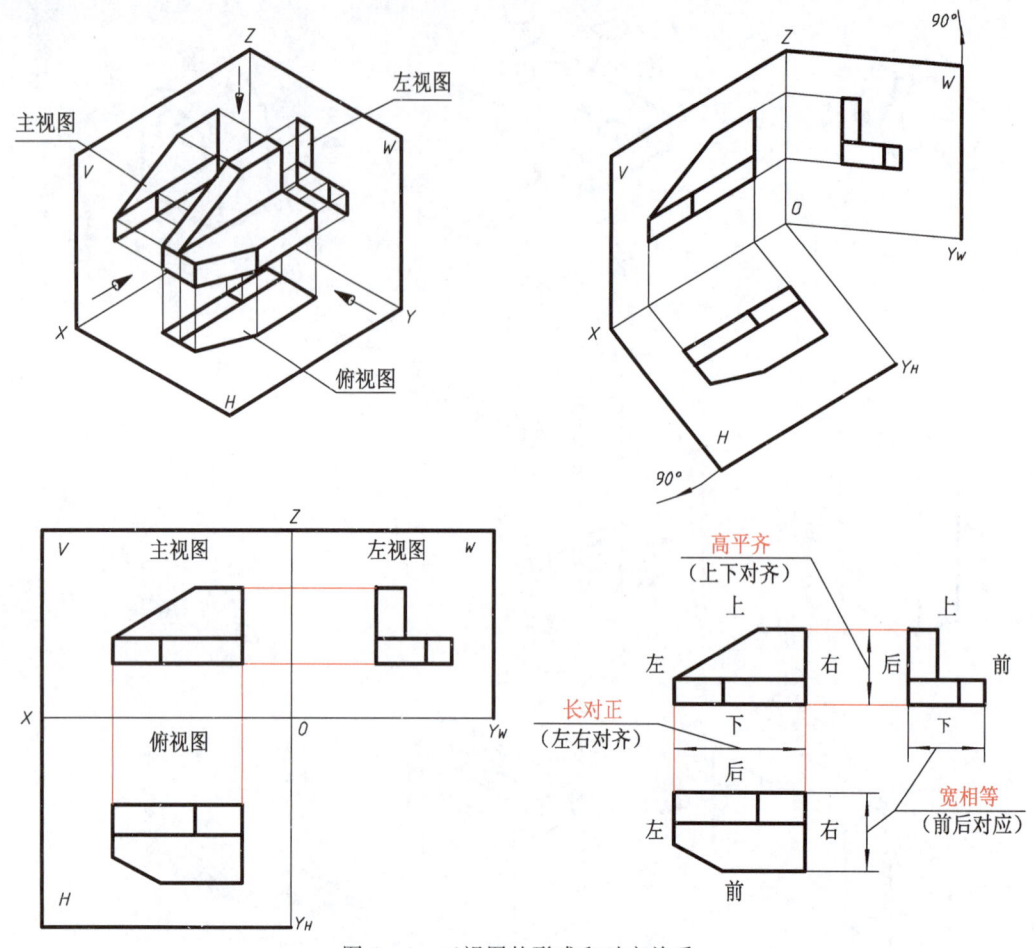

图 3-4 三视图的形成和对应关系

3.2 组合体视图的画法

3.2.1 形体分析法

在画组合体的三视图之前,可先对组合体进行形体分析,即将组合体分解成若干个基本形体。弄清楚各部分的形状、相对位置及组合方式,这种分析方法被称为形体分析法。通过形体分析,可以把复杂的形体转化为较简单的形体,从而理解复杂形体的本质,保证正确地绘制组合体的视图。

如图 3-5 所示的组合体——"轴承座",通过形体分析可分解成五个较简单形体。这些形体分别是 1—直立凸台、2—轴承套、3—肋板、4—支承板和 5—底板。凸台与轴承套是两个垂直相交的空心圆柱体,内外表面上都会产生相贯线;支承板、肋板和底板分别是不同形状的平板,支承板的左右两侧与轴承的外圆柱面相切,肋板的左右两侧面与轴承的外圆柱面相交,产生截交线;底板的顶面与支承板、肋板的底面上下叠合。

3.2.2 组合体视图绘制方法与步骤

1. 选择主视图及其他视图

画三视图时,主视图是最主要的视图,视图选择应该从主视图入手,下面以图 3-5(b)所示的轴承座为例说明选择主视图的基本原则:

(1)主视图一般应最能反映出组合体的形体特征。即把能较全面地反映组合体各基本体形体特征

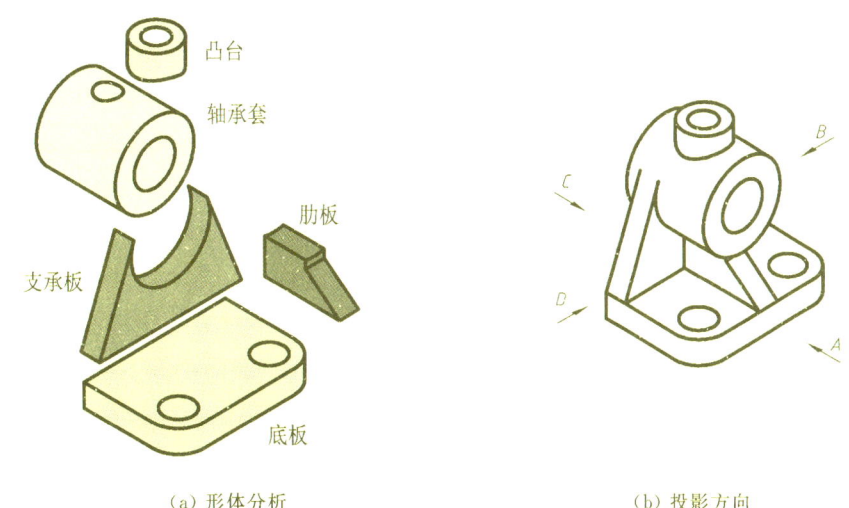

(a) 形体分析　　　　　　　　　(b) 投影方向

图 3-5　轴承座的形体分析

以及其相互位置特征的某一方向作为主视图的投影方向，并尽可能使形体上的主要面平行于投影面，以便使投影能得到实形，便于画图。

(2) 考虑组合体的安装位置或加工位置，如图 3-5（b）所示。

(3) 应兼顾其他两个视图表达的清晰性，虚线尽可能少，如图 3-5（b）所示，按 A、B、C、D 四个方向投影所得的视图进行比较，来确定主视图的投影方向。其中 A 向作为主视图的投影方向较为合理，如图 3-6 所示。

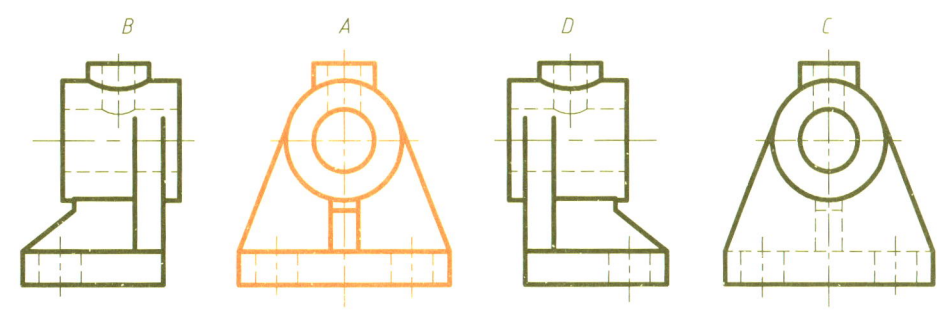

图 3-6　主视图选择

2. 确定比例，选定图幅

视图确定后，要根据实物大小，按国标规定选择适当的比例和图幅。在一般情况下，设计图一般按 1∶1 绘制，这样既便于直接估量组合体的大小，也便于画图。图幅则要根据所绘制视图的面积大小以及留足标注尺寸和画标题栏的位置而定。

3. 布置视图位置

布置视图时，应根据各视图方向的最大尺寸和视图间有足够的空隙标全所需尺寸及视图与图框边界的间距，来确定每个视图的位置，各视图在图幅中布局应匀称合理。

4. 绘图步骤及注意点

为了迅速而正确地画出组合体的三视图，画图时，应注意以下几点：

(1) 画图的先后顺序，一般是从主视图入手，先画主要部分，后画次要部分；先画圆弧，后画直线；先画实线，后画虚线。

(2) 画图时，物体的每一组成部分，最好三个视图配合着画，这样既能保证各视图之间的相对位置和投影关系的正确性，又能提高绘图速度，而且还能避免多线和漏线。

(3) 检查时，按形体逐个仔细检查，纠正错误和补充遗漏，然后加深图线。

下面以轴承座为例，说明其绘制三视图的过程和步骤，具体如图 3-7 所示。

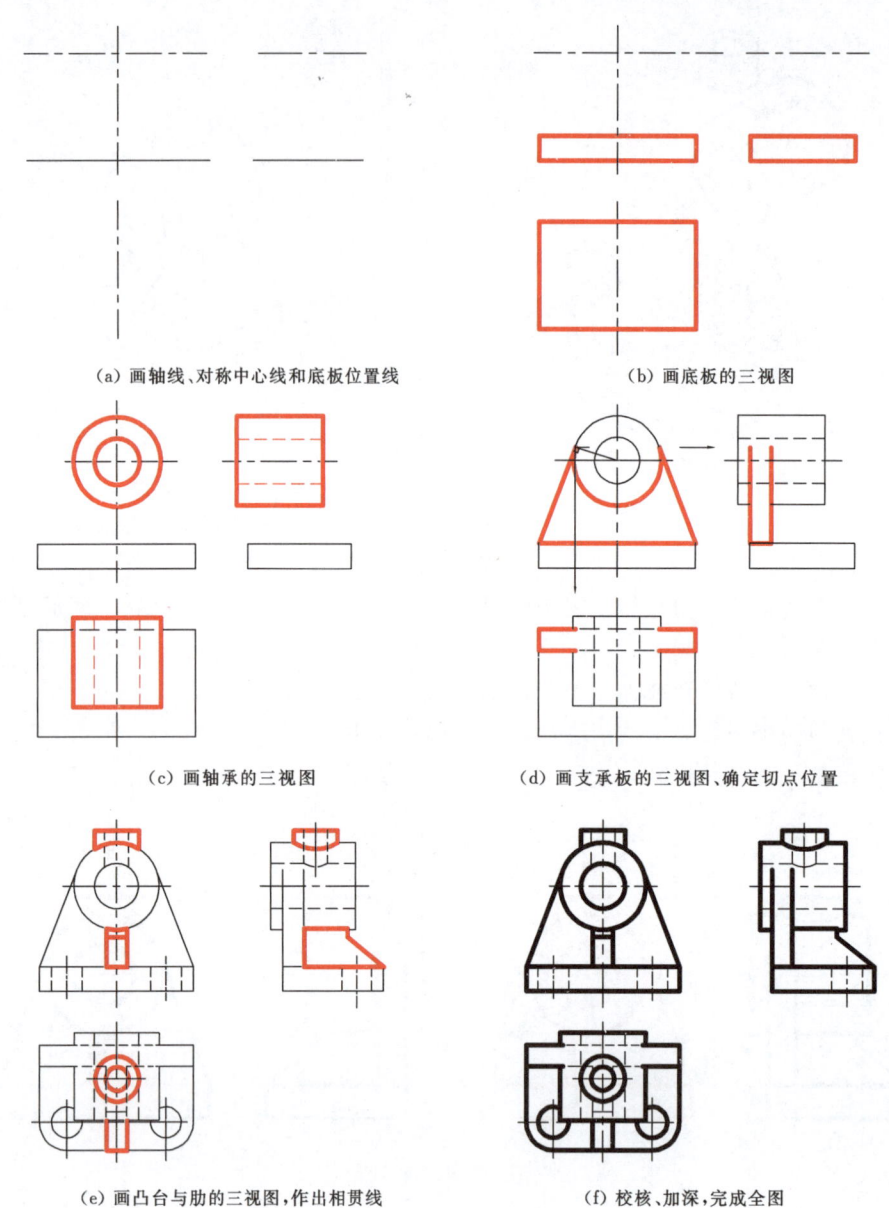

图 3-7 轴承座三视图的画图步骤

3.3 组合体视图的尺寸标注

画出组合体的三视图,仅表达了组合体的形状,而要表示形体的大小,则不仅需要标注出尺寸,而且尺寸标注必须做到完整、正确、清晰。学生必须熟练掌握组合体三视图的尺寸标注方法,为今后零件图的标注尺寸打下良好的基础。

3.3.1 尺寸标注的基本要求

尺寸标注的基本要求:完整、正确、清晰。

完整,即所标注的尺寸要齐全,不遗漏、不重复。

正确,即标注符合国家标准的规定。

清晰,即尺寸布置清晰、整齐,便于看图。

为保证尺寸标注的要求,必须清楚尺寸的类型、尺寸基准和标注方法。

3.3.2 尺寸类型和标注方法

1. 尺寸类型与尺寸基准

组合体尺寸类型可分为三类,即定形尺寸、定位尺寸和总体尺寸。

(1) 定形尺寸:是指确定组合体上各基本体形状大小的尺寸。

(2) 定位尺寸:是指确定组合体各基本形体之间相对位置的尺寸。

(3) 总体尺寸:用来确定组合体的总长、总宽、总高的尺寸。

尺寸基准是指形体上确定尺寸起点位置的点、线、面要素。

组合体一般有长、宽、高三个方向的尺寸,每个方向至少应有一个尺寸基准(一般为主要基准),以便确定各形体间的相对位置。对比较复杂的组合体,有时要增加一个或多个辅助基准,这时,在主要基准与辅助基准之间,必须有一个联系尺寸。

对于尺寸基准一般可选组合体上的对称面、底面、重要端面和主要回转体的轴线等要素作为尺寸基准。如图3-8(a)支架中的尺寸基准:底面作为高度方向的尺寸基准,形体的前后对称面及底板的右端面分别作为宽度和长度方向的尺寸基准,如图3-8(c)所示。

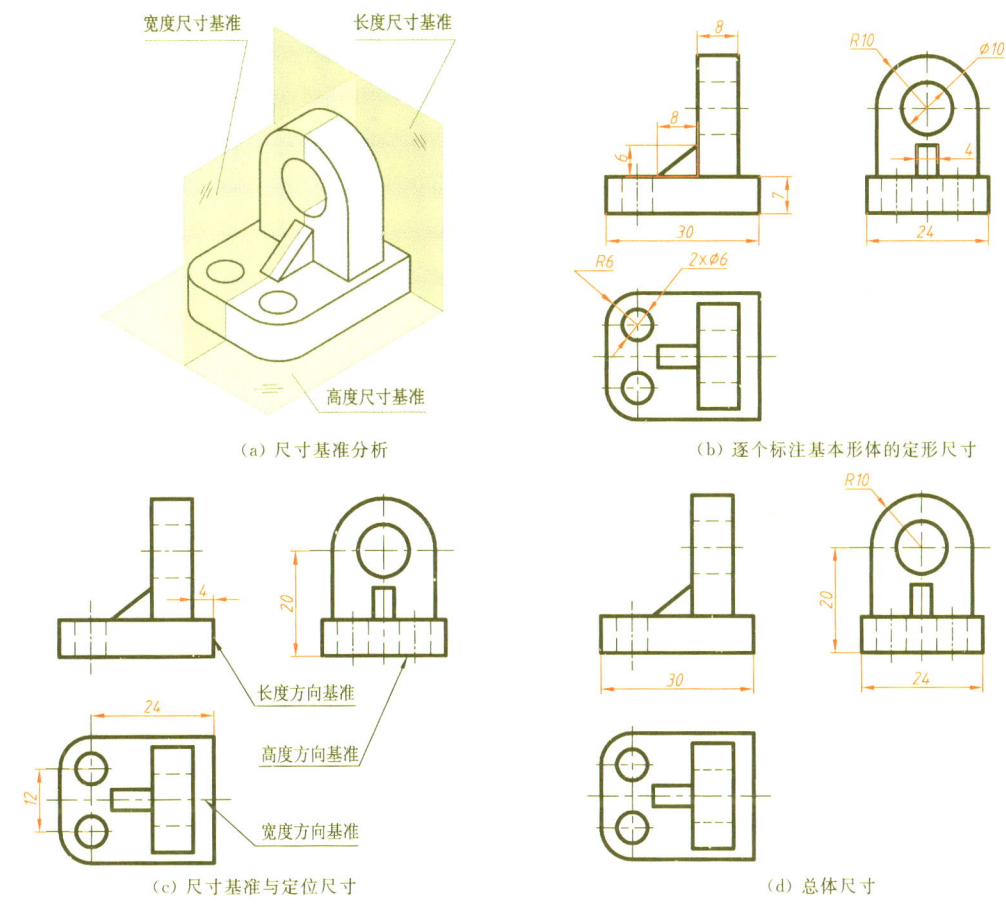

(a) 尺寸基准分析   (b) 逐个标注基本形体的定形尺寸

(c) 尺寸基准与定位尺寸   (d) 总体尺寸

图3-8 组合体尺寸类型与尺寸基准

2. 尺寸标注方法

尺寸标注方法仍可按形体分析法进行,即首先将组合体分解成若干个基本形体,逐个注出各基本体大小的定形尺寸,如图3-8(b)中,主视图上的30、7、8、6;俯视图上的R6、ϕ6;左视图上的R10、ϕ10、4、13均为定形尺寸。

其次标注组合体各基本形体之间相对位置的定位尺寸。而相对位置尺寸的确定,必须先确定尺寸基准,如图3-8(c)所示。主视图上的4、24,俯视图上12,左视图上20尺寸均为定位尺寸。

图 3-9　组合体的尺寸标注

最后标注总体尺寸，图 3-8（d）中的 30、24 和 20+*R*10 分别为总长、总宽和总高尺寸。

当标注了总体尺寸后，为了避免产生多余和重复尺寸，有时就需要对已标注的定形尺寸和定位尺寸作适当的调整，图 3-9 是调整后的组合体尺寸。

3. 组合体尺寸标注的方法与步骤

从上述分析可见，组合体尺寸标注的分析方法仍是用形体分析法，其标注方法与步骤如下：

（1）对组合体形体分析、了解各基本体的形状与大小。

（2）逐个标注各基本体的定形尺寸。

（3）确定尺寸基准。

（4）标注定位尺寸，确定基本形体之间的相互位置关系。

（5）标注总体尺寸。

（6）检查复核。

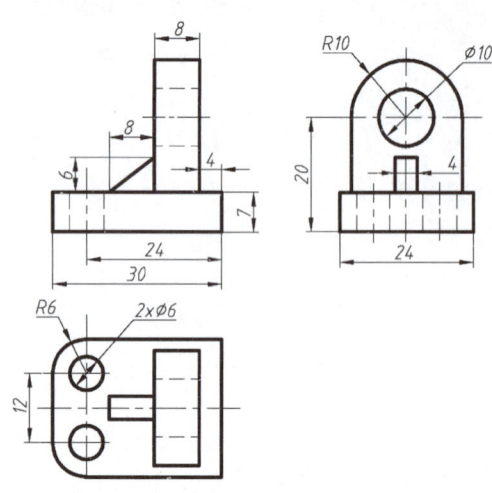

例题 1： 轴承座组合体视图的尺寸标注，标注过程如图 3-10 所示。

(a) 第一步：标出各基本体的定形尺寸

(b) 第二步：选定尺寸基准

(c) 第三步：根据尺寸基准标出定位尺寸

(d) 第四步：标注总体尺寸并调整相关尺寸

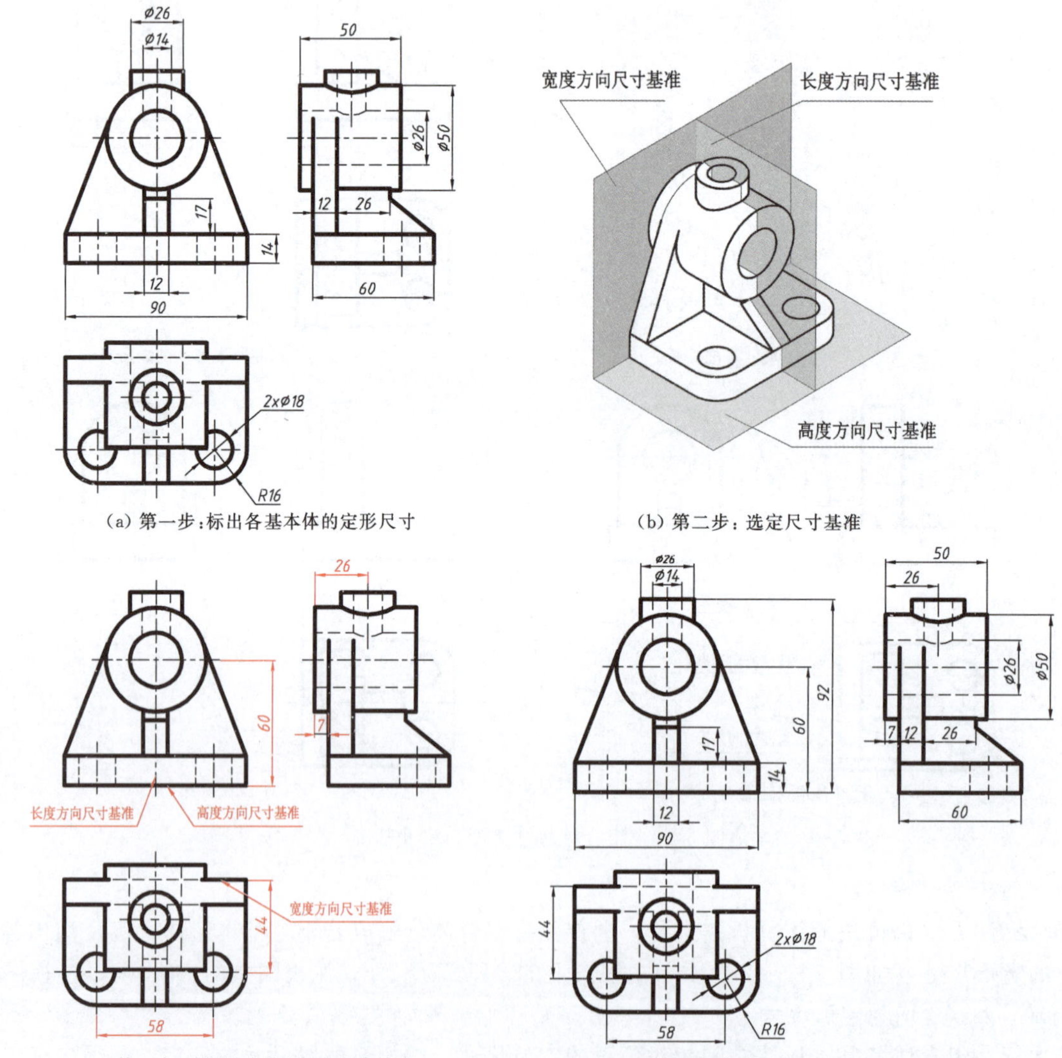

图 3-10　轴承座三视图的尺寸标注步骤

3.3.3 尺寸标注中应注意的问题

1. 尺寸布置的要求

标注尺寸在正确、完整的前提下应力求布置清晰、整齐。下面结合图 3-10 说明标注组合体尺寸的注意点：

（1）尺寸尽量标注在反映形体特征明显的视图上。如图 3-10（d）所示，底板上的圆孔 φ 注在俯视图上最明显；支撑板和肋板的厚度 12，注在左视图和主视图上比俯视图上更清楚。

（2）基本体的定形尺寸和定位尺寸应尽量标在同一视图上。如图 3-10（d）所示，轴承的定形尺寸 φ26、φ50 和 50；底板的 90、60 和 2×φ18，R16，定位尺寸 58、44 等，都集中标注在俯视图上，便于看图。

（3）尺寸应尽量注在两视图之间，并注在视图的外部。以免尺寸线、尺寸界线与视图的轮廓线相交，如定位尺寸 60，总长尺寸 90 和总高尺寸 92。

（4）直径尺寸尽量注在投影为非圆的视图上，而圆弧的半径应标在投影为圆弧的视图上。如图 3-10（d）上，轴承圆柱的内外直径 φ26、φ50 注在左视图上。

（5）尺寸尽量不注在虚线上。底板上两小圆孔 φ18 标注在俯视图上，而凸台上小孔 φ14 因俯视图线条太多，为使相关尺寸能相对集中，因而标注在主视图的虚线上。

（6）尺寸排列要整齐，串列尺寸应尽量注在一条线上，并列尺寸要求小尺寸在里，大尺寸在外。如图 3-10（d）左视图上 7、12、26；主视图上 14、60、92。

（7）对称的定位尺寸应以尺寸基准对称面为对称直接注出，不应在尺寸基准两边分别注出，如图 3-10（d）俯视图上 58。

2. 常见板状形体的尺寸标注

常见板状结构的尺寸标注尤其要注意板上的孔、槽定位方式和标注方法，如图 3-11 所示。

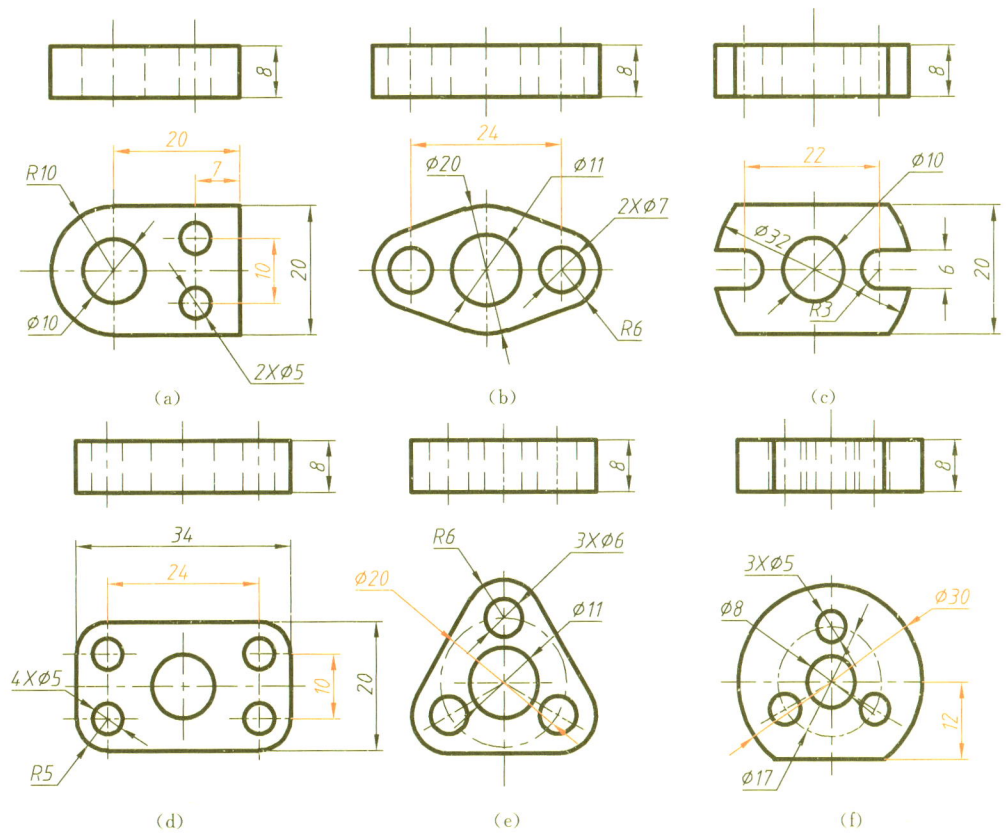

图 3-11（一） 常见板状形体的尺寸标注

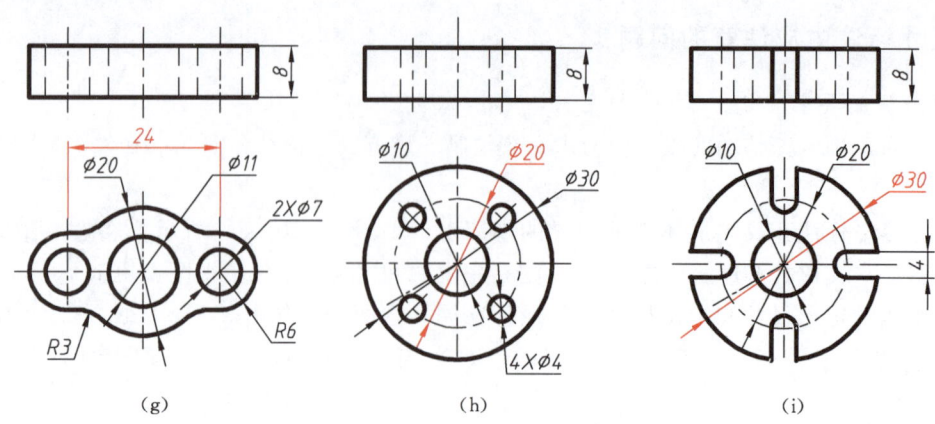

图 3-11（二） 常见板状形体的尺寸标注

3.4 组合体视图的阅读

画图和看图是组合体视图中两个重要内容。画图是由空间形体到平面图形的表达过程，而看图则是根据平面图形想象出空间形体的形状，是画图的逆过程。看图是培养和训练学生空间想象能力的重要环节。

3.4.1 看图的基本知识

1. 看图要将几个视图联系起来分析

在一般情况下，仅由一个或两个视图是不能完全确定空间形体的形状，只有将两个以上的视图联系起来分析，才能弄清空间形体的形状。如图 3-12 所示的一组视图中，主视图都相同，结合图 3-12（a）、（b）、（c）不同的俯视图与左视图，则所确定是三个不同形状的形体。因此，看图时应将几个视图联系起来进行分析、构思，才能准确地确定形体的空间形状。

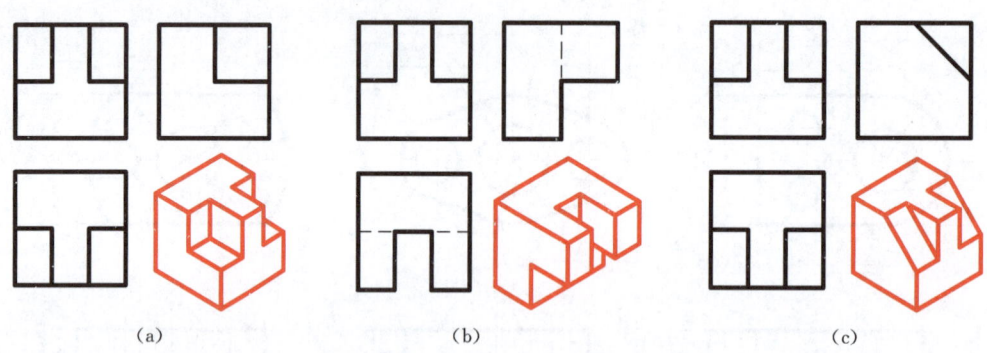

图 3-12 将几个视图联系起来看

2. 看图要善于捕捉特征视图

捕捉特征视图就是要找出最能反映物体形状特征或位置特征的那个视图，从而建立组合体的主要形象。一般情况下，主视图往往是特征视图，如图 3-13 的主视图就是形状特征视图，左视图是位置特征视图。

3. 看图要理解视图中图线和线框的含义

（1）视图中图线的含义。

1）一条直线或曲线可以表示平面或曲面的积聚性投影，如图 3-14（a）所示，1 表示侧平面的积聚性投影；图 3-14（c）中 2 表示铅垂的圆柱面积聚性投影。

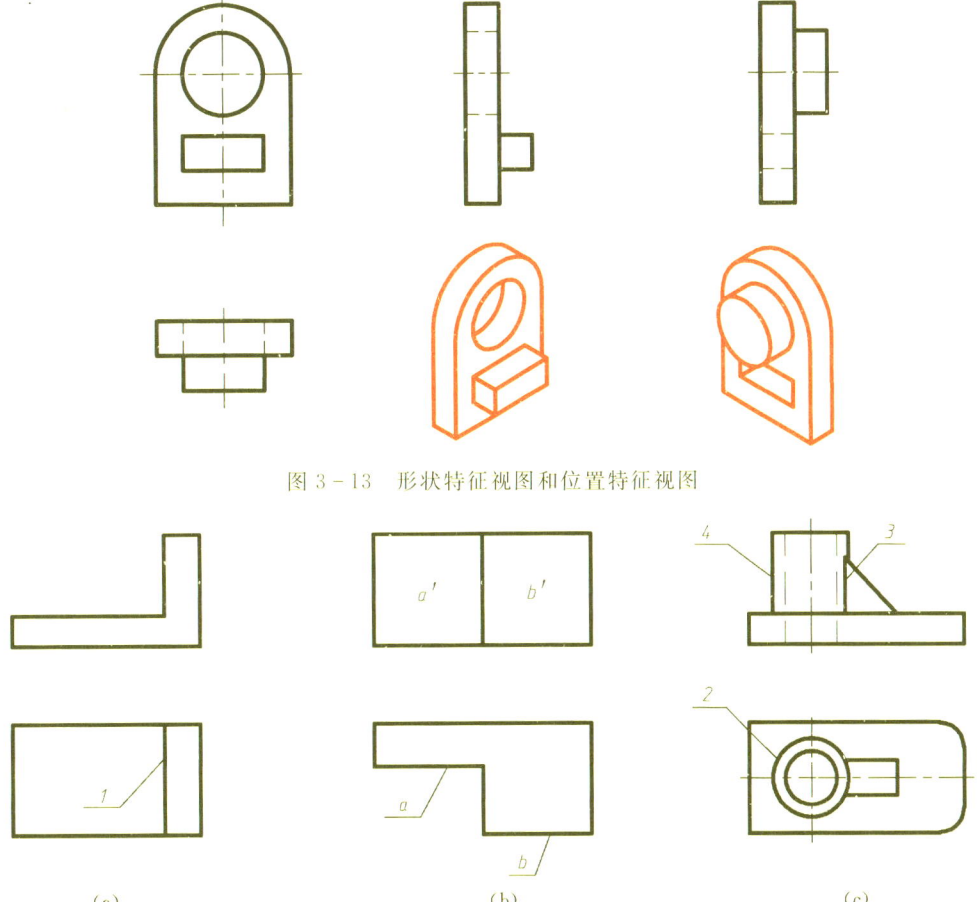

图 3-13 形状特征视图和位置特征视图

(a)   (b)   (c)

图 3-14 视图上图线和线框的含义

2) 直线也可以表示两表面交线的投影，如图 3-14（c）中 3 表示肋板和圆柱面的交线。

3) 直线还可以表示曲面转向轮廓线的投影，如图 3-14（c）中 4 表示圆柱面的转向轮廓线。

（2）视图中线框（面）的含义。

线框是指图上由图线围成的封闭图形，在看图过程中，必须理解每个封闭线框的含义。

1) 一个封闭的线框，表示形体的一个表面（平面或曲面）。如图 3-14（b）所示主视图中的 b 封闭线框表示形体的前平面的投影。

2) 相邻的两个封闭线框，表示形体上位置不同的两个面，如图 3-14（b）所示主视图中的相邻两个线框 a' 和 b'，在俯视图中可见，表示一前一后两个平面的投影。

3) 封闭线框内所包含的各个不同的小线框，表示在立体上凸出或凹入的各个小立体。如图 3-14（c）所示，俯视图中的大线框表示带有圆角的底板，中间两组相接的线框，表示在底板上叠加一个空心圆柱和肋板。

3.4.2 看图的基本方法

看图的基本方法有形体分析法和线面分析法两种，对较复杂的形体看图是可将两种方法综合起来运用。

1. 形体分析法看图

用形体分析法看图，即从主视图入手，将组合体分解为若干个基本形体，逐个想象出各部分形状，最后综合起来，想象出组合体的整体形状。下面通过看图举例来熟悉看图方法。

例题 2：根据图 3-15 所示支架的三视图，看懂其所表达的形体。

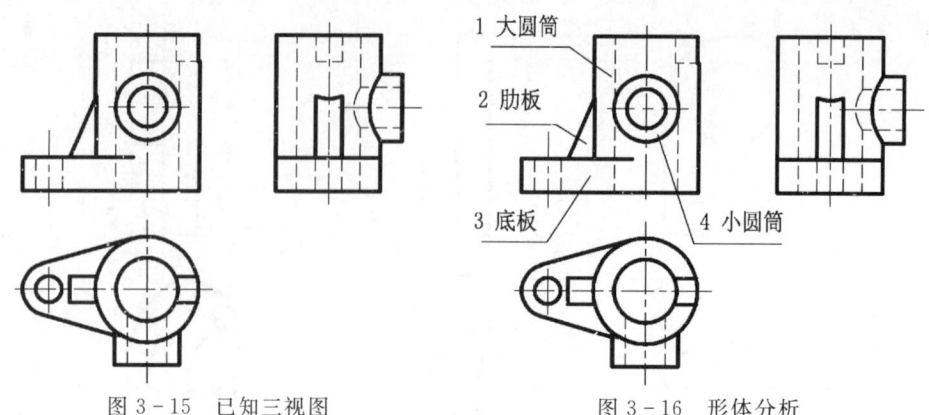

图 3-15　已知三视图　　　　　图 3-16　形体分析

看图过程分析：

（1）分线框、对投影：在图 3-16 中，先把主视图分为 4 个封闭的线框 1、2、3、4，然后分别找出这些线框在俯视图及左视图中的相应投影。

（2）对投影、想形体：根据各视图中得对应投影，想象各基本形体的特征，确定各线框所表示形体的具体形状，如图 3-17（a）所示。

（3）想细部、出整体：分析各基本形体之间相对位置及产生的交线，想象其整体形状，如图 3-17（b）所示。

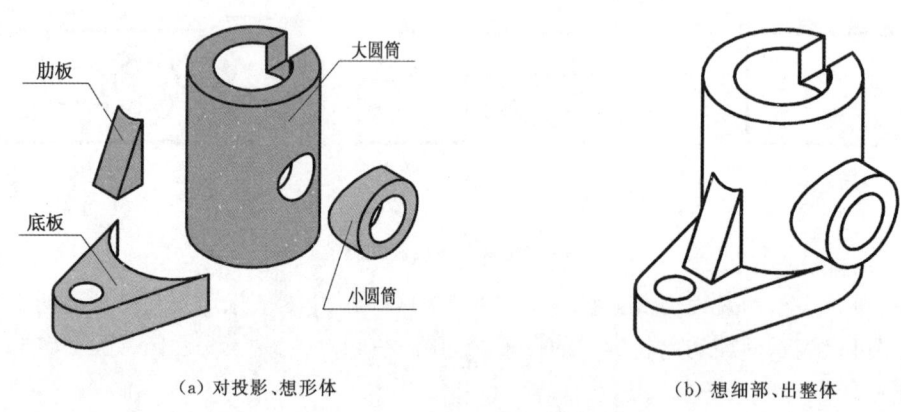

（a）对投影、想形体　　　　　　　　　　（b）想细部、出整体

图 3-17　形体分析法看图过程

2. 线面分析法看图

用线面分析法看图，是把组合体表面分解为若干线和线框，通过分析这些线和线框的空间位置、形状，从而想象出组合体表面的形状，这种看图方法称为线面分析法。这一看图方法对切割类形体和较复杂的形体尤为有效。

运用线面分析法看图，应注意以下两点：

（1）分析清楚各个线框所表示面的形状，如图 3-18 所示中着色的面。

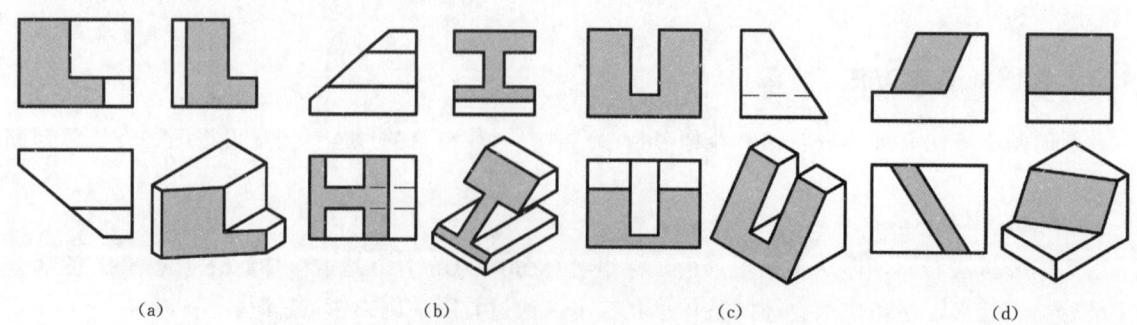

（a）　　　　　　（b）　　　　　　（c）　　　　　　（d）

图 3-18　通过投影规律分析面的形状

(2) 分析清楚各个面的相对位置，如图 3-19 (a) 所示 A 是正平面，B 是居中的侧垂面；图 3-19 (b) 所示 A 是侧垂面，B 是居中的正平面。

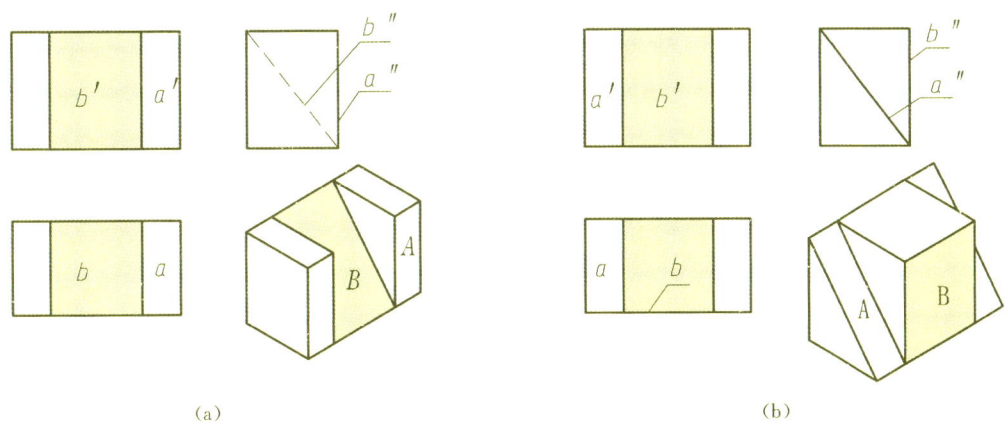

图 3-19 通过左视图分析面 A、B 的相对位置

例题 3：读懂图 3-20 所示组合体的视图，想象其空间形状，并画出其左视图。

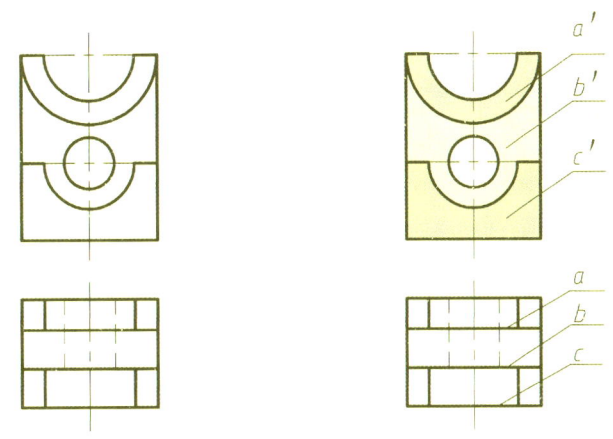

图 3-20 已知主、俯视图，补画左视图　　图 3-21 看图分析

看图过程分析：

从图 3-20 的二视图可见，该形体的形状特征明显，而各个面的位置特征不明显。若能确定各面的空间位置，则不难想象该形体的空间形状。因此，采用线面分析法看图。在图 3-21 中，将主视图分成三个封闭线框，它表示三个不同的面，逐一分析每个表面的形状和位置，最后想象整体形状。其具体看图步骤如图 3-22 所示。

3.4.3　看图的步骤与举例

1. 看图的步骤归纳

(1) 概括了解。根据视图与尺寸，初步了解物体的大概形状和大小，从主视图入手，用形体分析法分析它由哪几个基本形体组成，或用线面分析法分析各个面的形状和位置。

(2) 形体分析或线面分析。对物体各组成部分的形状和线面位置逐个进行分析。

(3) 综合想象。通过形体分析和线面分析，了解各组成部分的形状和位置、了解各组成部分的相互关系及产生的交线，从而想象出整个物体的形状。

看图要领概括：分线框、对投影；对投影、想形体；想细部、出整体。

2. 看图举例

例题 4：根据图 3-23 所示的组合体主、俯视图，想出空间形状，并画出其左视图。

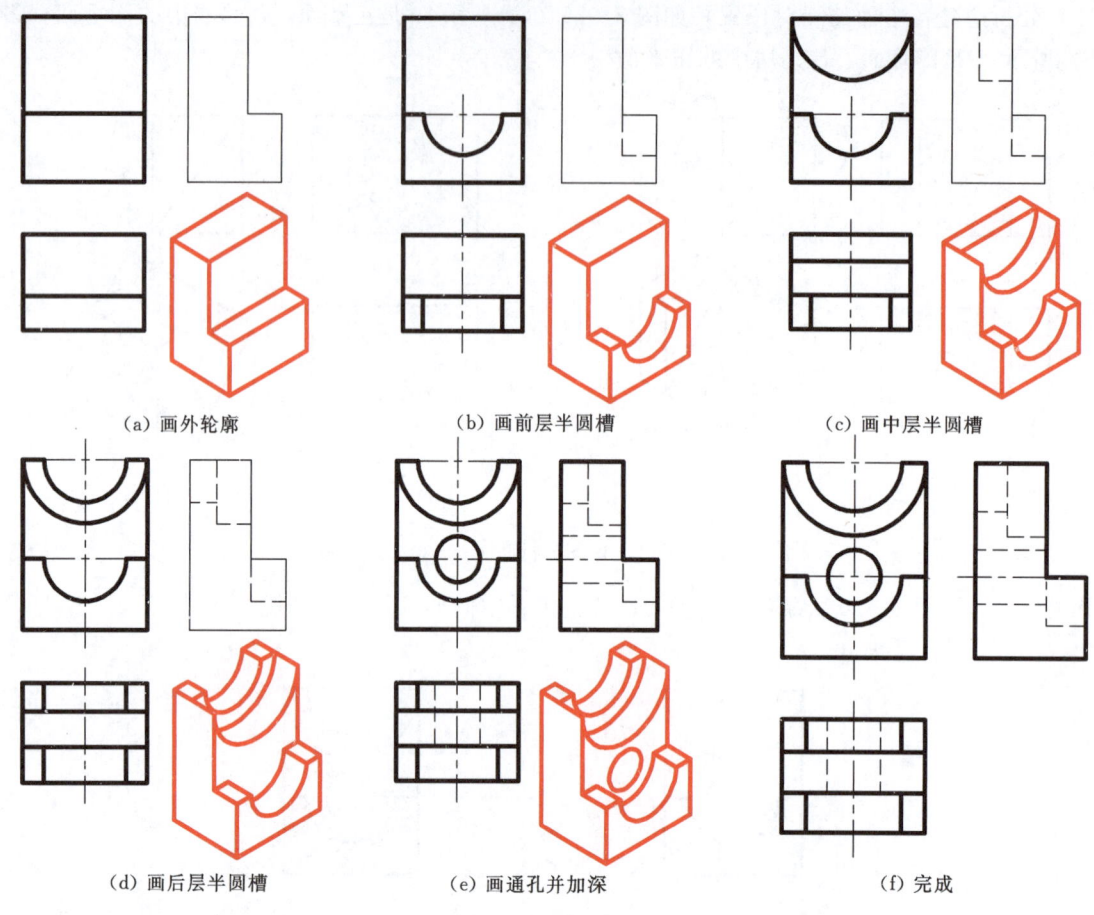

图 3-22 线面分析法的看图过程

看图过程分析：

（1）概括了解。从图 3-23 组合体主、俯视图的线框特征可以看出，视图可分解三个图形，相应的组合体分解成三个简单形体，如图 3-24 所示。

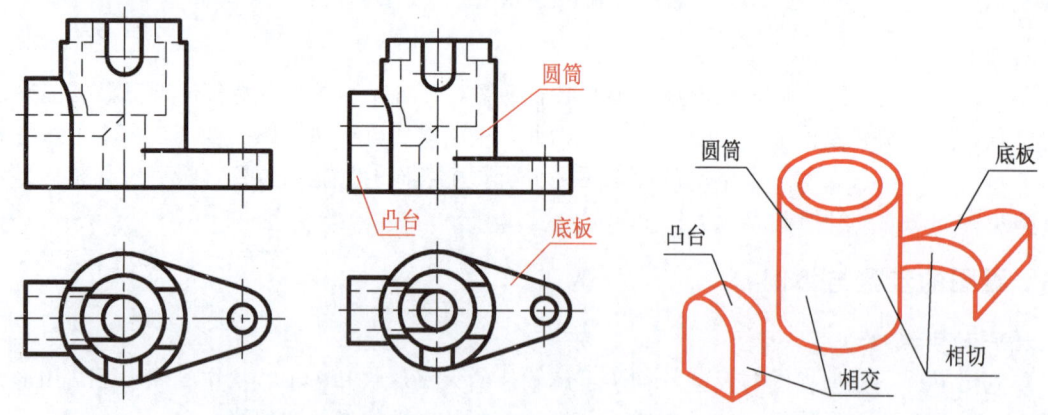

图 3-23 已知两视图　　　　图 3-24 形体分析与立体构想

（2）形体分析。中间部分主体为圆柱形，左右两部分可以通过其与圆柱体的相交关系来判断它们的形状，左边部分根据主视图上其与圆柱体相交线可推知，其上半部分是半圆柱、下半部分是与半圆柱直径等宽且两侧面与之相切的长方体；右边部分是一块弧边梯形板，两侧面与圆柱相切，如图 3-24 所示。进一步完善组合体，圆柱体上方左右被切去两个方槽、中心开有阶梯形圆孔，成一空心圆柱体，其前壁面上方开有"U"形槽，左下方开有圆柱孔，其上半部分与阶梯孔的大孔相通，下半部分与阶梯孔的小孔相通，且直径相等，其相贯线的投影为直线。

（3）想象整体。根据以上分析，综合各部分的位置关系，该组合体整体形状如图3-25（a）所示，其内部结构如图3-25（b）所示。

（4）画出左视图。按三部分的形状分析及相互位置关系，依次画出其左视图。须注意底板不可见，应画虚线；"U"形槽与空心圆柱内外壁面存在相贯线；透过左侧小圆孔，可见阶梯孔的分界平面，应画粗实线，如图3-26所示。

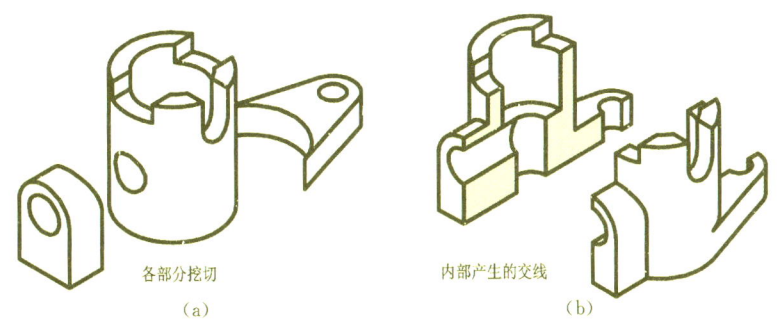

图3-25 想象组合体的内外形状

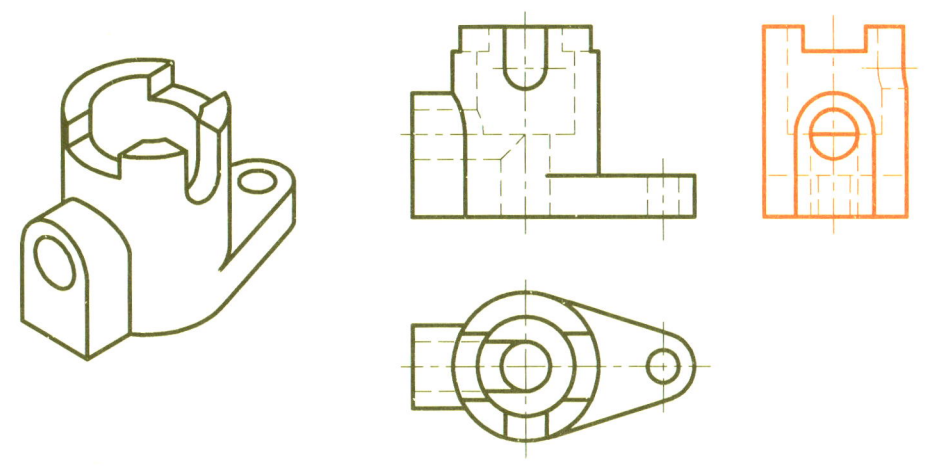

图3-26 补画左视图

例题5：如图3-27所示，已知组合体的主、俯视图，画出其左视图。

看图分析：

（1）概括了解。从图3-27组合体的两个视图可看出，该物体各组成部分形状的特点不明显，可用线面分析法来分析主、俯各线框面的形状与位置。从主视图的外形轮廓可看出，切割前的基本形状是六棱柱；从俯视图的轮廓看，六棱柱的后端面有凹槽，前端面有一凸台；从前端面到后端面有一通孔。

（2）线面分析。分线框、对投影。在组合体主俯视图上可分出两个线框：p'、q'；俯视图上1、2、3三个线框，并根据投影规律找出对应的投影：p、q；投影：1、2、3，如图3-28所示。

对投影、想形体，根据线框Q的两投影，可判断它是六棱柱的前端面，线框P是凸台的前表面，两者是相互平行的正平面（见图3-29）。此外，主视图上圆周线框表明它是一个垂直于凸台前表面的通孔，主视图上的两条虚线对应俯视图上六棱柱后端面的凹槽，说明凹槽是从上到下贯通的矩形槽，如图3-30（a）所示。

（3）综合想象。在运用线面分析的基础上，彻底想清楚形体的形状后，检查所得形体是否正确，然后着手画出左视图，如图3-30（b）所示。

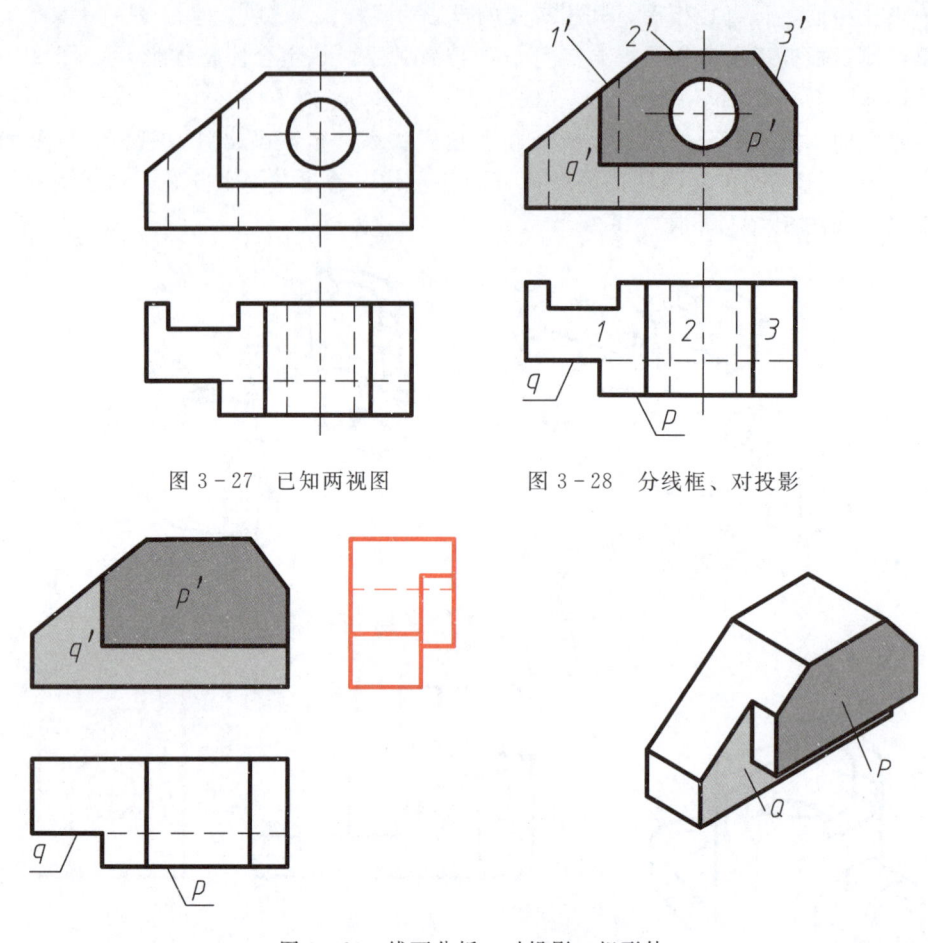

图 3-27 已知两视图　　图 3-28 分线框、对投影

图 3-29 线面分析：对投影、想形体

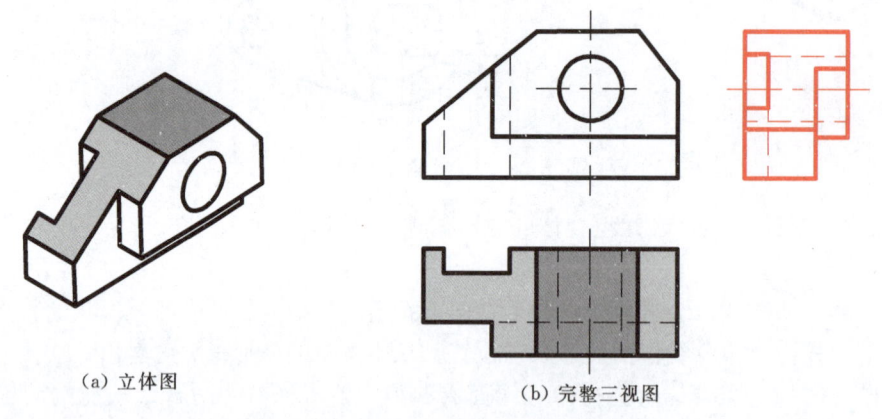

(a) 立体图　　(b) 完整三视图

图 3-30 确定形状，补画左视图

思 考 题

1. 组合体的组合形式有哪几种？
2. 叠加型组合体与切割型组合体的画法有什么不同？
3. 绘制组合体三视图的方法与步骤？
4. 常用的看图方法有哪几种？

第4章 轴 测 图

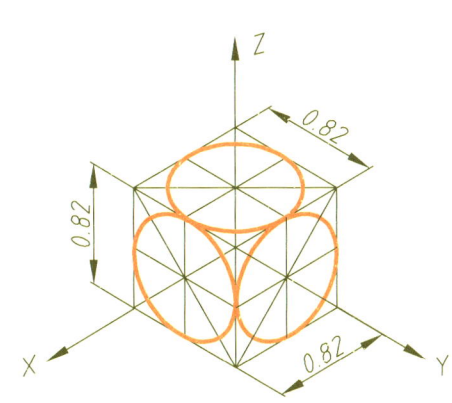 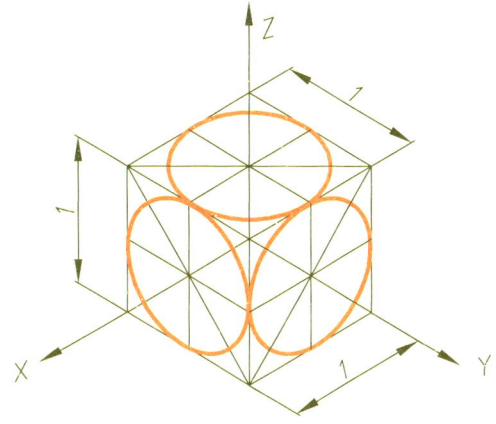

- 学习目标

1. 了解轴测投影原理、规律和工程常用轴测图种类。
2. 掌握正等测绘制方法。
3. 掌握徒手绘制轴测图的方法。

- 学习重点

轴测图的绘制方法。

4.1 轴测图的概述

如图 4-1 所示的轴测图属于单面平行投影图，与多面正投影图相比，轴测图具有较强的立体感，它有助于我们更快地了解形体的结构特点，所以在生产和设计表达过程中常用轴测图作为一种辅助表达方法。

4.1.1 轴测图的形成

将物体连同确定该物体的直角坐标系一起，按不与任何坐标平面平行的方向，用平行投影法投射到一投影面上，所得到的图形，称为轴测图。如图 4-2 所示，投影面 P 称为轴测投影面，S 称为投影方向，空间坐标轴 O_0X_0、O_0Y_0、O_0Z_0，在轴测投影面上的投影 OX、OY、OZ 称为轴测投影轴，简称轴测轴。

1. 轴间角

轴测轴之间的夹角称为轴间角。如图 4-2 所示，相邻两根轴测轴之间的夹角（$\angle XOY$、$\angle XOZ$、$\angle YOZ$）称为轴间角。随着坐标轴、投影方向与轴测投影面相对位置不同，轴间角大小也不同。

2. 轴向伸缩系数

轴测单位长度与相应空间坐标单位长度之比，称为轴向伸缩系数。X、Y、Z 三个轴测轴

设计图学

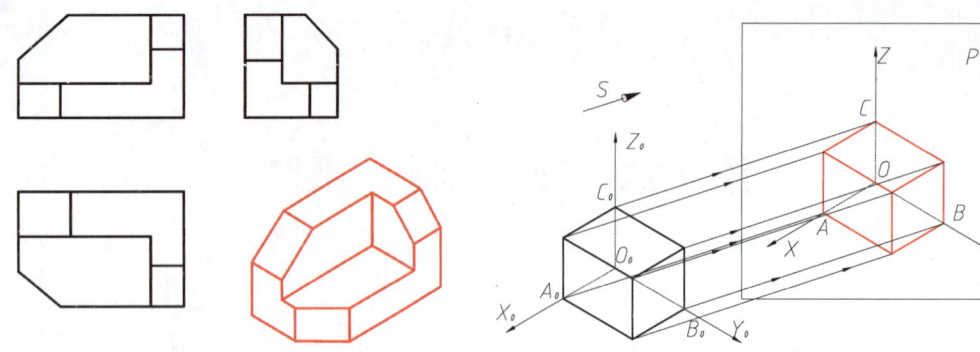

图 4-1 三视图与轴测投影图的比较　　　图 4-2 轴测图的形成原理

方向的轴向伸缩系数分别用 p、q、r 表示，由图 4-2 可以看出：$p=OA/O_0A_0$（沿 OX 轴向伸缩系数）、$q=OB/O_0B_0$（沿 OY 轴向伸缩系数）、$r=OC/O_0C_0$（沿 OZ 轴向伸缩系数）。

3. 轴测图基本特征

由于轴测图投影采用的是平行投影法，所以在物体和轴测投影之间保持如下关系：

(1) 若空间相互平行的线段，则其轴测图投影仍互相平行。

(2) 空间平行于某坐标轴的线段，其投影长度等于该坐标轴的轴向伸缩系数与线段长度的乘积。

根据以上性质，若已知各轴向伸缩系数，在轴测图中即可直接按比例测长度，画出平行于轴测轴的各线段，这就是轴测图中"轴测"两字的含义。

4.1.2 轴测图的种类

轴测图根据投射线方向和轴测投影面的位置不同可分为两大类：

正轴测图（投射线方向与投影面垂直）和斜轴测图（投射线方向与投影面倾斜）。

根据轴向伸缩技术的不同，每种轴测图又分为三种：

正轴测图分为正等轴测图、正二轴测图、正三轴测图。斜轴测图分为斜等轴测图、斜二轴测图、斜三轴测图。

在实际的轴测图应用中，正等轴测图绘制较为方便易学、最为常用，教材仅介绍正等轴测图的绘制方法。正等轴测图的轴向伸缩系数为：$p=q=r=0.82$。作图时常采用简化轴向伸缩系数，即 $p=q=r=1$。

对于正（或斜）二轴测图一般采用轴向变形系数 $p=r=2q$，而正（或斜）三轴测图作图较繁，很少采用。表 4-1 是常用轴测图的分类和有关参数。

表 4-1　　　　　　　　　　常用轴测图的种类

轴测图	正轴测图	正等轴测图 $p=q=r=0.82$		
		正二轴测图 $p=r\neq q$		
	斜轴测图	斜等轴测图 $p=q=r$		
		斜二轴测图 $p=r\neq q$		

4.2 正等轴测图的画法

正等轴测图的投射方向垂直于轴测投影面,且空间三个坐标轴均与轴测投影面倾斜 $35°16'$,三个轴间角均相等,即 $\angle XOY = \angle YOZ = \angle ZOX = 120°$。三个轴向伸缩系数也相等,即 $p=q=r=0.82$,如图 4-3 (a) 所示。为了作图方便,可用简化的伸缩系数 1 代替理论伸缩系数 0.82,即沿各轴向量取的长度等于物体上相应的实长。这样画出的轴测图比按理论伸缩系数画出轴测图放大了约 1.22 倍,简化法把图形放大了,但形状并未改变,对立体感也没有太大的影响,如图 4-3 (b) 所示。

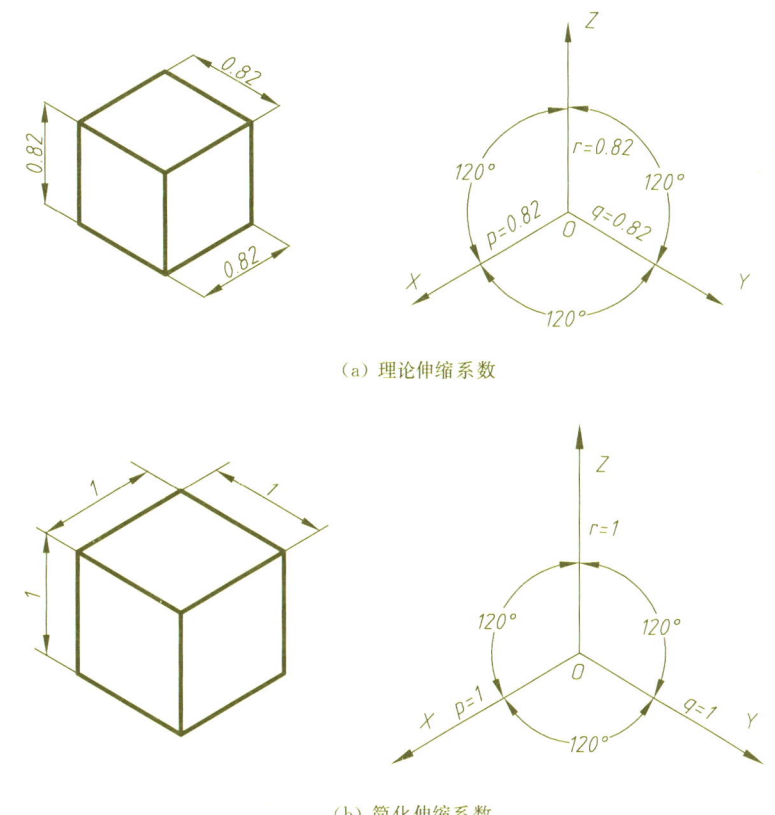

(a) 理论伸缩系数

(b) 简化伸缩系数

图 4-3 正等轴测图的轴测轴、轴间角及轴向变形系数

4.2.1 平面立体的正等轴测图的画法

绘制平面立体正等轴测图的方法通常有坐标法、叠加法和切割法。在实际作图时,应根据物体的形状特点灵活采用不同的作图方法。

例题 1:根据如图 4-4 所示的正六棱柱的视图,画其正等轴测图。

具体作图步骤:

(1) 在正投影图上确定坐标原点和坐标轴。

(2) 画轴测图,按坐标分别作出顶面各点轴测投影,依次连接各点,即可得顶面的轴测投影图,如图 4-4 (a) 所示。

(3) 过顶面各点作 OZ 轴的平行线,并在其上量取高度 H,得各棱的轴测投影,如图 4-4 (b) 所示。

(4) 依次连接各棱端点,得底面的轴测投影,擦去多余的作图线并加深,即完成正六棱柱的正等轴测图,如图 4-4 (c) 所示。

例题 2:根据如图 4-5 (a) 所示的凸轮板视图,画其正等轴测图。

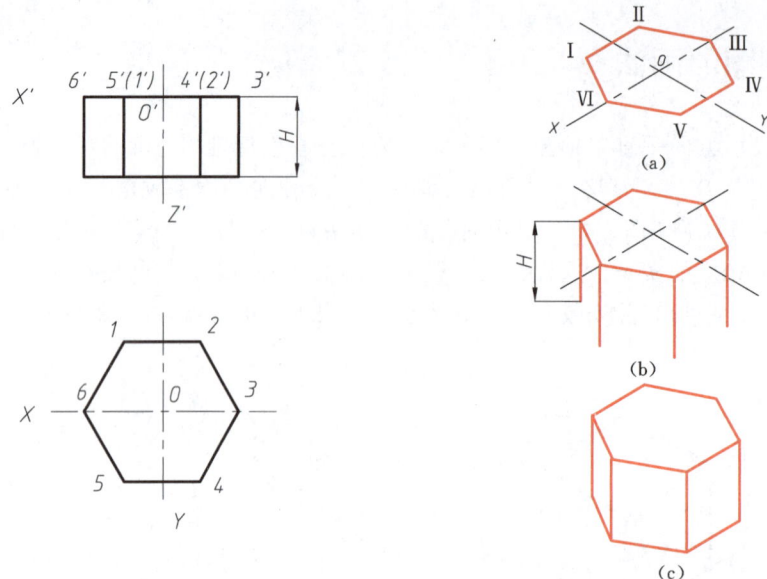

图 4-4 正六棱柱正等轴测图的作图步骤

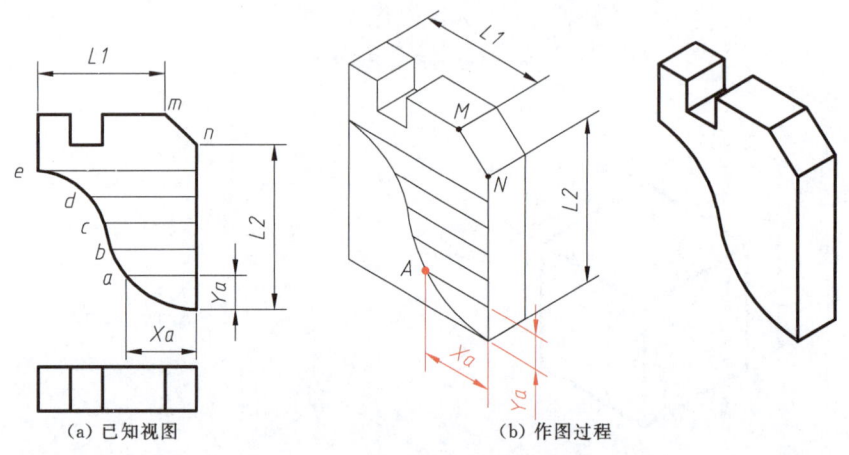

(a) 已知视图　　　(b) 作图过程

图 4-5 凸轮板正等轴测图的作图

作图步骤如下：

(1) 确定轴测图坐标原点和坐标轴方向。

(2) 轴测图上曲线，通过一系列坐标点 A、B、C、C、D、E 位置作出，如图 4-5（b）所示。画轴测图上倾斜线段时，不能直接量取倾斜线的长度，因为与三个坐标轴都不平行的线段，在轴测图上的变形系数与轴向变形系数不同，必须先根据端点的坐标画出其位置，然后用线段把它们连接起来，如图 4-5（b）上的 MN 段。

4.2.2 曲面立体的正等轴测图的画法

1. 平行于坐标面的圆的正等轴测图

坐标面或其平行面上的圆的正等测投影是椭圆。直径相同的圆在三个坐标面上的圆的正等测投影是大小相等、形状相同的椭圆，只有它们的长、短轴方向不同。图 4-6 所示，简化伸缩系数绘制与实际绘制的比较，两图分别为平行于 XOY、XOZ 和 YOZ 三个坐标面的圆的正等轴测图。

(1) 坐标法。

处于坐标面（或其平行面）上的圆，可以用坐标法作出圆上一系列点如图 4-7 所示 A、B、C、D、Ⅰ、Ⅱ 这几个点的轴测投影，然后光滑地连接起来即得圆的轴测投影。

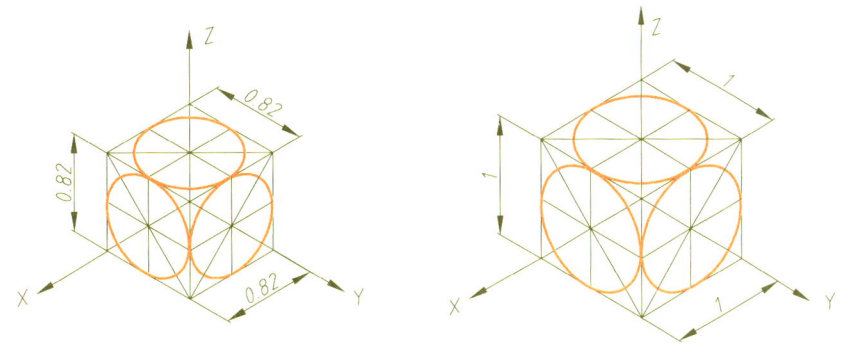

图 4-6 平行坐标平面的圆的正等轴测图

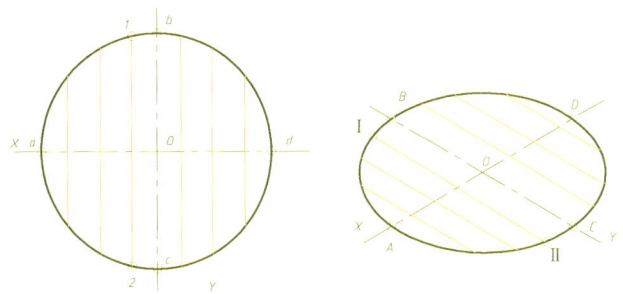

图 4-7 坐标法的圆的正等轴测图绘制

（2）近似画法。

为了简化作图，通常采用四段圆弧连接成近似椭圆的作图方法。以水平面（XOY）坐标面上圆的正等轴测图为例，说明这种近似画法步骤，如图 4-8 所示。

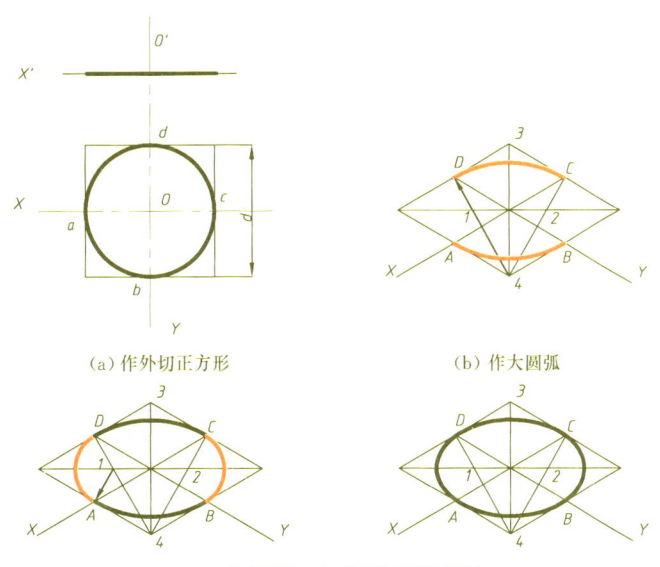

(a) 作外切正方形　　　(b) 作大圆弧

(c) 作小圆弧、完成圆的正等轴测图

图 4-8 用近似画法作圆的正等轴测图

作图步骤：

1）在正投影图上找出该圆的外切正方形四个切点 a、b、c 和 d，如图 4-8（a）所示。

2）画轴测轴，根据圆的直径 d 作圆的外切正方形的正等轴测图——菱形。菱形的长、短对角线方向即为椭圆的长、短轴方向。顶点 3、4 为大圆弧的圆心，分别以点 3、4 为圆心，以 D4、A3 为半径画出大圆弧 DC 和 AB，如图 4-8（b）所示。

3）连接 D4、C4。分别相交菱形长对角线得点 1 和 2，分别以点 1、2 为小圆弧的圆心，以 D1 和

$C2$ 为半径画小圆弧 AD 和 BC，即得近似椭圆，如图 4-8（c）所示。

4）分别以点 3、4 为圆心，以 $D4$、$A3$ 为半径画出大圆弧 DC 和 AB，然后以点 1、2 为圆心，以 $D1$ 和 $C2$ 为半径画小圆弧 AD 和 BC，即得近似椭圆，如图 4-8 所示。

2. 圆角正等轴测图的画法

连接直角的圆弧，等于整圆的 1/4，在轴测图上，是 1/4 椭圆弧，可以用简化画法近似作出，如图 4-9 所示。作图时先在图 4-9（a）的视图上根据已知圆角半径 R，找出切点 A、B、C、D 的投影，过切点作垂线，两垂线的交点即为圆心的投影。以此圆心到切点的半径画圆弧即得圆角的正投影图。然后，如图 4-9（b）在该形体的正等测图上参考平面投影给出的 R 先运用菱形法画出近似作椭圆的轴测图，然后去除多余的椭圆曲线，留下大圆弧 AB，同样小圆弧 CD 也是轴测图所需要的圆弧。但是注意画圆弧的圆心不是平面投影的圆心 O 与 O_1，而是 O_2 与 O_3。

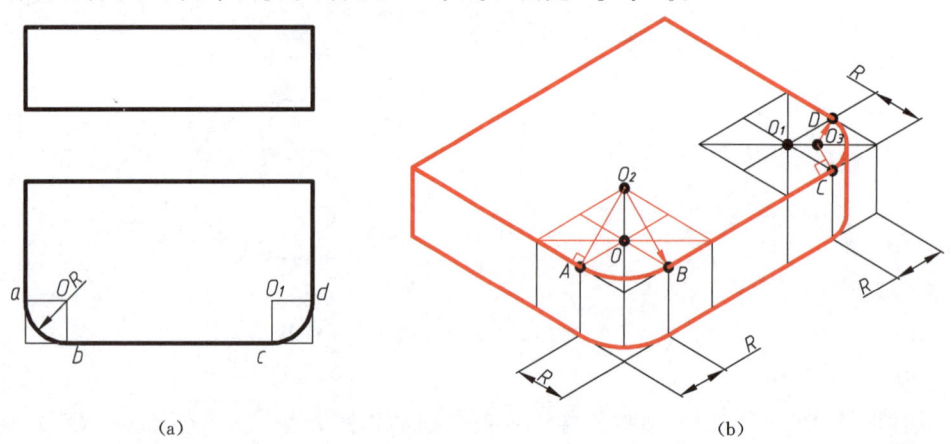

图 4-9 圆角正等测图的画法

3. 组合体的正等轴测图绘制举例

例题 3：图 4-10 所示为一支架的三视图，绘制其正等轴测投影图。

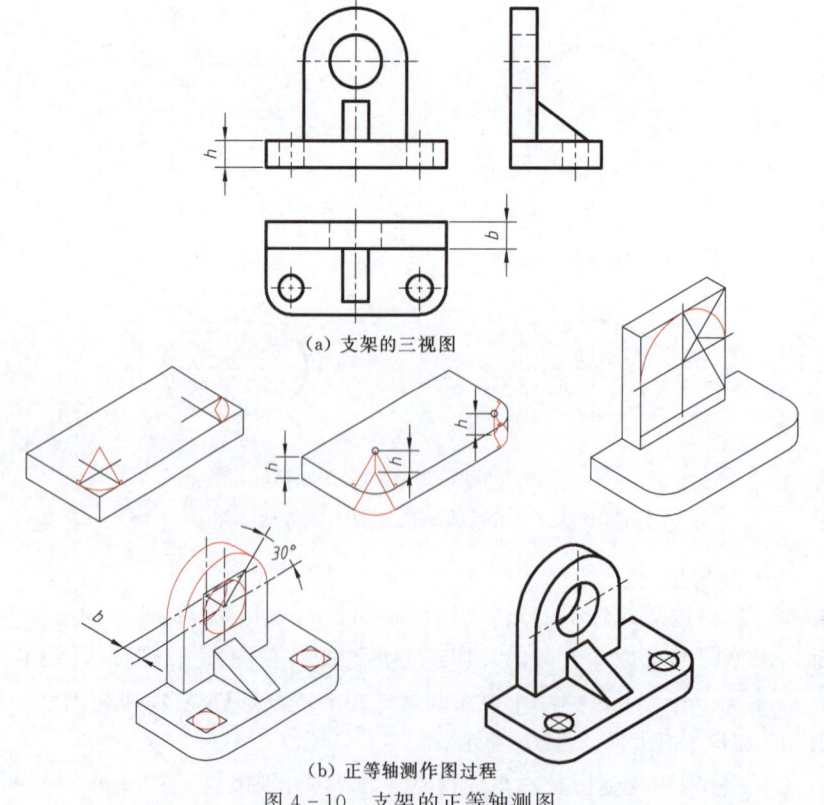

(a) 支架的三视图

(b) 正等轴测作图过程

图 4-10 支架的正等轴测图

分析和作图：

先绘制底板的长方体结构，然后，在底板的上平面绘制两个圆角的轴测投影。注意，左边的圆角画大圆弧，右边的圆角画小圆角；底板底面上的圆弧是将顶面上的圆弧分别沿高度坐标轴下移距离 h 得到的，右边的圆角转向轮廓线是两小圆弧的公切线。

接着画立板上的圆角。同样，先画轮廓完全可见的前平面上的部分，这些圆弧在右侧坐标平面方向上；再沿前后轴测投影轴方向，后移一个厚度 b，画出后平面上的轮廓线；前后两平面上两圆弧的右上角同样有转向轮廓线的公切线。后平面上的不可见轮廓线一般不必画出。

最后，绘制底板上的两个圆孔和加强肋板。检查后判别可见性，描深各轮廓线，完成轴测图。

4.2.3 正等轴测图画法举例

例题 4：已知圆柱被截切后的两视图，如图 4-11（a）所示，画出其正等测图。

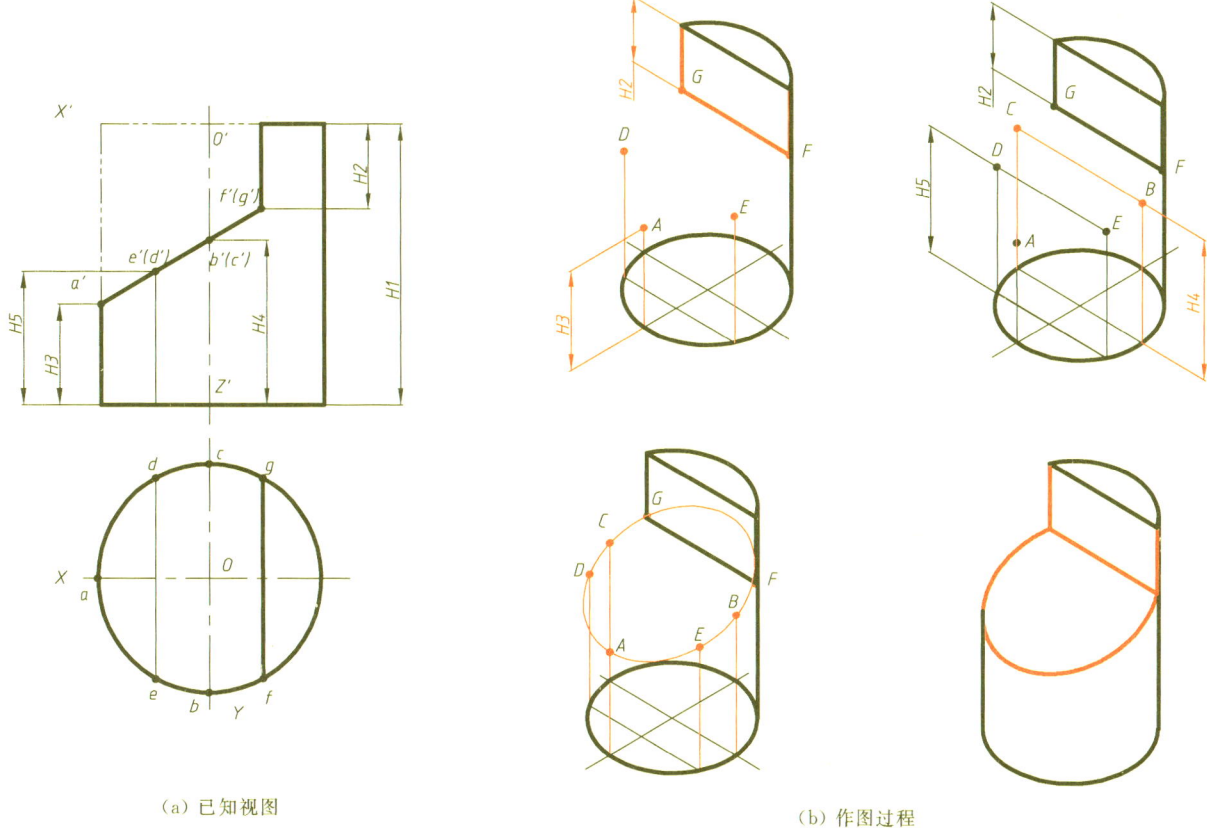

（a）已知视图　　　　　　　　　　　　　（b）作图过程

图 4-11　圆柱截切轴测图绘图过程

作图步骤如图 4-11（b）所示。

例题 5：已知两个圆柱正交相贯，画出其正等测图，如图 4-12 所示。

作图分析：

轴测图上的相贯线画法有两种，即坐标法和辅助平面法。坐标法是根据相贯线上点的投影和坐标画出各点的轴测投影，然后光滑地连接起来可得相贯线的轴测图。辅助画法，如图 4-12 所示，为了便于作图，辅助面应取与轴测投影面平行的平面，并尽量使它与各形体的截交线为直线。作图时，可单独采用一种方法，也可两种方法结合用。本题为辅助平面法求相贯线的作图。

作图步骤：

（1）先用外切菱形作出圆柱的底圆。

（2）画出相交两圆柱，求出两圆柱端平面直径交线的所在平面。

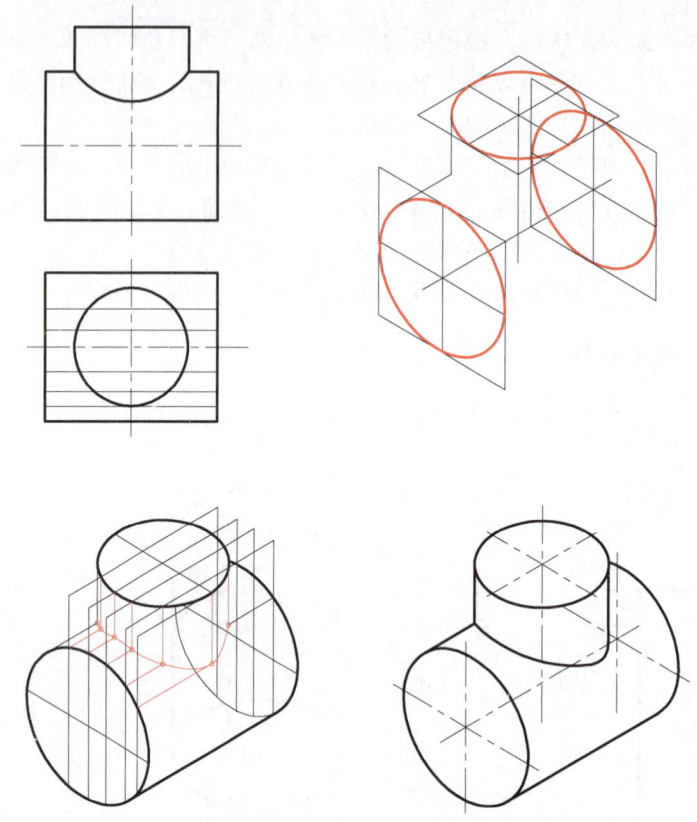

图 4-12 圆柱相贯正等轴测图绘制

（3）然后利用端平面直径交线所在平面找出两圆柱与其交点。
（4）利用端平面直径交线所在平面找出其他辅助平面和两圆柱交点。
（5）将所求一系列点连成光滑曲线，即完成相贯线的轴测图。
（6）经判别可见性、整理、加深即完成全图，如图 4-12 所示。

4.3 轴测图的徒手绘制与尺寸标注

4.3.1 轴测图的徒手绘制

轴测图能直观反映物体或机件的立体形状，所以徒手绘制轴测图是非常重要的设计构思过程。徒手绘制者不但要掌握轴测图的基本绘制方法，而且在构思新产品或者新机件的结构时，可先徒手绘制，然后再按照轴测图的基本绘制方法，将零件或者产品的结构和形状的概貌初步表达出来，最后进一步画出多面正投影草图，完成最后真正的设计图纸。

徒手绘制轴测图要注意以下几点：

（1）徒手绘制草图时，尽量目测画准轴测轴夹角，应先画 Z 轴，画 X、Y 轴时注意其与水平线呈 30°夹角。尽量目测准线段的长度，轴向线段与相应轴测轴要保持平行，物体上相互平行的线段的轴测投影也应相互平行，从而保证图形比例基本准确。徒手绘制轴测图也可以采用轴测网格纸来辅助绘图，以便更好、更快地画出正等测草图，如图 4-13 所示。

（2）对于较复杂的形体，可以先画出其包容的长方体，再从长方体中截取适当的坐标点画出具体结构形状，如图 4-14 所示先画出圆柱包容长方体的轴测图投影，然后在长方体轴测图端面菱形的长短对角线上分别确定椭圆的长轴和短轴长度，最后画出相应的椭圆，完成圆柱的正等测草图。

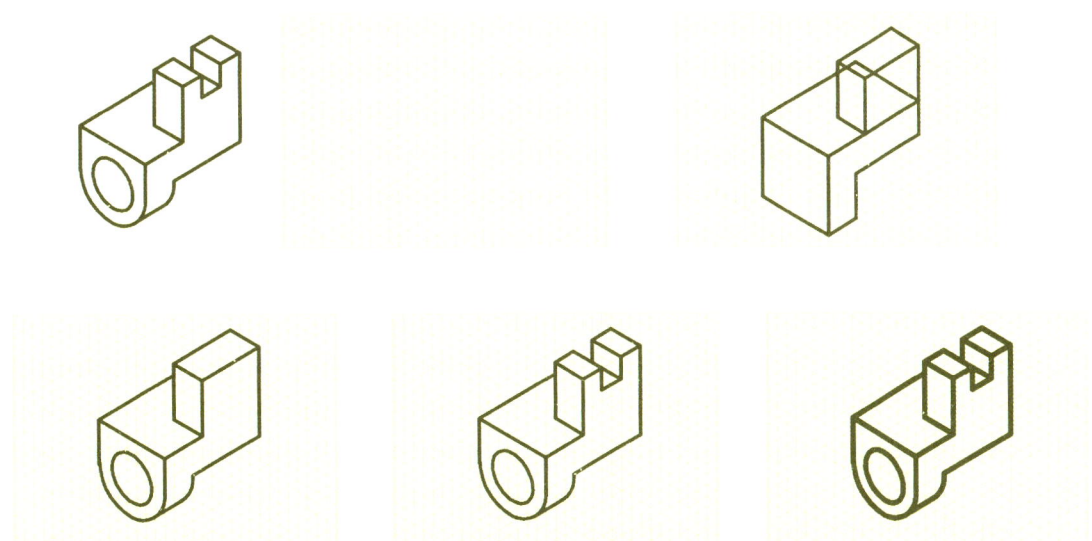

图 4-13 利用正等轴测图网格图纸来辅助完成轴测图的绘制

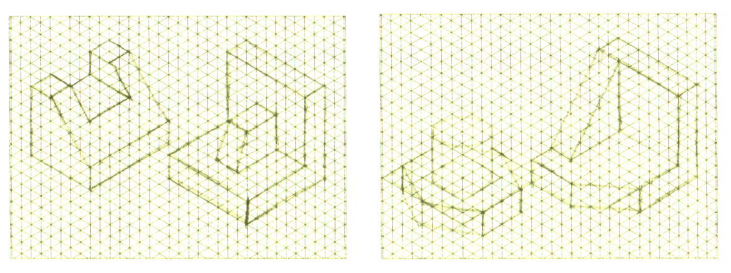

图 4-14 利用网格徒手绘制轴测草图

（3）徒手绘制草图时，选择可见部分作为画图的起点，沿一个方向连续画出整个图形。圆的轴测草图可以采用近似画法，用椭圆来代替。椭圆的画法按外切菱形作椭圆方法来实现，图形的缩放可以借助等分线段和对角线完成，如图 4-15 所示。

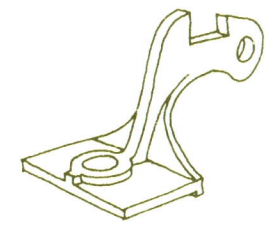

图 4-15 徒手绘制轴测图

4.3.2 轴测图的尺寸标注

轴测图上的尺寸标注规定如下：

（1）轴测图的线性尺寸。一般应沿轴测轴方向标注，尺寸数字为机件的基本尺寸。

（2）尺寸线必须和所标注的线段平行。尺寸界线一般应平行于某一轴测轴。尺寸数字应按相应的轴测图形标注在尺寸线上方。当在图形中出现数字字头向下时，应用引出线引出标注，并将数字按水平位置注写，如图 4-16 所示。

（3）标注角度的尺寸。尺寸线应画成与该坐标平面相应的椭圆弧，角度数字应水平，一般写在尺寸线的中断处，字头向上，如图 4-17 所示。

（4）标注圆的直径。尺寸线和尺寸界线应分别平行于圆所在平面内的轴测轴。标注圆弧半径或较小圆的直径时，尺寸线可从（或通过）圆心标注，但注写尺寸数字的横线必须平行于轴测轴，如图 4-18 所示。

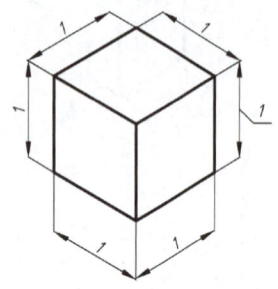

图 4-16　轴测图上尺寸沿坐标方向标注

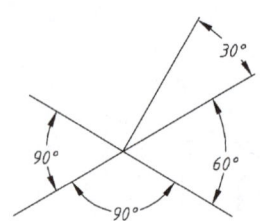

图 4-17　轴测图的角度尺寸标注

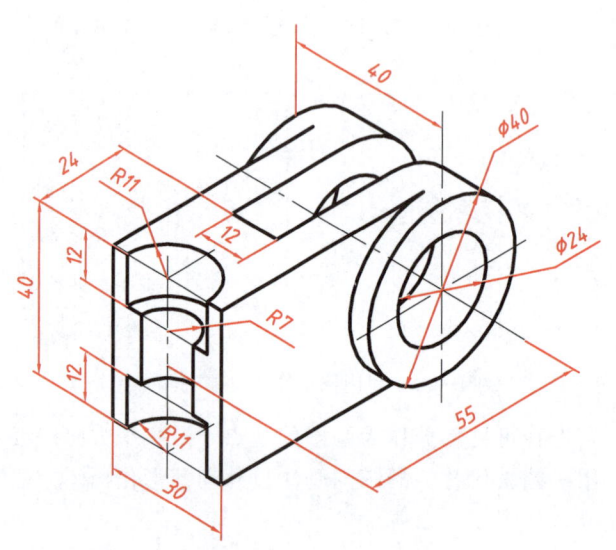

图 4-18　轴测图的尺寸标注示例

思　考　题

1. 轴测图分哪两大类？与多面投影相比较，它有什么特点？
2. 正等轴测图有何特点？它适合哪类形体的表达？

第 5 章 常 用 表 达 方 法

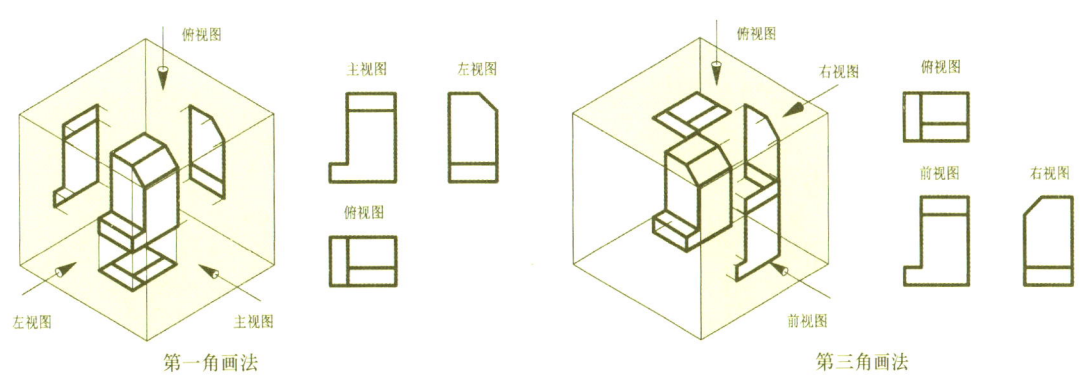

- 学习目标

1. 掌握视图、剖视图、断面图等应用场合与绘制方法。
2. 掌握局部放大图与简化画法。

- 学习重点

综合运用各种常用表达方法。

5.1 视图与剖视图

5.1.1 视图

视图主要是用来表达机件的外部结构形状，是将机件向投影面正投射所得到的图形。可见部分的轮廓线用粗实线表示，不可见的形状结构可用细虚线画出。视图分为：基本视图、向视图、局部视图和斜视图。

1. 基本视图

基本视图是将机件向基本投影面正投影所得的视图。

为了清楚地表示出机件的各个面的外部形状，在原三个基本投影面的基础上，增加了三个新的投影面，组成了一个正六面体的投影面体系，我国国家标准规定按第一角投影法绘制视图。将机件放在六个投影面体系中，分别向六个基本投影面进行投射，得到六个基本视图：主视图、俯视图、左视图、右视图、仰视图、后视图，如图 5-1 所示。六个基本视图按规定展开后，在同一张图纸内的配置，可不标注视图名称，如图 5-1（b）所示。

第一角画法和第三角画法三视图的配置区别见图 5-2。实际绘图时，应根据机件形状和结构的特点，选用适当的基本视图。如图 5-3（a）所示的支架立体，可选用主、左和俯视图来表达它的形状，如图 5-3（b）所示，但由于视图虚线过多，不很清楚。而选用图 5-3（c）所示的主、左、右三个视图来表达更加清楚。

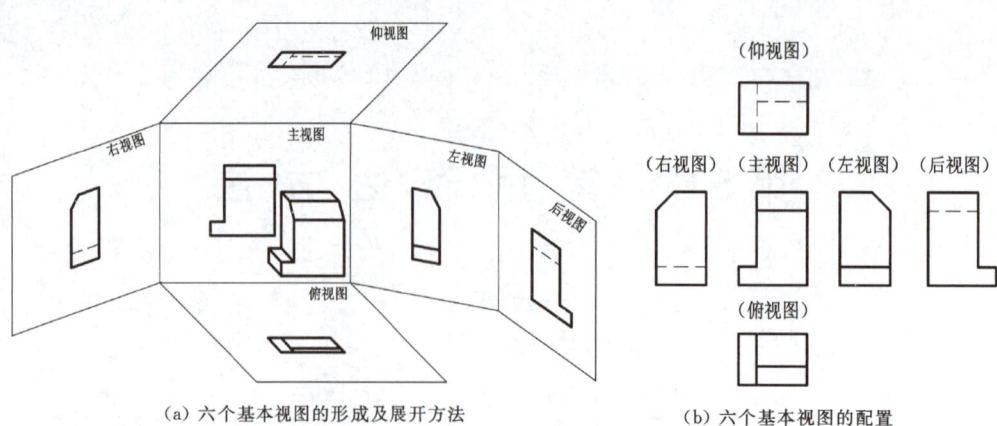

(a) 六个基本视图的形成及展开方法　　(b) 六个基本视图的配置

图 5-1　六个基本视图的形成和规定配置

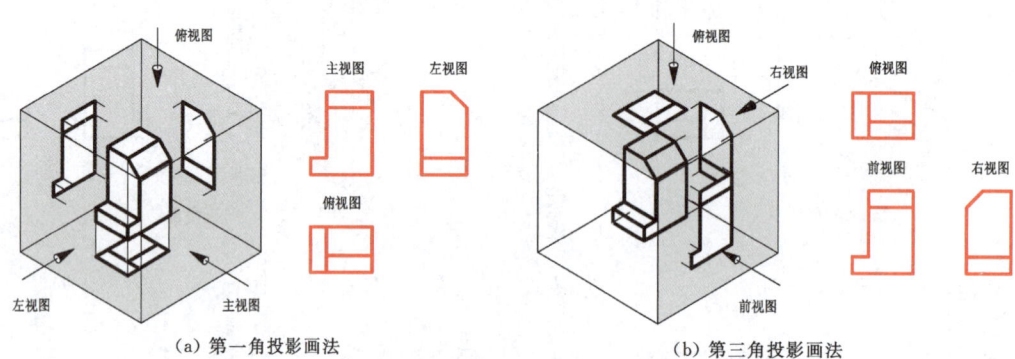

(a) 第一角投影画法　　(b) 第三角投影画法

图 5-2　第一角画法和第三角画法三视图的配置

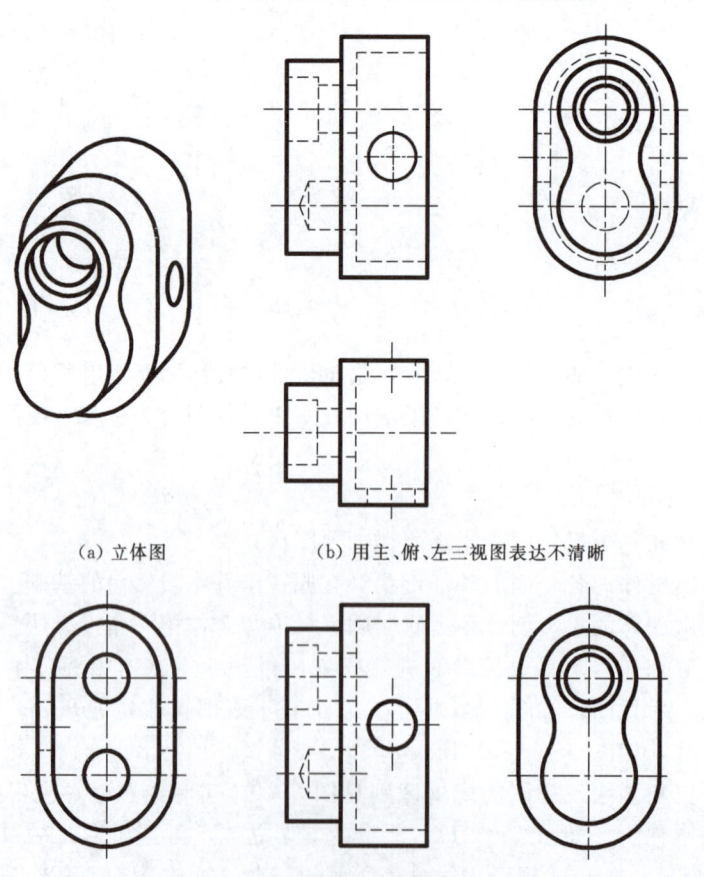

(a) 立体图　　(b) 用主、俯、左三视图表达不清晰

(c) 用主、左、右三个视图表达合理

图 5-3　基本视图的合理选择与运用

2. 向视图

向视图是可以自由配置的基本视图。为了合理的利用图幅，或基本视图不按规定配置时可自由配置，但应在视图上方标注"X"（X为大写拉丁字母）。在相应视图的附近用箭头指明投影方向，并标注相同字母，如图5-4所示。

3. 局部视图

将机件的某一部分向基本投影面投射所得的视图称为局部视图。当机件的某一部分形状未表达清楚，但又没有必要画出完整的基本视图时，可采用局部视图，如图5-5所示，机件的局部视图A和B。

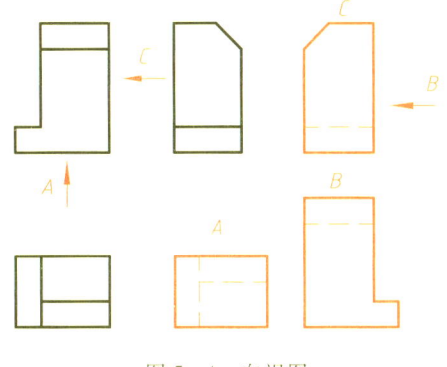

图5-4 向视图

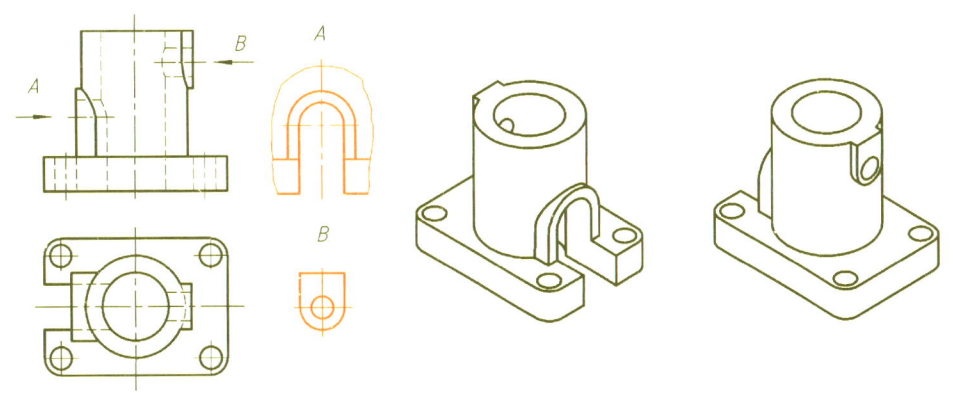

图5-5 局部视图

画局部视图时应注意以下几点：

（1）局部视图的断裂世界范围用波浪线表示。当表示的局部结构具有完整、封闭的外轮廓线，而且相对位置又能唯一确定时，可以单独画出局部结构的视图，而不再用波浪线，如图5-5的B向视图。

（2）局部视图按投影关系配置在箭头所指的方向，如图5-5的A向视图，如果中间没有其他图形也可以不用进行标注。如果在其他位置绘制时，必须进行标注，如图5-5的B向视图。

4. 斜视图

当机件上有不平行于基本投影面的倾斜结构时，用基本视图不能表达这部分结构的实形和标注真实尺寸，给绘图、看图和标注尺寸都带来不便。为了表达该结构的实形，可选用一个与倾斜结构平行且垂直于基本投影面的辅助投影面，将倾斜结构向该投影面投射，从而得到倾斜部分的实形，如图5-6所示。这种将机件向不平行与任何基本投影面的平面投射所得的视图称为斜视图。

画斜视图时应注意以下几点：

（1）画斜视图时，必须在视图的上方标注出视图的名称"X"，并在相应的视图附近用箭头指明投影方向，箭头要垂直于倾斜结构轮廓表面。并注上同样的字母"X"。

（2）斜视图一般按投影关系配置，必要时配置在其他适当的位置。在不引起误解时，允许将图形旋转。旋转符号是半径为字体高度的半圆弧，其箭头指向与旋转方向一致，字母应写在旋转符号的箭头端。若需给出旋转角度时，角度可以注写在字母之后，如图5-6所示。

（3）斜视图用于表达不平行基本投影面的倾斜部分的局部结构，其余部分可用波浪线或双折线断开。当局部结构完整、外轮廓线封闭时，可省略波浪线或双折线。

5.1.2 剖视图

当只用视图表达机件的形状和结构时，不可见的内部形状是用虚线表示的，如图5-7所示。如果零件的内部形状比较复杂，视图中就会出现很多虚线，从而影响了图形表达的清晰和层次感，不便于看图，也

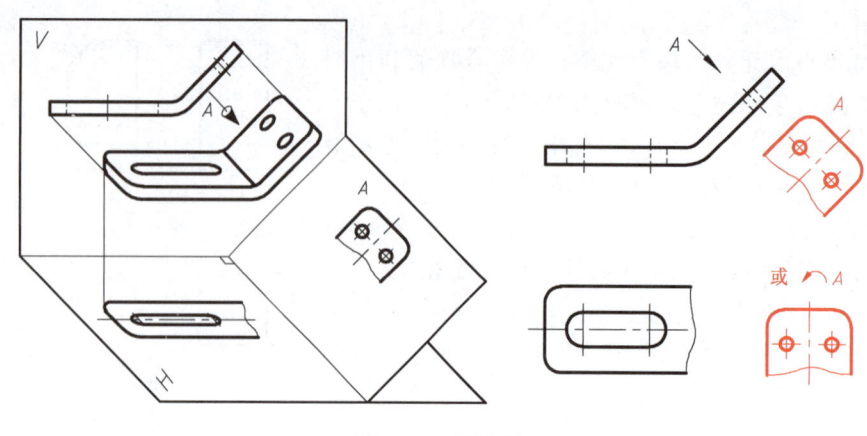

图 5-6 斜视图

不便于标注尺寸。为了清晰地表达机件内部结构形状，可采用剖视图来表达机件的内部结构形状。

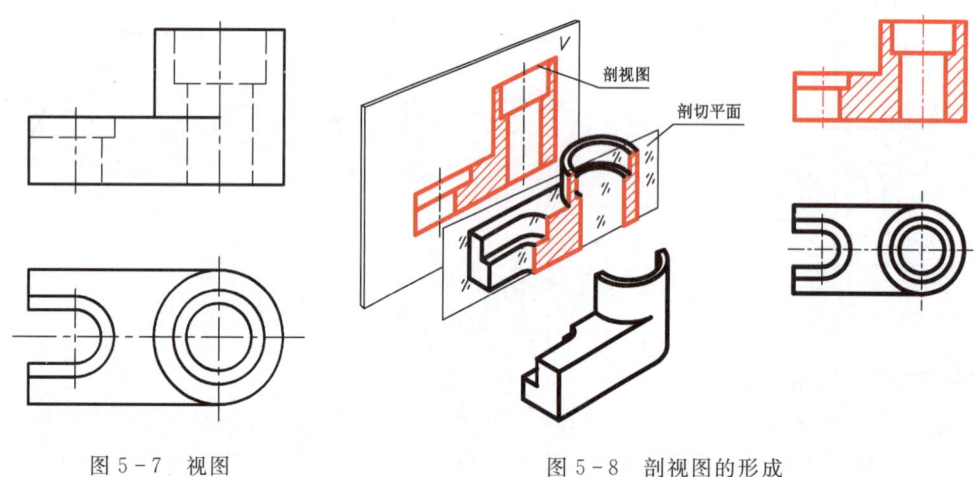

图 5-7 视图　　　　　图 5-8 剖视图的形成

1. 剖视图的概念

假想用剖切面剖开机件，移去处于观察者和剖切面之间的部分，将剩余部分向投影面投射所得到的图形称为剖视图。剖切面一般采用平面，也可以采用曲面。如图 5-8 所示为假想用一个剖切平面从零件的对称面处剖开，使主视图成为剖视图，与图 5-7 比较，原来的虚线变成实线，即剖开机件后，原来不可见的部分变成可见的。因此，剖视图的作用主要是表达机件的内部形状和结构。

2. 剖视图的画法

（1）选择剖切面及剖切位置。剖切面一般与基本投影面平行或垂直，剖切位置一般应通过机件的对称面或内部孔的轴线。剖切面是剖切被表达机件的假想平面或曲面。剖切面一般要尽量通过机件内部的孔、沟槽结构的轴线或对称面，以减少虚线和尽量反映内部实形。同时还必须画出剖切平面后的可见轮廓线的投影。初学者特别注意防止出现图 5-8 下方图样的漏线错误。

（2）由于剖视图是假想把机件剖开，所以当一个视图画成剖视图时，其他视图的投影不受影响，仍按完整的机件画出。在剖视图中，对于已经表达清楚的结构，其虚线可以省略不画。对于没有表达清楚的部分，可以用虚线画出。图 5-9（b）中的虚线可以省略，如图 5-9（a）所示。图 5-10 中的虚线不能省略，因为该零件的前后两个平面高度不能确定。

（3）零件被剖切到的断面部分称为剖面，剖面上应按国家标准 GB/T 4457.5—2013 画出剖面符号，各种剖面符号详见表 5-1。金属材料的剖面符号用间隔相等、方向相同同且与水平呈 45°的平行细实线（通常称为剖面线）表示。同一金属件的所有剖面线应保持方向、间隔一致。当剖视图中的主轮廓线与水平呈 45°或者接近 45°时，剖面线应画成与水平呈 30°或 60°，如图 5-11 所示。

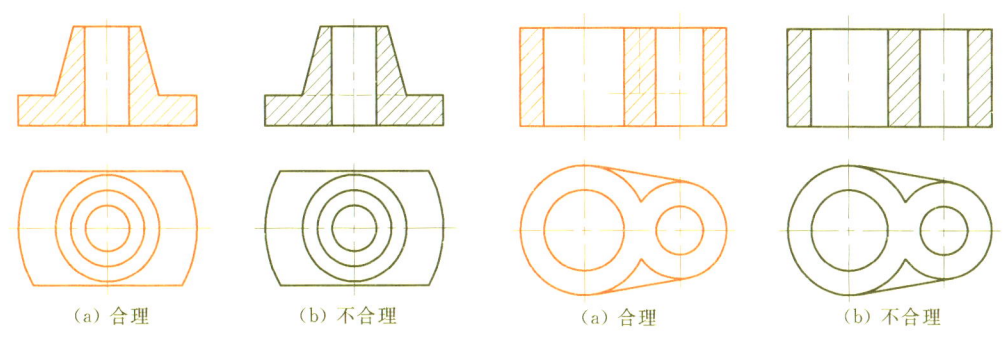

图 5-9 剖视图画法　　　　　图 5-10 剖视图画法

表 5-1　　　　　　　　　　常用材料的剖面符号图例

材　料	图　例	材　料	图　例
金属材料（已有规定符号者除外）		木质胶合板（不分层数）	
线圈绕组原件		基础周围的泥土	
转子、电枢、变压器和电抗器的叠钢片		混凝土	
非金属材料（已有规定剖面符号者除外）		钢筋混凝土	
型砂、填砂、粉末冶金、砂轮、陶瓷刀片、硬质合金刀片等		砖	
玻璃及供观察用的其他透明材料		格网、筛网、过滤网等	
木材　纵剖面		液体	
木材　横剖面			

注　1. 剖面符号仅表示材料的类别，材料的名称和代号必须另行注明。
　　2. 叠钢片的剖面线方向，应与束装中叠钢片的方向一致。
　　3. 液面用细实现绘制。

3. 剖视图的标注及配置

剖视图需要标注，标注的目的是为了看图时，了解剖切位置和投射方向，便于找出视图的对应关系。剖视图一般用剖切符号、投影方向和字母进行标注。

（1）剖切线：剖切线是指剖切位置的线（细点划线）。剖切线有时也可以不画。

（2）剖切符号：剖切符号是指示剖切面起、止、转折位置（用长度为 5~10mm 的粗线表示）及投射方向（用箭头表示）的符号。

（3）剖视图名称：在剖视图的上方用大写字母水平标出剖视图的名称"X—X"。在箭头的外侧和表示转折的剖切符号附近用相同的大写字母水平标注。剖切符号、剖切线和字母的组合标注如图 5-11 所示。

（4）当剖视图与原视图按照投影关系配置，中间又无其他图形隔开时，可以省略箭头，如图 5-12 所示。当单一剖切平面通过机件对称面或基本对称面，且剖视图按投影关系配置，中间没有其他图形隔开，可以省略标注。主视图如图 5-8 所示。

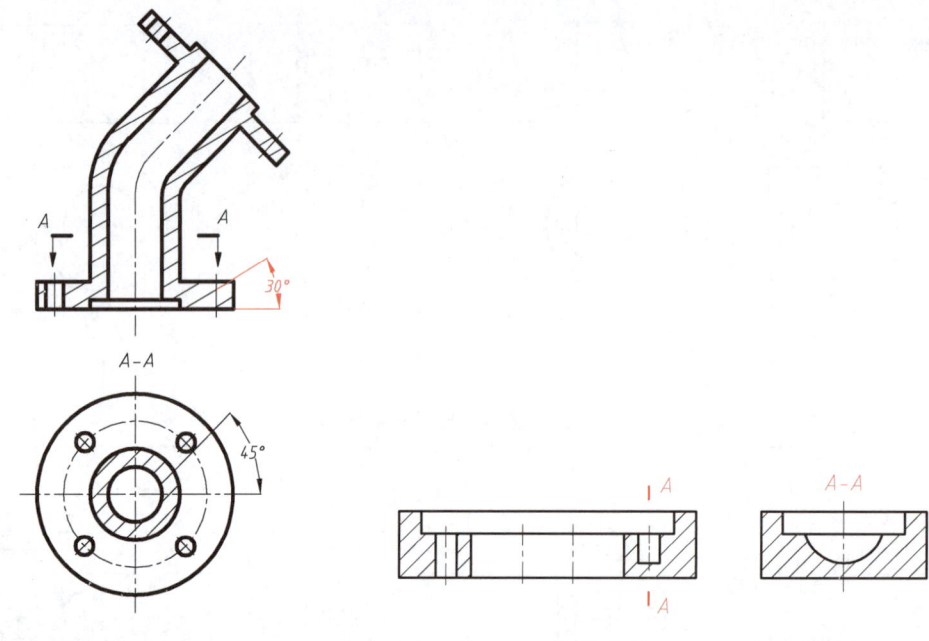

图 5-11 特殊情况下剖面线方向　　　图 5-12 剖切符号简化（省略投影箭头）

4. 剖视图的种类

根据剖切的范围大小不同，可以将剖视图分为全剖视图、半剖视图和局部剖视图三种。

(1) 全剖视图。

用剖切平面完全剖开机件所得的剖视图称为全剖视图，如图 5-11 和图 5-12 中的剖视图。全剖视图主要用于表达内部结构比较复杂、外形相对简单的不对称机件。对于外形简单且有对称平面的机件，也常采用全剖视图，如图 5-13（a）所示。

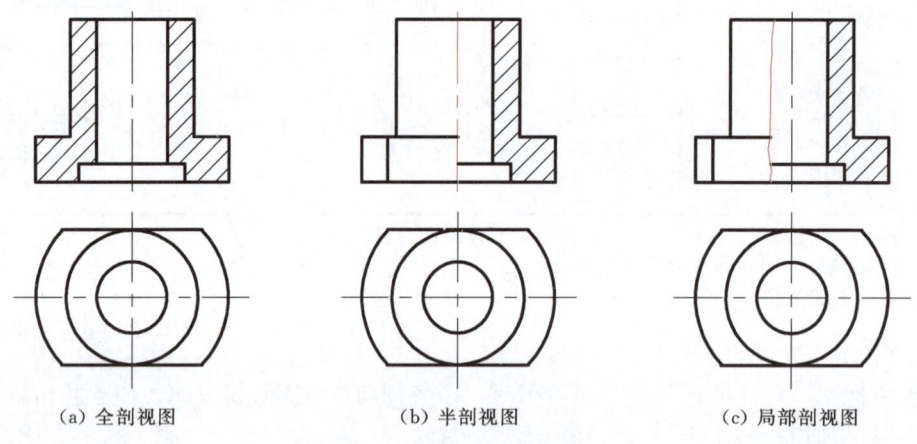

(a) 全剖视图　　　　　　　(b) 半剖视图　　　　　　　(c) 局部剖视图

图 5-13 剖视图的分类

图 5-14 所示的轴承座，左视图和俯视图都采用了全剖视图。但在左视图中有一个结构的断面未画剖面线，这个结构称为肋。生产实践中把这种具有加强和连接作用的薄板结构统称为肋。当剖切平面通过肋的最大对称面时，它的断面不画剖面线，而用粗实线将它与邻接部分区分开来，当垂直于纵向对称剖切时，其断面上必须画剖面线，如图 5-14 俯视图。

(2) 半剖视图。

当机件具有对称平面时，在垂直于对称平面的投影面上所得的图形，以对称中心线为界，一半画成剖视图、一半画成视图，这种剖视图称为半剖视图。如图 5-15 所示。当机件的形状接近于对称，且不对称部分已由其他部分视图表达清楚时，也可以画成半剖视图，如图 5-16 所示。

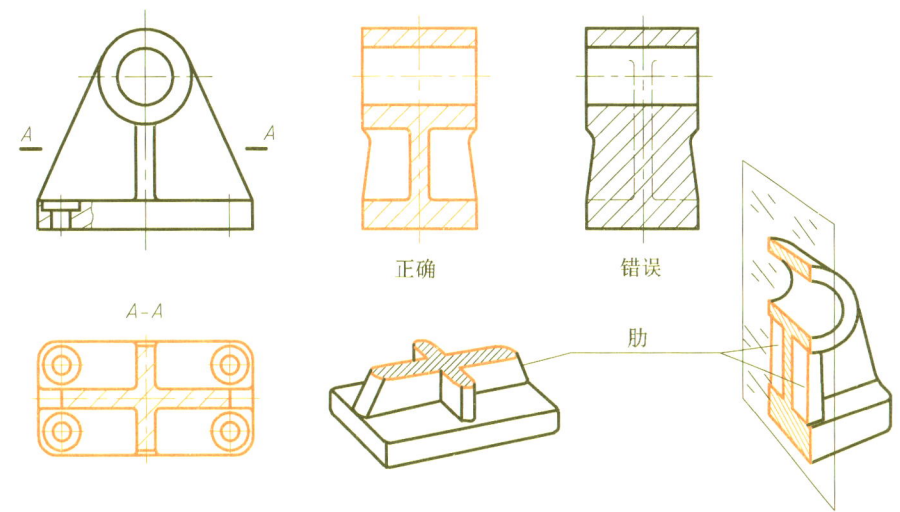

图 5-14　剖视图中肋板的画法

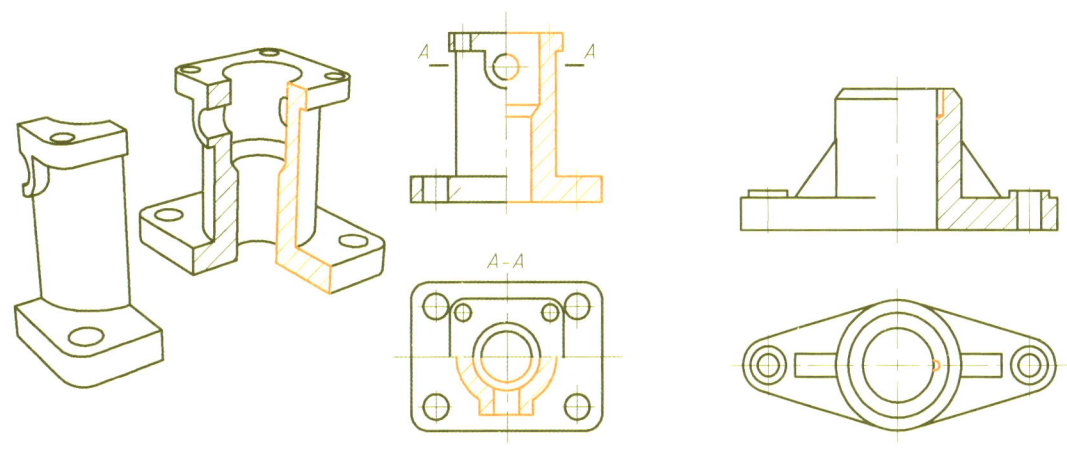

图 5-15　半剖视图　　　　　　　　图 5-16　局部不对称结构的半剖视图

画半剖视图要注意：

1）半剖视图中，视图部分与剖视图部分的分界线是细点划线，不能画成粗实线。

2）由于机件图形对称，零件的内部形状已经在半个剖视图中表达清楚，所以在表达外部形状的半个视图中虚线可以省略不画，如图 5-16 所示。

3）半剖视图的标注与全剖视图相同。

在图 5-15 中，位于主视图的半剖视图不必标注。而位于俯视图位置的半剖视图，因为剖切位置不是对称平面，所以必需标注剖切符号和剖视图名称"A-A"，但由于图形按投影关系配置，中间又没有其他图形隔开，因此可以省略箭头。

（3）局部剖视图。

用剖切平面局部地剖开机件所得到的视图，称为局部剖切视图。机件被局部剖切后，其断裂处用波浪线（或双折线）表示。局部剖视图中的波浪线（或双折线）作为剖与未剖部分的分界线。

如图 5-17 是一个箱体零件的两视图，可以看出箱体的前后和左右都不对称，因此不能采用半剖视图。如果两个视图都采用半剖视图，虽然可以将内部形状表达清楚，但是箱体前面的凸台和顶部的长方形孔因剖切后移开，而不能将其实形表达出来，否则就要再增加视图。但是，如果主、俯视图都采用局部剖视图，如图 5-17 右边所示，就很好地解决以上的问题。

局部视图一般适用于下列几种情况：

(1) 机件的内外形均需表达，但因不对称而不能采用半剖视图时，如图5-17所示。

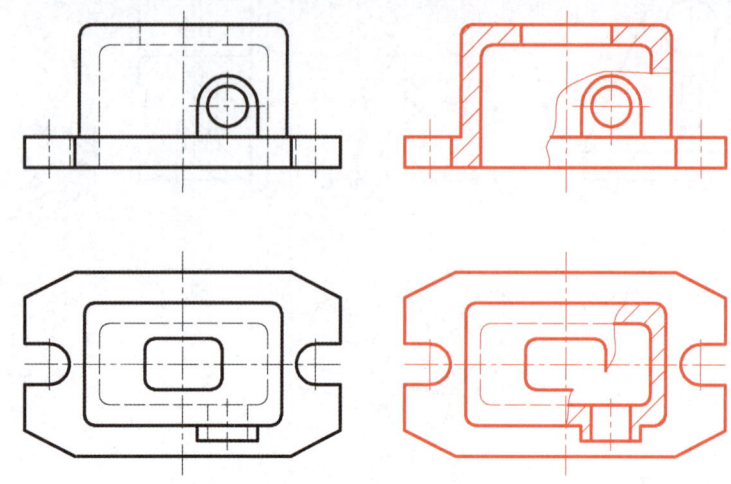

图 5-17 局部剖视图

(2) 外形较复杂，又要表达内形且不宜采用全剖视图时。

(3) 当在剖视图中某些结构尚未表示出来，又不宜采用其他表达方法时，允许在剖视图中再作一次局部剖视，通常称为"剖中剖"。采用这种方法时，两者的剖面线应同方向、同间隔，但要互相错开。一般须用引出线标注其名称，如图5-18所示。当剖切位置很明显时，也可以省略标注。

(4) 机件的内部轮廓线与对称中心重合，不宜采用半剖视图表达时，如图5-19所示。

(5) 轴、连杆、手柄等实心零件上有小孔、槽、凹坑等局部结构需要表达其内形时，常用局部视图表示，如图5-20所示（图中圆柱表面孔、槽的相贯线采用了简化画法）。

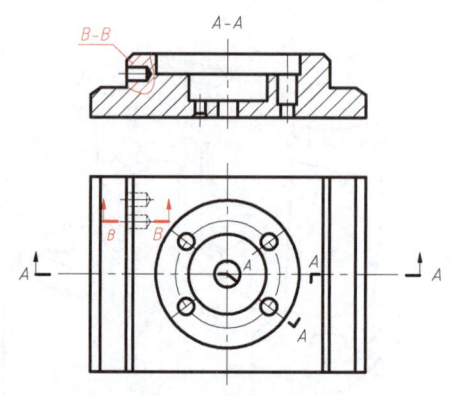

图 5-18 剖中剖画法

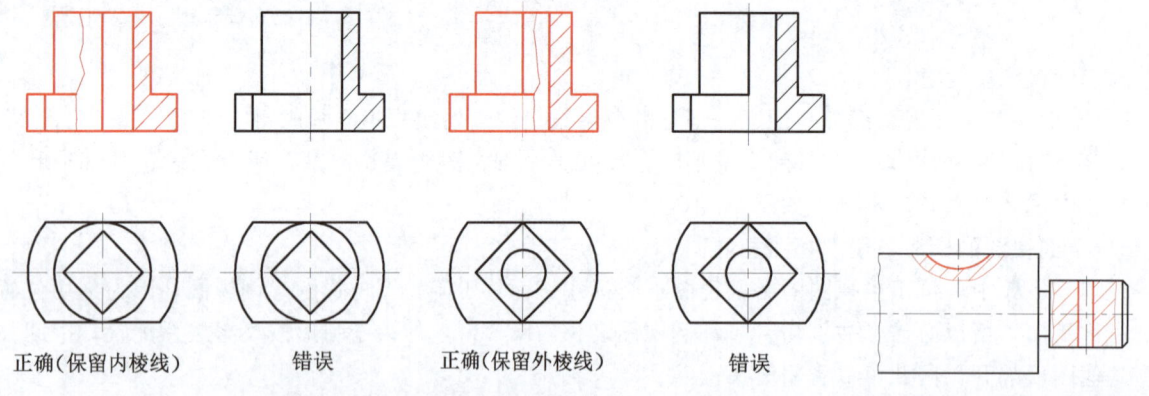

图 5-19 不宜采用半剖视图　　　图 5-20 常用局部剖视的结构

通过以上介绍，局部视图是一种灵活的表达方法。它不受零件是否对称的限制，在波浪线的两边，一边为视图，另一边为剖视图，既能表达零件的外部形状，又能表达内部结构。剖切范围的大小也可以根据需要而定。局部剖视图若使用得当，可使图形简明、清晰。

画局部视图时应注意：

(1) 对一个视图采用局部剖视图表达时，剖切的次数不宜过多，否则会使图形过于破碎，影响图形的整体性和清晰性。

(2) 波浪线绘制要点：表示断裂处的波浪线不应与图形中的其他图线重合，如图5-21（c）。如

图 5-21 (b) 波浪线的位置表示剖切范围太小,未能反映出孔的深度。此外,波浪线也不能超出图形轮廓线。且不能穿过通孔,如图 5-22 所示。

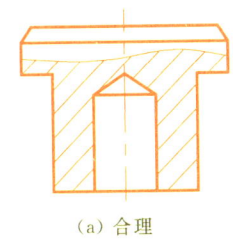 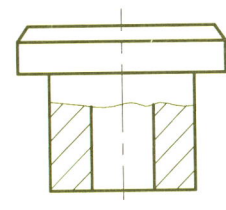 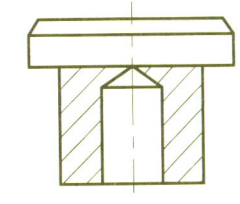

(a) 合理　　　　　　　(b) 不合理-孔深没反映　　　(c) 不合理-波浪线与轮廓线重合

图 5-21　局部剖视图的波浪线画法

(3) 绘制波浪线时的起止点都应在边界轮廓线上,当被剖切结构为回转体时,允许将该结构的轴线为局部视图的分界线,如图 5-23 所示。

(4) 对于剖切位置明显的局部剖视图,一般可省略标注。如图 5-20 所示。若剖切位置不够明显时,则应进行标注。

正确　　　　　　　错误

图 5-22　局部剖视中波浪线画法　　　图 5-23　局部剖视中波浪线画法

5. 剖切面的种类及剖切方法

根据机件的结构特点,可选择以下剖切平面对机件进行剖切表达。

(1) 单一剖切面:单一剖切面又可分为三种情况。

1) 单一剖切平面是基本投影面的平行面。

2) 单一剖切平面不平行于任何基本投影面的剖切平面,又称斜剖切,如图 5-24 所示。

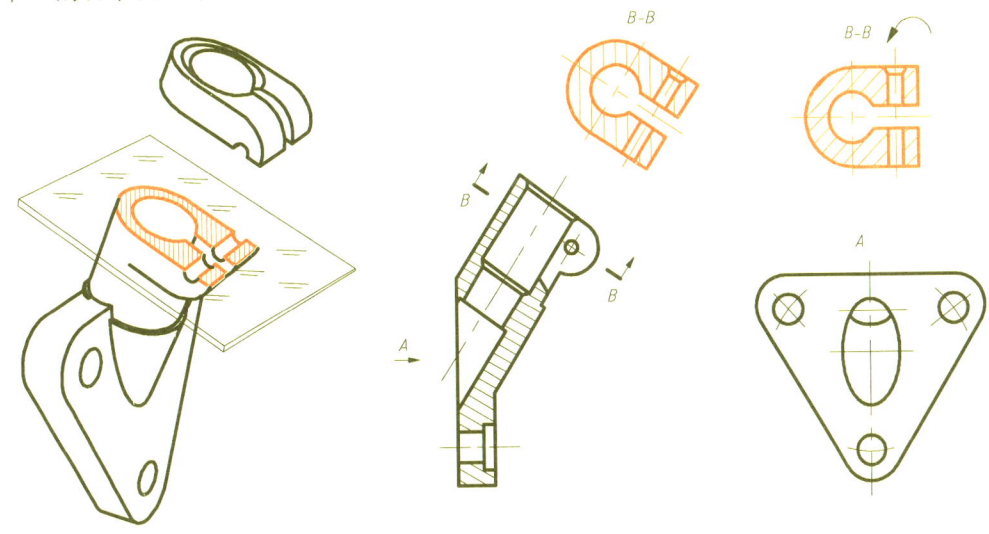

图 5-24　斜剖及其标注

3) 单一剖切面是柱面，如图 5-25 中的 $B-B$ 剖切。

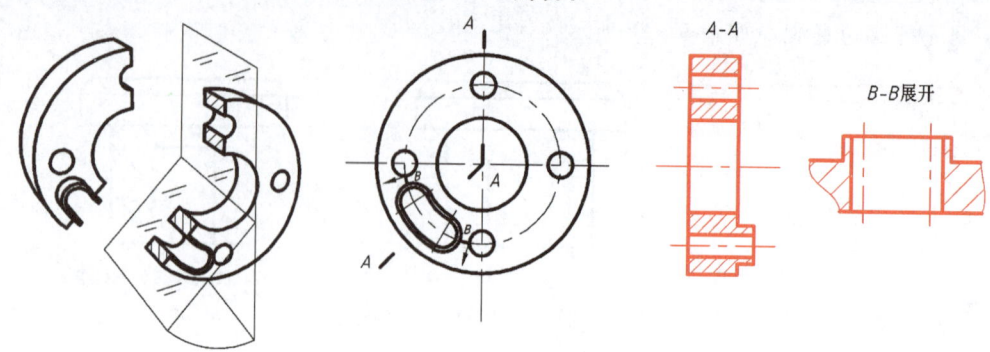

图 5-25 柱面剖切

（2）几个平行的剖切面：用几个相互平行的剖切面剖开机件的方法又称为阶梯剖，如图 5-26（a）所示。采用阶梯剖的方法画剖视图时，应注意以下几点：

1）不应画出剖切平面转折处的交线，剖切平面不要与轮廓线重合。如图 5-26（b）所示。

2）在图形内不应出现不完整的结构要素，如图 5-26（c）所示。仅当两个要素在图形上具有公共对称中心线或轴线时，可以各画一半，此时应以对称中心线或轴线为界，如图 5-27 所示。

3）阶梯剖必须标注。在剖切平面起、止和转折处画出剖切符号，标注上相同的大写字母，并画上箭头表示投影方向。在相应的剖视图上方用相同的字母标出剖视图的名称 "$X-X$"。当剖视图按投影关系配置，中间又没有其他图形隔开时，可以省略箭头，如图 5-26（a）所示。

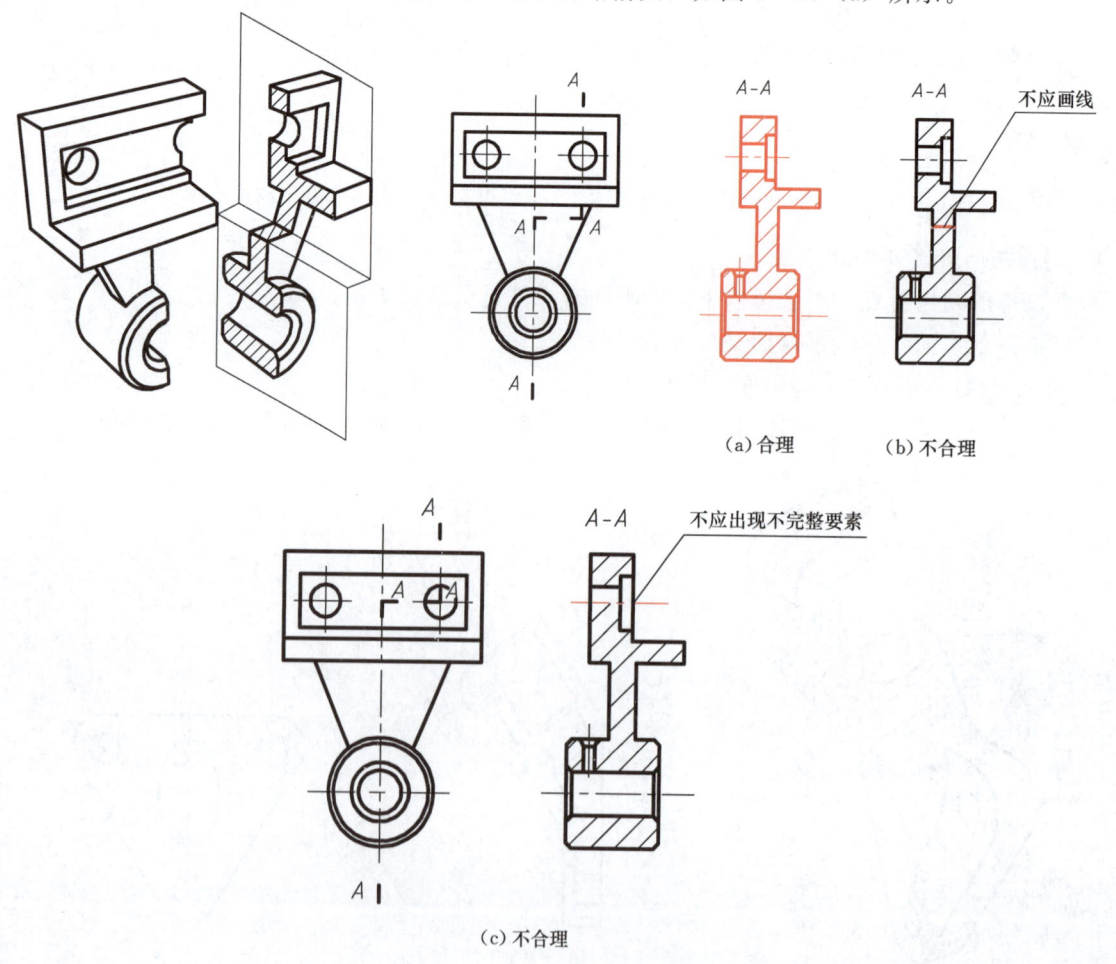

图 5-26 几个平行的剖切平面剖切机件

(3) 两个以上相交的剖切面。

用两相交剖切平面（交线垂直于某一基本投影面）剖开机件的方法又称为旋转剖。采用这种方法绘制剖视图时，先假想按剖切位置剖开机件，然后将剖开的结构及其有关部分旋转到与选定的投影面平行后再进行投影，如图5-25中A-A、图5-28和图5-29所示。这种表达方法常用于具有明显回转轴线的盘类零件，如法兰盘、轴承压盘、手轮、皮带轮等。图5-30所示机件，由于采用了三个连续相交的剖切平面进行剖切，因此在画剖视图时，可采用展开画法。

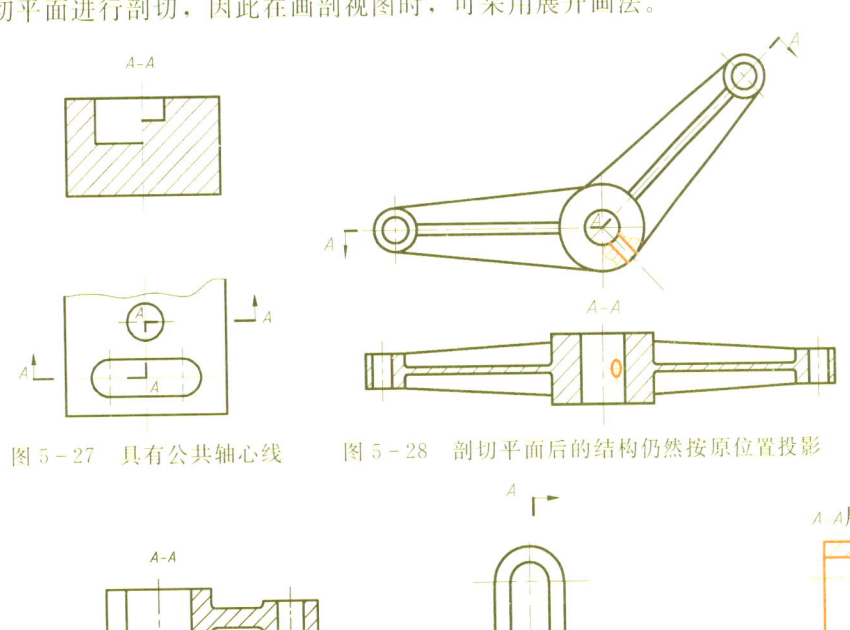

图5-27 具有公共轴心线　　图5-28 剖切平面后的结构仍然按原位置投影

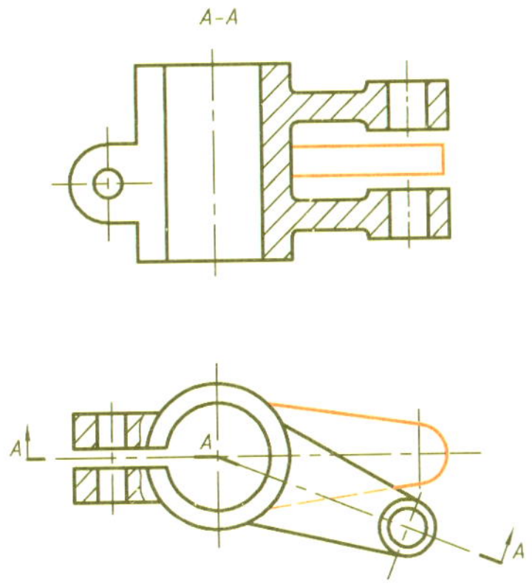

图5-29 剖切后产生不完整要素按不剖画 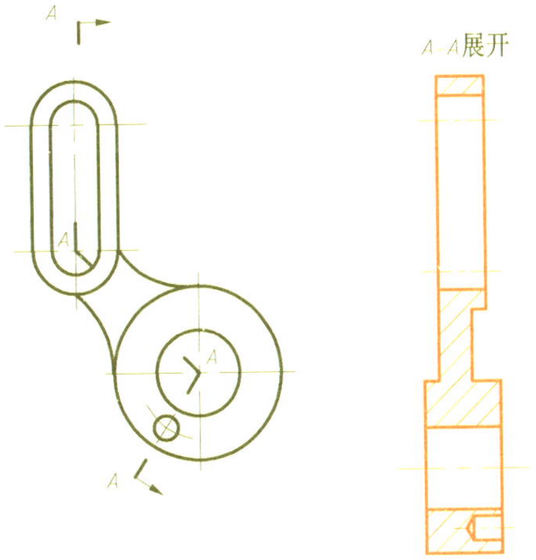　　图5-30 复合剖切的剖视图

表5-2将上述剖视图种类和剖切面方式进行了列表归纳。

表5-2　　　　　　　　　　剖视图与剖切方法

剖视图 \ 剖切方法	单一面剖切		多个面剖切		
	用平行面剖切	斜剖	旋转剖	阶梯剖	复合剖
全剖视图		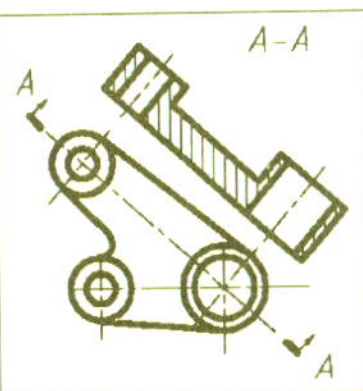	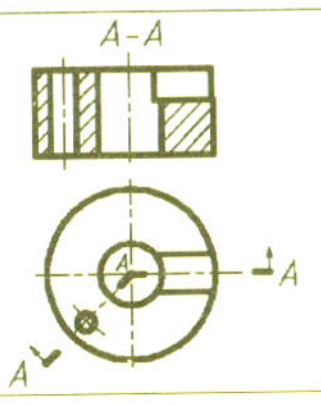	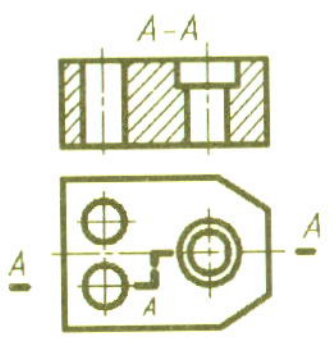	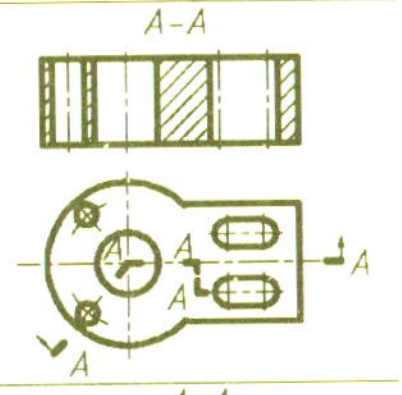
半剖视图				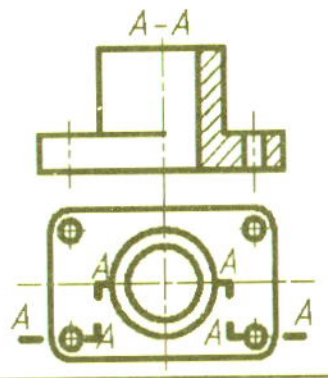	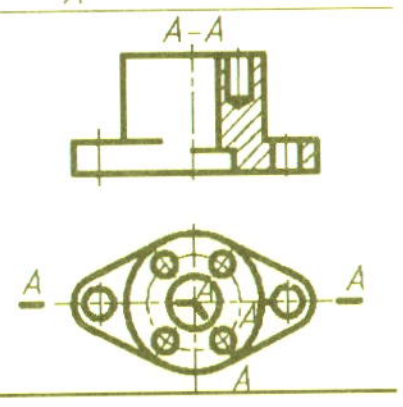

剖视图\剖切方法	单一面剖切		多个面剖切		
	用平行面剖切	斜剖	旋转剖	阶梯剖	复合剖
局部剖视图					

5.2 断面图与局部放大图

5.2.1 断面图

1. 断面图的基本概念

假想用剖切平面将机件的某处切断，仅画出该断面的图形称为断面图（简称"断面"），如图 5-31（a）、(b) 所示。断面图与剖视图的区别在于：断面图仅按规定画出机件剖切断面的形状，而剖视图除画出断面形状之外，还必须画出剖切平面后的可见轮廓线，如图 5-31（c）所示。断面图主要用来表达零件上肋板、轮辐及轴类零件上孔、键槽等局部结构的断面形状。

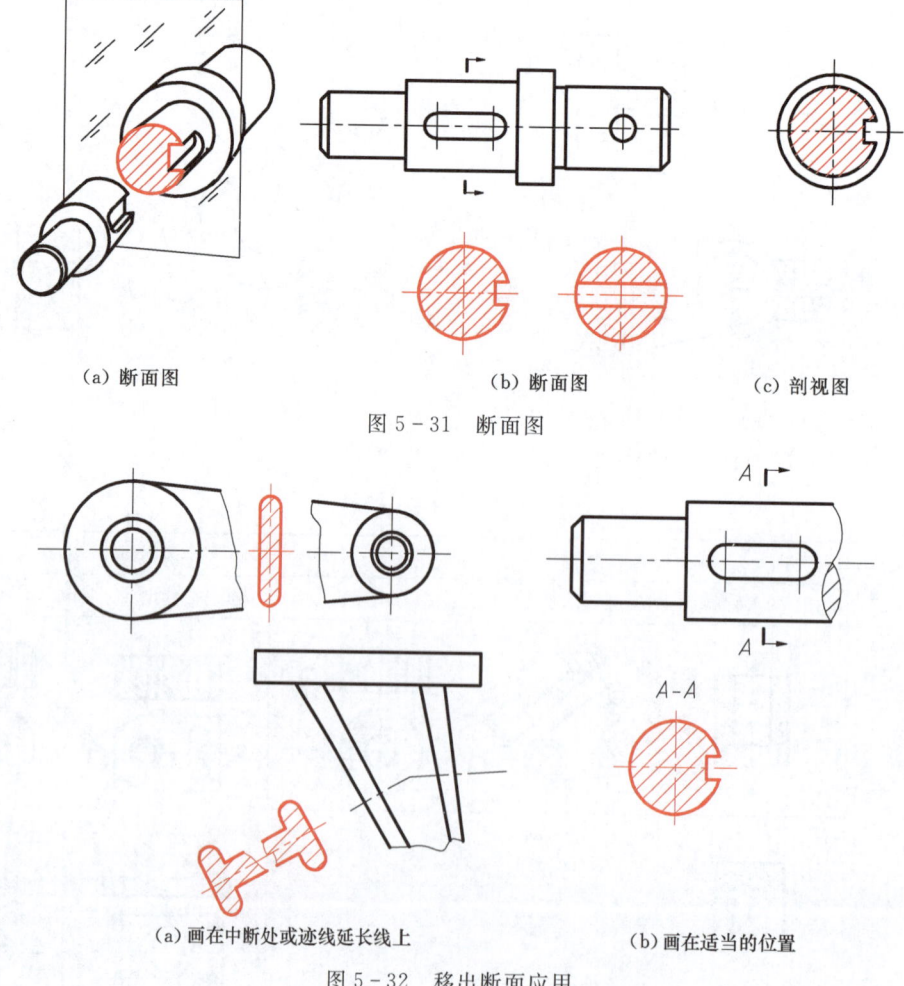

(a) 断面图　　　　(b) 断面图　　　　(c) 剖视图

图 5-31　断面图

(a) 画在中断处或迹线延长线上　　　(b) 画在适当的位置

图 5-32　移出断面应用

2. 断面图的种类及画法

断面图分为移出断面和重合断面两种。

（1）移出断面图：在视图轮廓线外的断面称为移出断面。

移出断面的轮廓线用粗实线绘制。为了便于看图，移出断面应尽量配置在剖切平面迹线的延长线上，如图 5-31 和图 5-32 所示。必要时可以将断面配置在其他适当的位置，但必须标注说明，如图 5-32（b）所示。

画移出断面时应注意的问题：

1）若剖切平面通过回转面形成的孔或凹坑的轴线，或通过非圆孔，导致出现完全分离成两个断面图形时，则这些结构均按剖视绘制，如图 5-31（b）、图 5-33 所示。

2）断面图也可画在视图的中断处，此断面图为移出断面，如图 5-32（a）上所示。

3）由两个或多个相交剖切平面剖切得到的移出断面，中间应断开，如图 5-32（a）下所示。

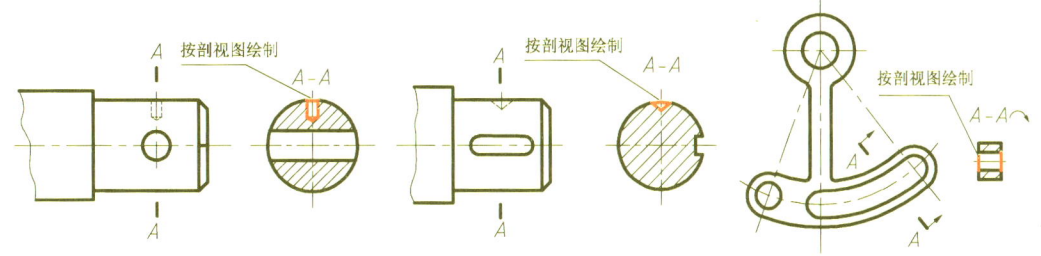

图 5-33　断面图中按剖视图处理

画移出断面的标注点：

1）移出断面图一般应用剖切符号表示剖切位置，用箭头指明投影方向，并注上大写字母，在断面图上方用同样的字母标出相应的名称"X-X"，如图 5-33 所示。

2）配置在剖切符号延长线上的不对称移出断面，可以省略字母，如图 5-31 所示。

3）不配置在剖切符号延长线上的对称移出断面，以及按投影关系配置的不对称移出断面，均可省略箭头。如图 5-33 所示。

4）配置在剖切平面迹线延长线上，以及配置在视图中断处的对称移出断面，可省略全部标注，图 5-32（a）所示。

（2）重合断面图：画在视图内的断面称为重合断面。重合断面的轮廓线用细实线绘制。当视图中的轮廓线与重合断面图的图形重叠时，视图中的轮廓线应连续画出，不可间断，如图 5-34 所示。当重合断面对称时，可省略全部标注，如图 5-34（a）所示。当重合断面不对称时，应标注剖切符号及箭头，不必注字母，如图 5-34（b）所示。

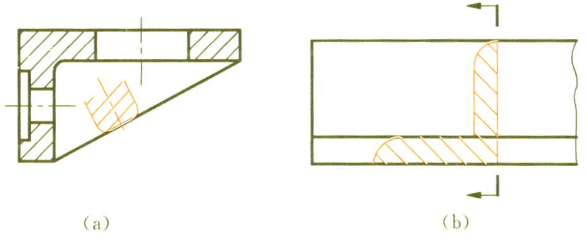

图 5-34　重合断面图

5.2.2　局部放大图

机件上的局部细小结构，在视图中不能表达清楚也不便标注尺寸时，常采用局部放大图来表达。这种将机件的部分结构，用大于原图形所采用的比例画出的图形，称为局部放大图。局部放大图可以画成视图、剖视或断面，与被放大部分的原表达方式无关。局部放大图应尽量配置在被放大部位的附近。如图 5-35 所示的 Ⅰ、Ⅱ 两处。

绘制局部放大图时，应在原视图上用规则的细实线图形圈出被放大的部位。当同一机件上有几个需放大部分时，要用罗马数字依次标明被放大部位，并在局部放大图的上方将相应的罗马数字和所采用的比例用细横线上下分别标出，标注比例为所放大图形与实物的线性尺寸之比，如图 5-35 所示。当机件上被放大的部分仅有一个时，在局部放大图的上方只需注明所采用的比例即可，如图 5-36 所示。局部放大图与整体的断裂边界用波浪线画出。同一机件在局部放大图中的剖面符号要与原图形中绘制的完全一致。

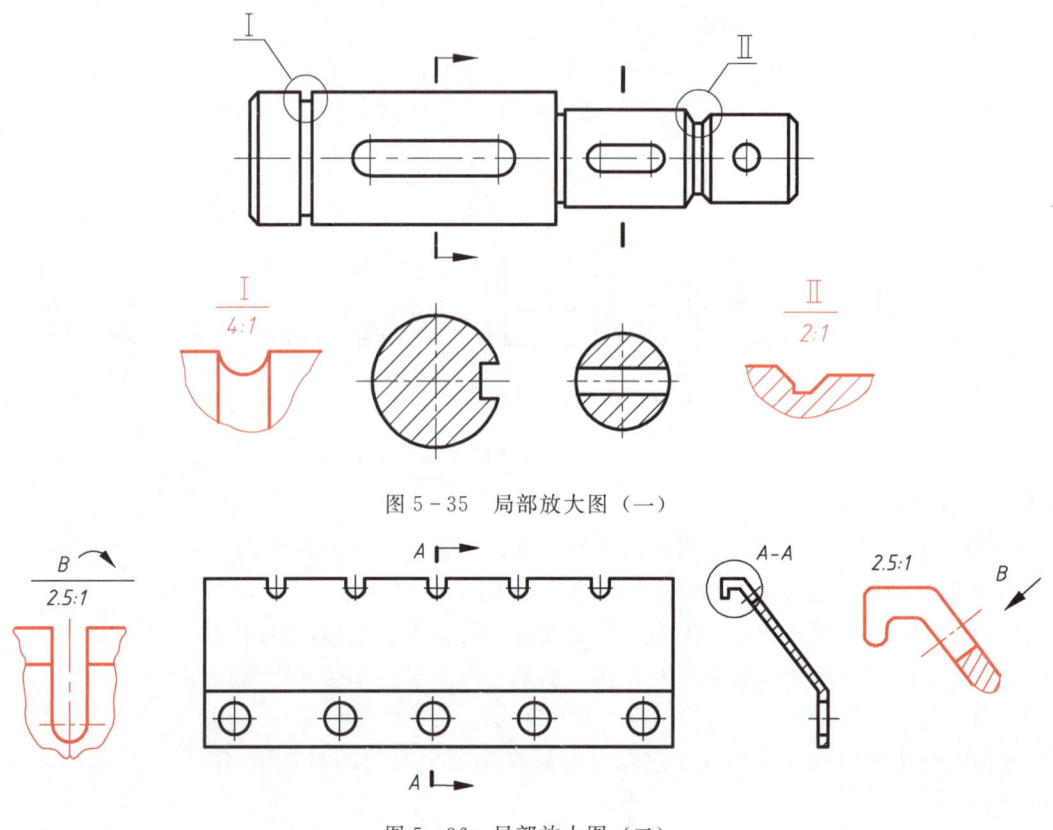

图 5-35　局部放大图（一）

图 5-36　局部放大图（二）

5.3　简化画法与表达方法综合运用

5.3.1　简化画法

除了上面所介绍的一些表达方法外，为了便于绘图和看图，可采用国家标准规定的简化画法，下面介绍一些常用的简化画法（GB/T 16675.2—1996）。

（1）在不致引起误解时，零件图中的移出断面允许省略剖面符号，但剖切标注仍按原规定进行标注，不能省略，如图 5-37 所示。

（2）当机件具有若干相同的结构（齿、槽等）并按一定规律分布时，只需画出几个完整的结构，其余用细实线连接，在零件图中必须注明该结构的总数，如图 5-38（a）所示。

（3）若干直径相同且成规律分布的孔（圆孔、螺孔、沉孔等），可以仅画出一个或几个，其余只需用点划线表示其中心位置，在零件图中应注明孔的总数，如图 5-38（b）所示。

（4）网状物、编织物或机件上的滚花部分，可在轮廓线附近用细实线示意画出，如图 5-39 所示。

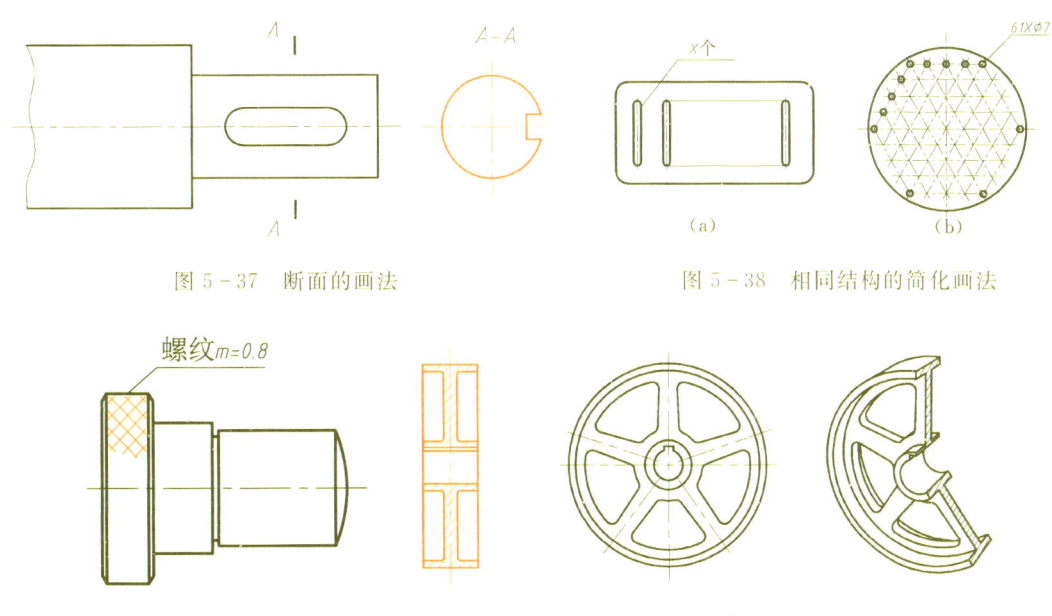

图 5-37 断面的画法　　　　图 5-38 相同结构的简化画法

图 5-39 滚花画法　　　　图 5-40 轮辐的画法

（5）对于机件上的肋、轮辐及薄壁等，如按纵向剖切，这些结构不画剖面符号。而用粗实线将它与其邻接部分分开，如图 5-40 左视图所示。当回转体机件上均匀分布的肋、轮辐、孔等结构不处于剖切平面上时，可以将这些结构旋转到剖切平面上画出，如图 5-41 所示。

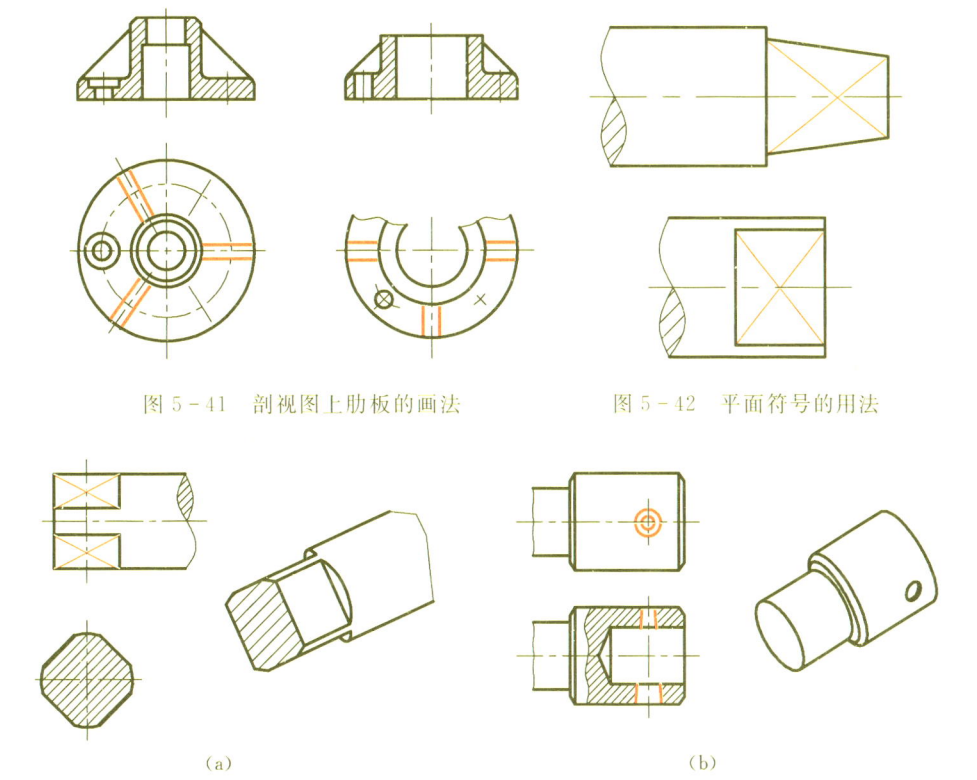

图 5-41 剖视图上肋板的画法　　　　图 5-42 平面符号的用法

图 5-43 省略过渡线和直线代替曲线

（6）当图形不能充分表达平面时，可用平面符号（两条相交的细实线）表示，如图 5-42 所示。

（7）图形中的相贯线或过渡线，在不致引起误解时，允许简化，如图 5-43（a）所示，省略了过渡线。图 5-43（b）用直线代替曲线。

（8）较长的机件（轴、杆、型材、连杆等）沿长度方向的形状一致或按一定规律变化时，可断开后缩短绘制，但必须标注实际的长度尺寸，如图 5-44 所示。

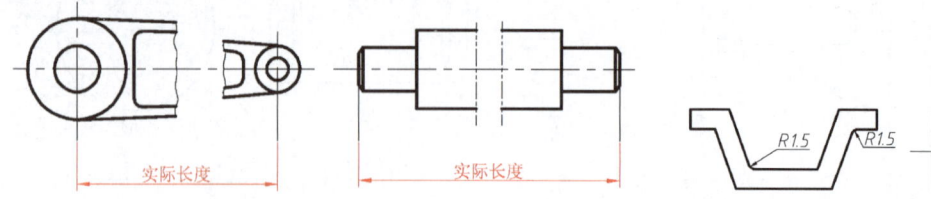

图 5-44 断裂画法　　　　　　　图 5-45 小圆角小倒角的画法

（9）在不致引起误解时，零件图中的小圆角、锐边的小倒角或 45°小倒角，允许省略不画，但必须注明尺寸或在技术要求中加以说明，如图 5-45 所示。

（10）与投影面倾斜角度小于或等于 30°的圆或圆弧，其投影可用圆或圆弧代替，如图 5-46 所示。

（11）圆柱形法兰和类似机件上均匀分布的孔，可按图 5-47 所示方法绘制。图形中相贯线和过渡线在不影响真实感的情况下允许简化，例如用圆弧或直线代替非圆曲线，如图 5-47 所示。两圆柱（或孔）垂直相交时，其相贯线通常是用大圆柱的半径所做的圆弧来替代，如图 5-47。

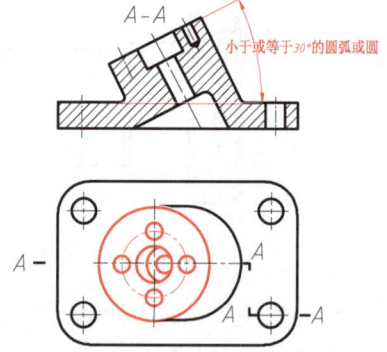

图 5-46 倾斜的圆或圆弧的简化画法

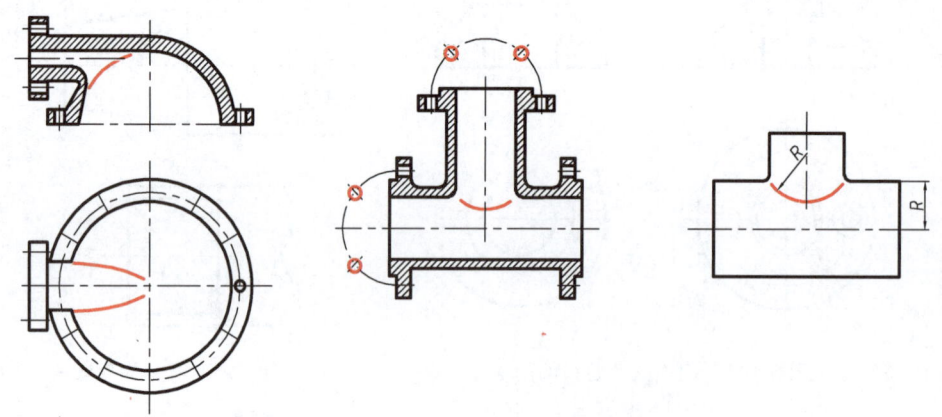

图 5-47 交线的画法和法兰均布孔的简化画法

（12）为了节省绘图时的时间和图幅，可将对称机件的视图画成原视图的 1/2 或者 1/4，其断裂边界为细点划线，并在细点画线的两端画出两条与其垂直的平行细实线，如图 5-48 所示。

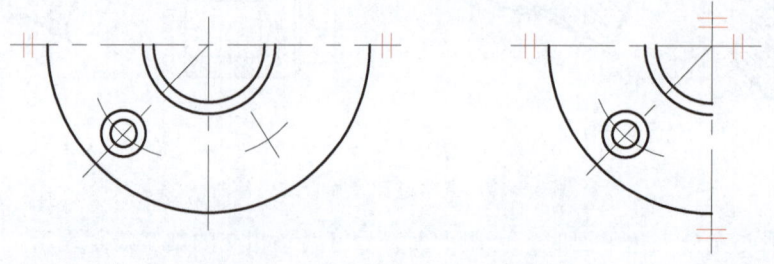

图 5-48 对称结构简化画法

5.3.2 表达方法综合运用

当表达机件时，应根据机件的具体结构形状，正确、灵活地综合选用视图、剖视、断面及其他表达方法。同时还要考虑尺寸标注等问题。

确定表达方案的原则是，应首先考虑看图方便，根据机件的结构特点，选用适当的表达方法。在完整、清晰地表达出机件的内外各部分结构形状的前提下，力求画图简便。下面举例说明。

例题 1：选择适当的表达方法表达如图 5-49 所示的泵体。

1. 形体分析

该泵体的主体部分是由同一轴线、不同直径（82、78、38）的三个圆柱体组成。主体的内部是直径为 60 的圆柱形空腔及圆柱孔（15、22）。两侧有直径 20 的圆柱，并有直径为 10 的圆孔相通；主体的前端有均匀分布的六个直径为 6 小孔，后端均匀分布三个直径为 4 小孔。底部是一个长方形底板，上面有两个安装孔，中间有一块支撑板和一块肋板把主体和底板连接起来。经过以上分析，可以想象出泵体的实际形状，如图 5-49 所示。

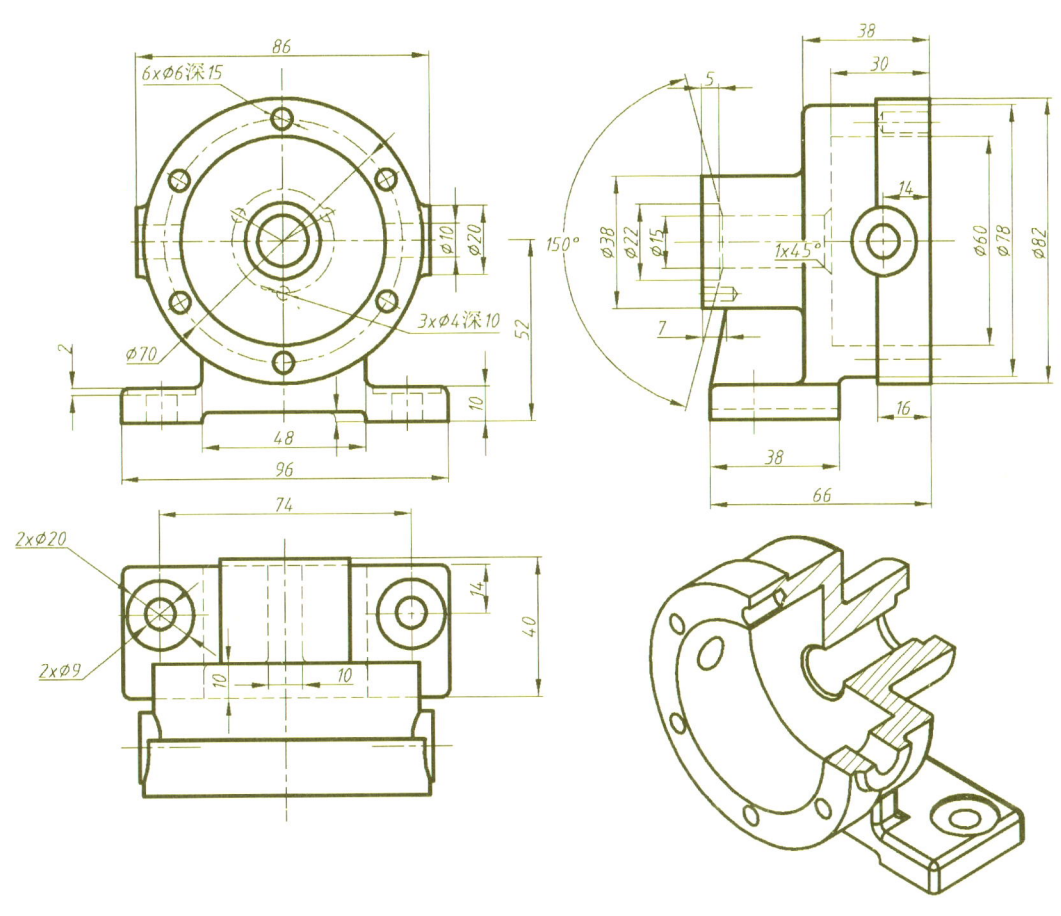

图 5-49 泵体三视图和立体图

2. 选择表达方案

方案一

（1）选择主观图。

在表达机件形状的一组图形中，主图应具有反映机件主要形状特征的作用。因此，选择了机件的安放位置和投影方向能明显表达泵体外形特征的方向为主视图。为了表达出两侧孔和安装孔的结构，将主视图画成局部剖视图，如图 5-50 所示。

（2）选择其他视图。

主视图确定以后，应根据机件特点全面考虑所需要的其他视图。所选择的每一个视图都应有表达重点，使之具有别的视图不能取代的作用，达到制图简便的目的。

如图 5-50 所示，其表达选择如下：

1) 主视图采用局部剖视图，将主体上的几个孔的虚线化虚为实。

2) 俯视图采用全剖视图，主要表达支撑板、肋板和底板的形状，底板上安装孔的分布情况。

3) 左视图采用全剖视图，既表达了泵体的内腔形状，又表达了泵体各组成部分的相对位置关系。

4) 采用 B 向局部视图，表达了泵体后端面上三个小孔的分布情况。

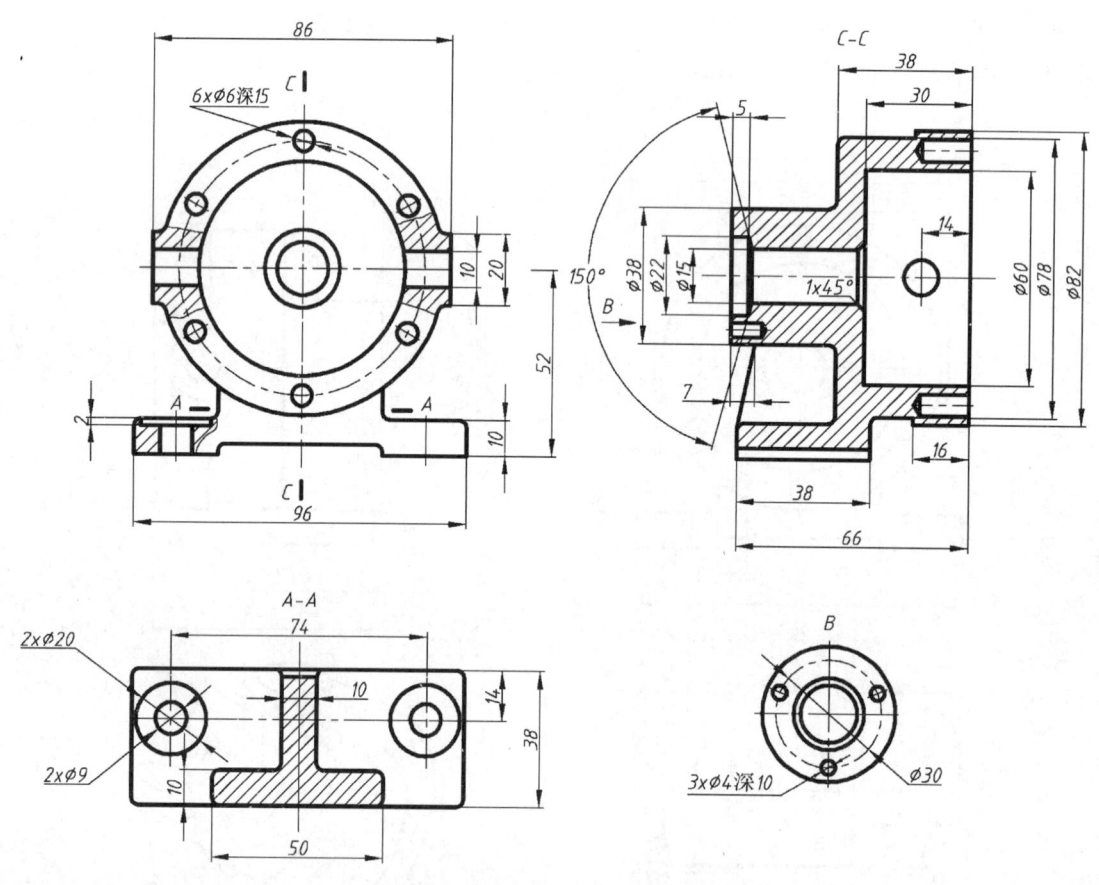

图 5-50　泵体表达方案（一）

方案二

从泵体的结构看，它具有左右对称的特点，这很容易使我们想到采用半剖视图的方法，即俯视图画成半剖视图，如图 5-51 所示。与图 5-50 比较，俯视图除能够反映侧面孔和外形外，在表达空腔形状方面与右视图重复，而在反映泵体各部分相对位置方面又不如右视图清楚。A-A 断面图也必须画成移出断面，因此图 5-51 表达方案欠佳。

通过以上分析可知，泵体虽然对称，但从表达整体内外形状的需要来全面考虑，不适合采用半剖视图的表达方法。比较以上两种表达方案，方案一，具有表达简明清晰、看图方便、制图简便的优点，是一个比较好的表达方案。

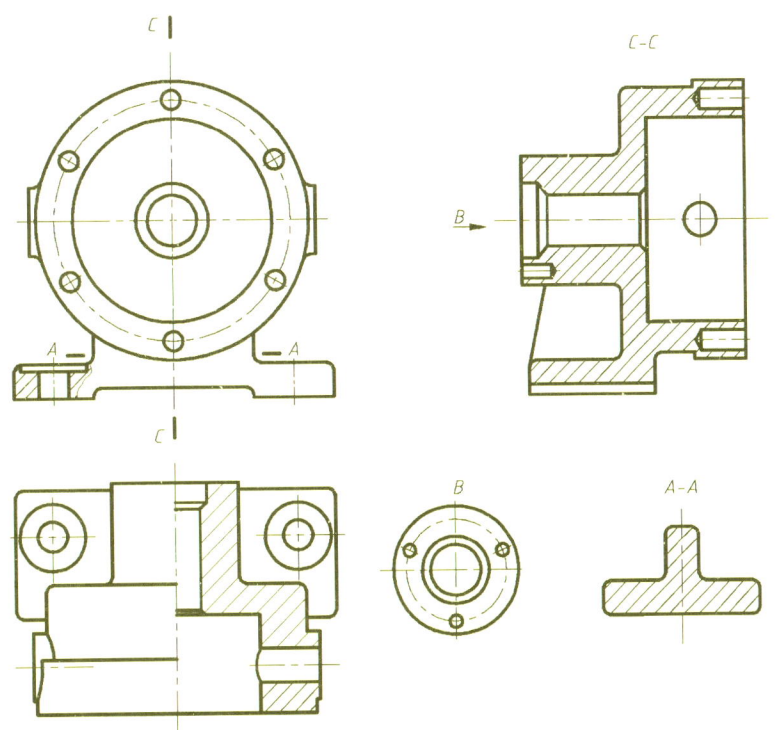

图 5-51 泵体表达方案（二）

思 考 题

1. 视图的作用是什么？视图分为哪几种？
2. 什么是剖视图？画剖视图应注意那些问题？
3. 剖视图分哪几种？剖切方式有哪几种？
4. 剖视图与断面图的区别是什么？
5. 什么是局部放大图？它如何标注？
6. 什么是简化画法？为何要采用简化画法？

第6章 零件图和装配图

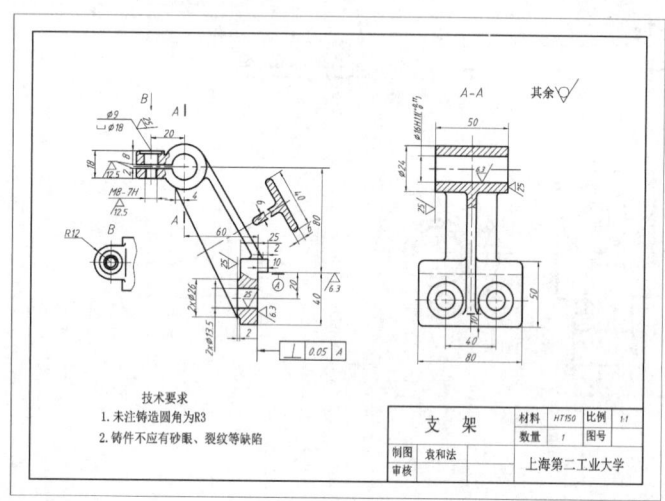
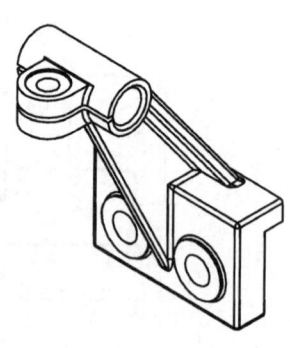

- 学习目标

1. 掌握标准件和常用件的画法。
2. 了解零件图和装配图的作用和内容。
3. 了解常见的零件和装配件的工艺结构。
4. 熟练掌握零件图和装配图表达与阅读。
5. 熟悉工业设计中图样的应用。

- 学习重点

1. 标准件、常用件的画法。
2. 零件图、装配图阅读与绘制。

6.1 标准件与常用件的简介与表达

在工程中，零件可分为标准件和非标准件，标准件是按国家标准规定进行设计制造的零（部）件。标准件在生产中不需要画单独零件图，它们由专门标准件生产企业加工制造，在设计中只需按规定标准号去选购。另外，还有一类部分结构标准化的零件被称为常用件，如齿轮、蜗轮等。而非标准零件则必须绘制其零件图。标准件和常用件的部分结构，国家标准都制定了规定画法。

6.1.1 螺纹及其规定画法

1. 螺纹的形成

在圆柱或圆锥表面上，沿着螺旋线所形成的具有规定牙型的连续凸起称为螺纹。

螺纹分外螺纹和内螺纹。在圆柱或圆锥外表面上所形成的螺纹称为外螺纹。在圆柱或圆锥内表面上所形成的螺纹称为内螺纹。圆柱螺旋线形成：由一动点 A 沿圆柱母线作等速直线运动，同时母线又绕圆柱的轴线作等速旋转运动，动点 A 的轨迹称为圆柱螺旋线，如图 6-1（a）所示。螺旋线有右旋和左旋之分。

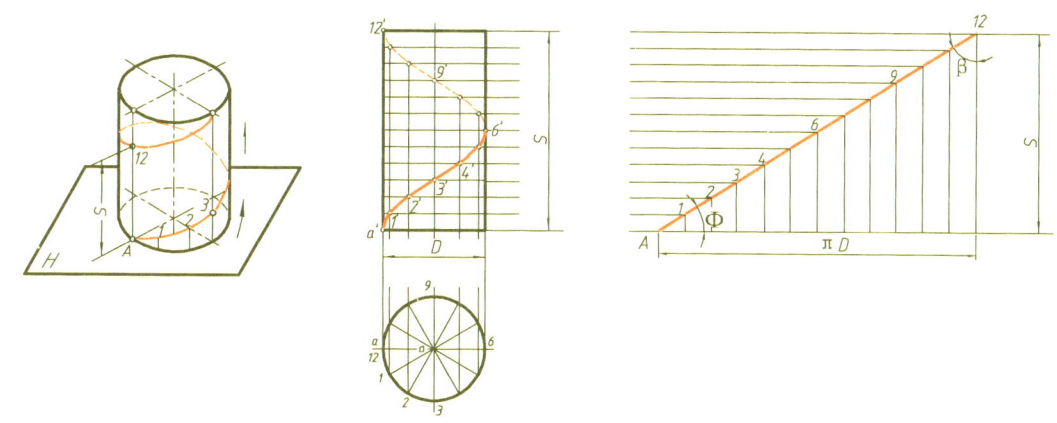

（a）圆柱螺旋线形成　　　　　　（b）螺旋线投影图与展开图

图 6-1　圆柱螺旋线

动点 A 旋转一周，沿着母线上升的距离称为螺旋线的导程，用 S 表示，见图 6-1（b）。

将圆柱表面展开，螺旋线随之展成为一倾斜直线，如图 6-1（b）所示。斜线与底边的夹角 ϕ 称为导程角或升角。导程角 ϕ 可由三角关系确定：$\tan\phi = S/\pi D$；直角三角形中另一锐角 $\beta = 90° - \phi$。

工业上加工螺纹有许多种方法，图 6-2 为常见的内、外螺纹的加工方法。

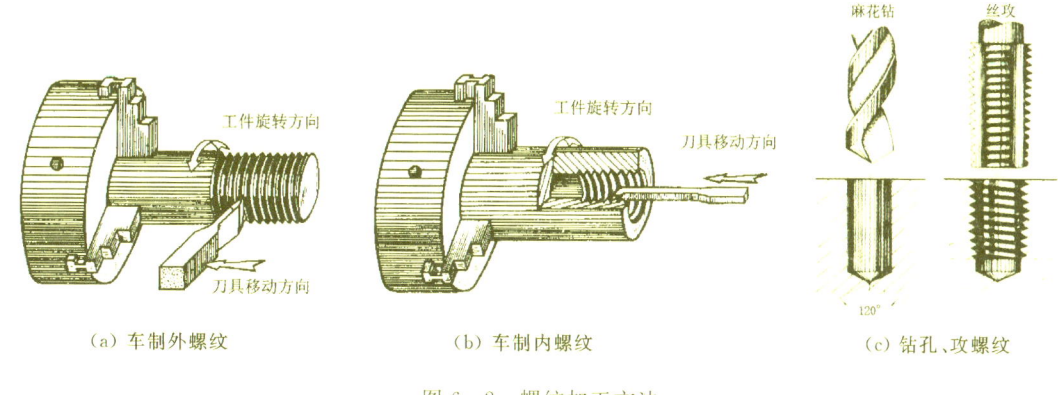

（a）车制外螺纹　　　　　（b）车制内螺纹　　　　　（c）钻孔、攻螺纹

图 6-2　螺纹加工方法

2. 螺纹的基本要素

螺纹的基本要素是牙型、直径、螺距、线数和旋向。只有五要素都相同的外螺纹和内螺纹才能相互旋合。国家标准规定凡螺纹的牙型、公称直径和螺距都符合标准的，称为标准螺纹。牙型不符合标准的，称为非标准螺纹。

（1）牙型。在通过螺纹轴线的剖面上，螺纹的轮廓形状称为螺纹的牙型。常见螺纹牙型有三角形、梯形、锯齿形和矩形等。

（2）公称直径。螺纹的直径有大径、中径和小径三种，如图 6-3 所示。

公称直径是代表螺纹尺寸的直径，一般常是指螺纹大径的基本尺寸（管螺纹除外）。

大径（d、D）：指与外螺纹牙顶或内螺纹牙底相切的假想圆柱的直径。

小径（d_1、D_1）：指与外螺纹牙底或内螺纹牙顶相重合的假想圆柱的直径。

中径：（d_2、D_2）：指一个假想的圆柱的直径，该圆柱母线通过牙型上沟槽和凸起宽度相等处。

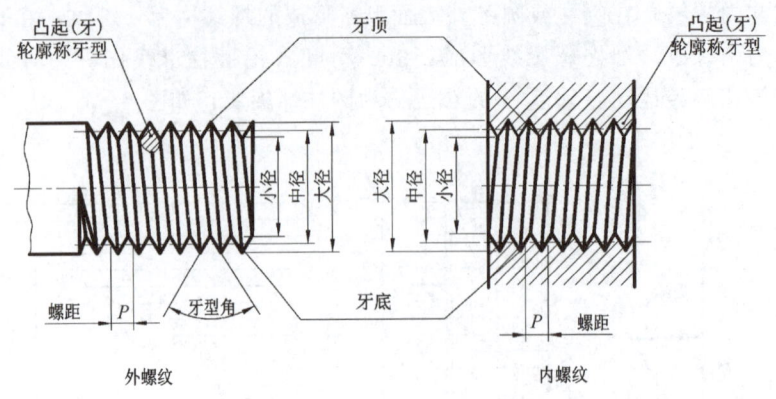

图6-3 螺纹的牙型、大径、小径和螺距

(3) 线数 n。如图6-4所示，螺纹有单线和多线之分：沿一条螺旋线形成的螺纹为单线螺纹；沿轴向等距分布的两条或两条以上的螺旋线所形成的螺纹为多线螺纹。

(4) 螺距 P 导程 S。螺纹相邻两牙在中径线上对应两点间的轴向距离，称为螺距。同一条螺旋线上的相邻两牙在中径线上两点间的轴向距离，称为导程。单线螺纹的导程等于螺距。即 $S=P$，如图6-4所示。多线螺纹的导程等于线数乘螺距，即 $S=n \times P$。

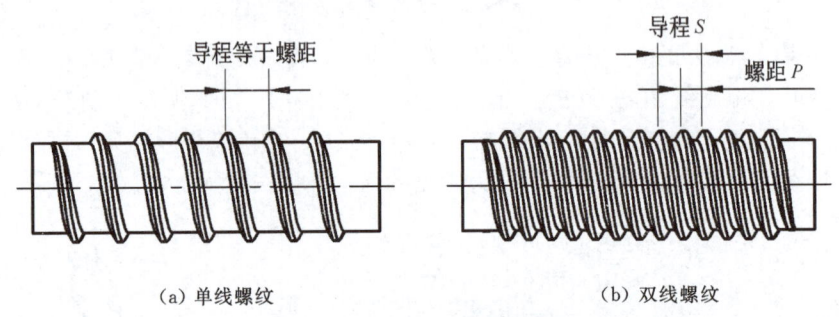

(a) 单线螺纹　　　　　　(b) 双线螺纹

图6-4 螺纹的线数、导程与螺距

(5) 旋向。螺纹分左旋和右旋两种。顺时针旋转时旋入的螺纹，称为右旋螺纹，反之为左旋螺纹，工程上常用右旋螺纹。

3. 螺纹的规定画法

(1) 外螺纹的规定画法，如图6-5所示。

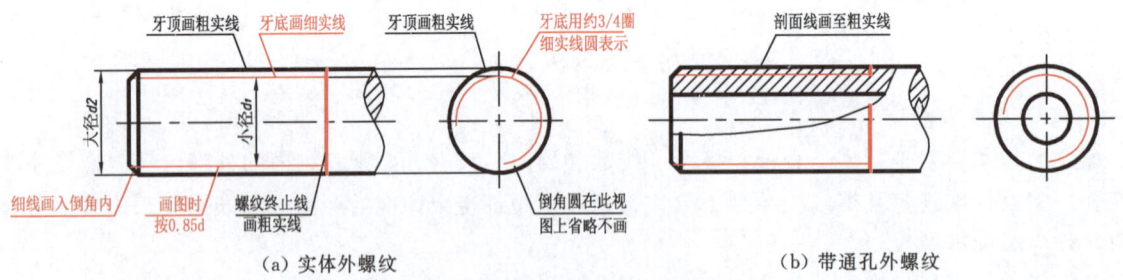

(a) 实体外螺纹　　　　　　(b) 带通孔外螺纹

图6-5 外螺纹的规定画法

(2) 内螺纹的规定画法，如图6-6所示。

(3) 内、外螺纹旋合的规定画法，如图6-7所示。

螺纹要素全部相同的内、外螺纹才能旋合。在螺纹旋合的剖视图中，其旋合部分应按外螺纹的画法绘制，其余部分仍按各自的画法表示。

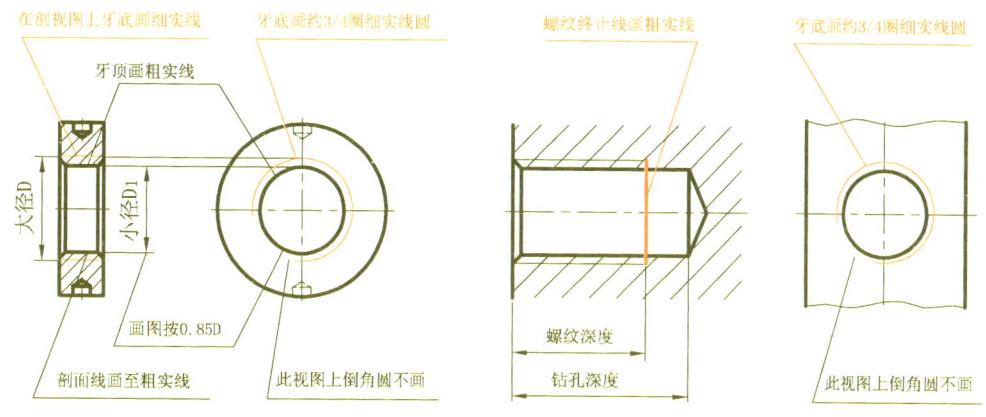

图 6-6 内螺纹的规定画法

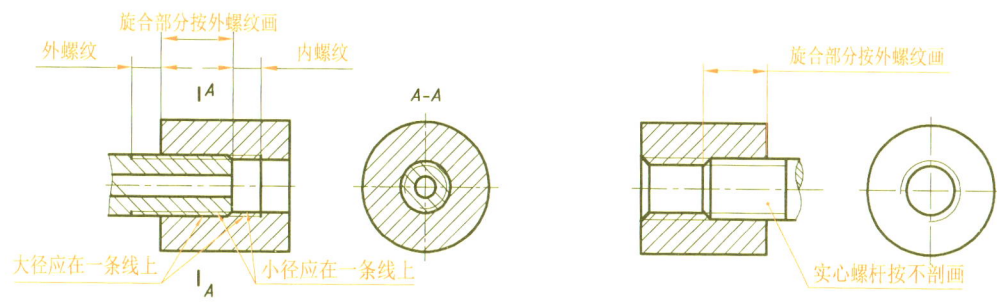

图 6-7 内、外螺纹旋合的规定画法

4. 螺纹的种类及其标注

螺纹按用途分为连接螺纹和传动螺纹两类，前者起连接作用，后者用于传递动力和运动。表 6-1 为常用螺纹的种类、代号及标注。

表 6-1　　　　　　　　　　常用螺纹的种类、代号及标注示例

螺纹种类		特征代号	牙型放大图	标注示例	说　明
普通螺纹	粗牙普通螺纹	M	60°	M20-6g	粗牙普通螺纹，公称直径20，中径与大径公差带均为6g，中等旋合长度
	细牙普通螺纹			M20×2LH-6H-S	细牙普通螺纹，公称直径20，螺距2，左旋，中径与大径公差带均为6H，短的旋合长度
连接螺纹	管螺纹	R_1		$R_11/2$	R_1：表示与圆柱内螺纹配合的圆锥外螺纹 R_2：表示与圆锥内螺纹配合的圆锥外螺纹 1/2 表示尺寸代号
		R_2			
		R_c	55°	$R_c1/2$	用螺纹密封的圆锥内管螺纹，R_c 表示特征代号，1/2 表示尺寸代号
	螺纹密封管螺纹	R_p		$R_p1/2$	用螺纹密封的圆柱内管螺纹，R_p 表示特征代号，1/2 表示尺寸代号

6.1.2 螺纹紧固件及其规定画法

常用的螺纹紧固件有螺栓、双头螺柱、螺钉、螺母和垫圈等，如图 6-8 所示。

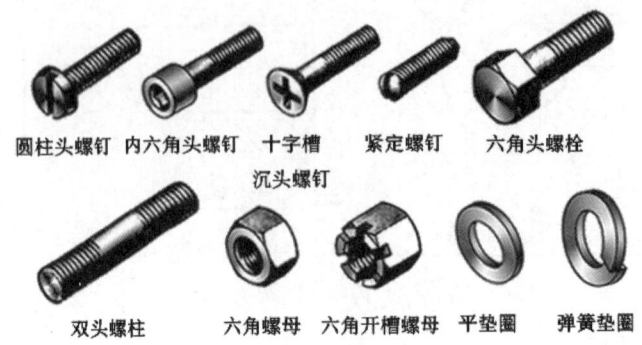

图 6-8 常用的螺纹紧固标准件

1. 螺纹紧固件的规定标记

螺纹紧固件的种类较多，它是一种标准件，其相关尺寸可查阅有关标准。表 6-2 列出常用螺纹紧固件的标记示例。

表 6-2　　　　　　　　　　　　常用螺纹紧固件的标记示例

名称	标记格式	画法及规格尺寸	标记及说明
螺栓	名称 标准代号 特征代号 公称直径×公称长度		螺栓 GB/T 5870 M10×50 螺纹规格 $d=10$、公称长度 $L=50$（不包括头部的六角头螺栓）
双头螺柱	名称 标准代号 特征代号 公称直径×公称长度		螺柱 GB/T 900 M10×50 螺纹规格 $d=10$、公称长度 $L=50$（不包括旋入端）B 型双头
螺钉	名称 标准代号 特征代号 公称直径×公称长度		螺钉 GB/T 68 M8×30 螺纹规格 $d=8$、公称长度 $L=30$ （不包括头部的开槽沉头）
螺母	名称 标准代号 特征代号		螺母 GB/T 41 M16 螺纹规格 $D=16$ 的六角头螺母
平垫圈	名称 标准代号 公称尺寸 （螺栓直径）——性能等级		平垫圈 GB/T 97.1 10 规格尺寸 $d_1=10$

2. 螺纹紧固件的连接形式和装配画法

螺纹紧固件是一种标准件。在设计时不必画其零件图，但必须熟悉它的规定标记，熟练掌握其规定的连接画法。螺纹紧固件的常用连接形式有三种：螺栓连接、双头螺柱连接和螺钉连接，其画法见表 6-3。螺纹紧固件连接画法还必须遵守国家标准的装配图规定画法：

（1）两零件的接触表面只画一条线，而非接触表面必须画两条线。

（2）相邻两个（或三个）零件的剖面线方向应相反，或者方向一致但间距不等。

（3）当剖切平面通过标准件的最大对称面或实心体的轴线时，这些零件均按不剖绘制。

螺栓连接一般适用于两个不太厚并允许钻成通孔的零件连接。螺栓的长度 L 的计算：

螺栓长度 $L\approx$ 被连接零件的总厚度 $(\delta_1+\delta_2)$ + 垫圈厚度 (h) + 螺母厚度 (m) + 螺栓伸出螺母的长度 $(0.3\sim0.4)d$，根据算出的螺栓长度，再从相应的螺栓标准长度系列中选取接近的标准长度。

表 6-3　　螺纹紧固件的连接形式和装配画法

连接形式	比 例 画 法	简 化 画 法
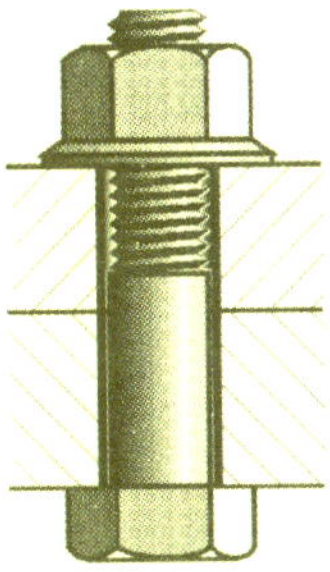 螺栓连接	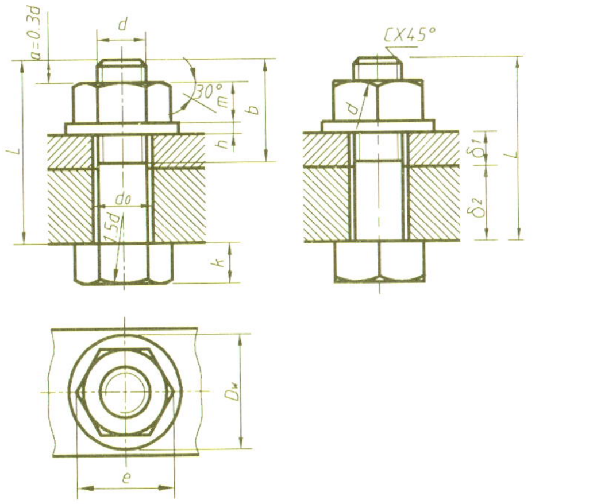 $e=2d$，$m=0.8d$，$k=0.7d$，$a=0.3d$，$d_0=1.1d$，$c=0.12d$，$h=0.15d$，$b=2d$，$D_w=2.2d$；$L=\delta_1+\delta_2+h+m+a$ 并取标准系列中相近的长度	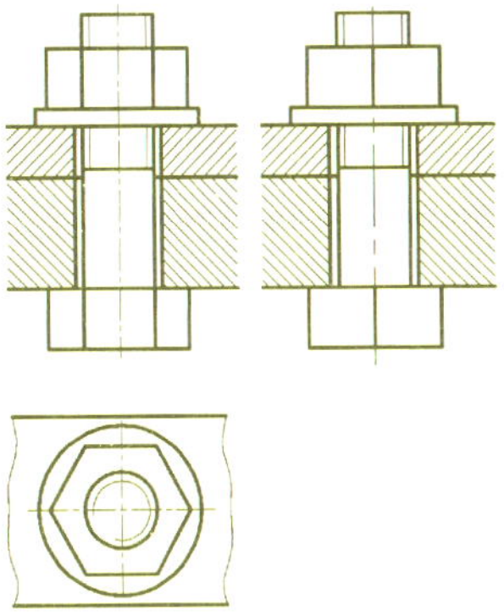
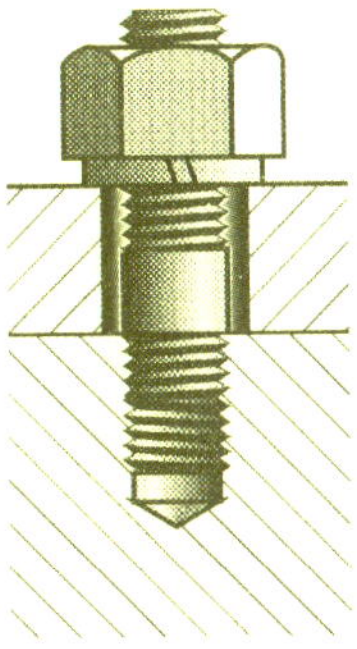 螺柱连接	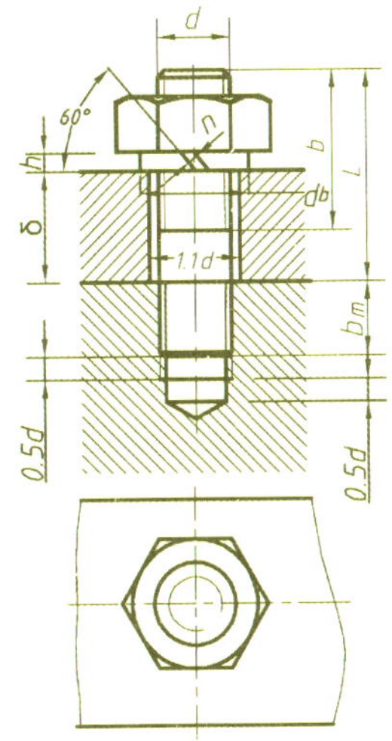 $d_b=1.5d$，$h=0.25d$，$n=0.12d$，b_m 与被旋入件材料有关：铜或青铜 $b_m=1d$，铸铁 $b_m=1.2d$ 或 $1.5d$，铝及其合金 $b_m=2d$	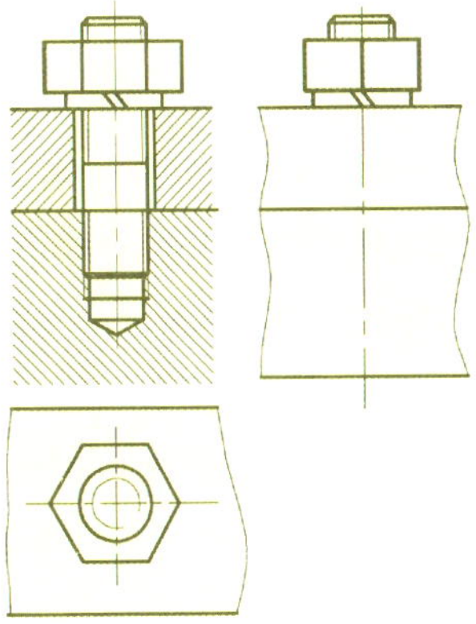
 螺钉连接	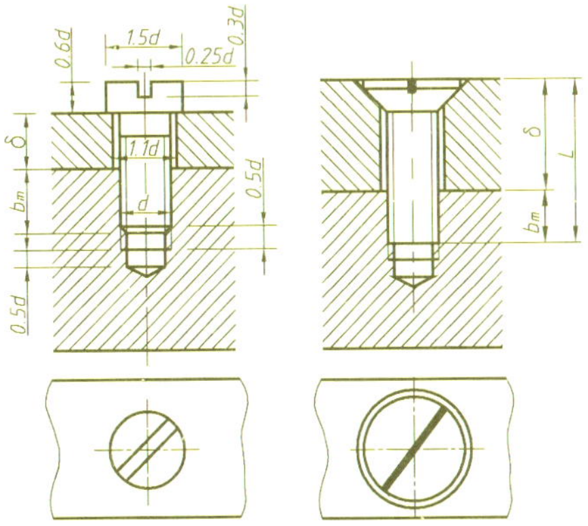	
紧定螺钉连接	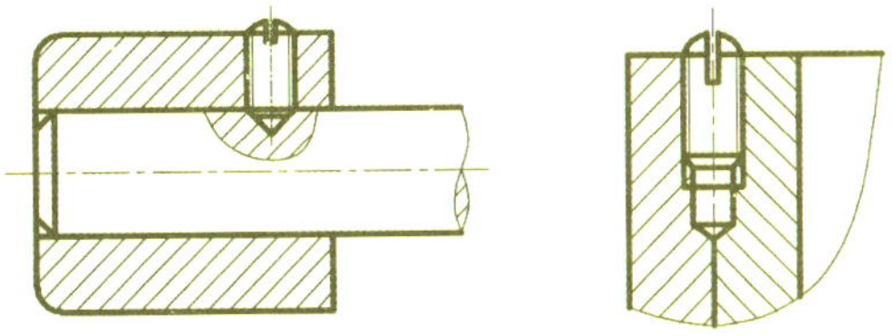	

当两个被连接件之一较厚，不便使用螺栓，或因拆卸频繁不宜使用螺钉连接的地方，常采用双头螺柱连接。画螺柱连接图时还应注意：螺柱旋入端的终止线应与结合面平齐，表示旋入端全部拧入拧紧。

螺钉用在受力不大和不常拆卸的地方，有紧定螺钉和连接螺钉两种。螺钉的公称长度 L，可按下式计算后在长度系列中选取标准值：$L=\delta+bm$。

螺钉头部的一字槽口或十字槽口，在主视图中放正画在中间位置；俯视图中规定画成与水平线逆时针倾斜 $45°$ 角；槽的宽度也可简化画成粗实线表示。

6.1.3　键及其联结画法

1. 键的结构形式及标记

键通常用来联结轴和轴上的传动零件（如齿轮、皮带轮等），以传递转矩，如图 6-9 所示。键是标准件，其结构形式很多。常用的键有普通平键、半圆键和钩头楔键等三种。

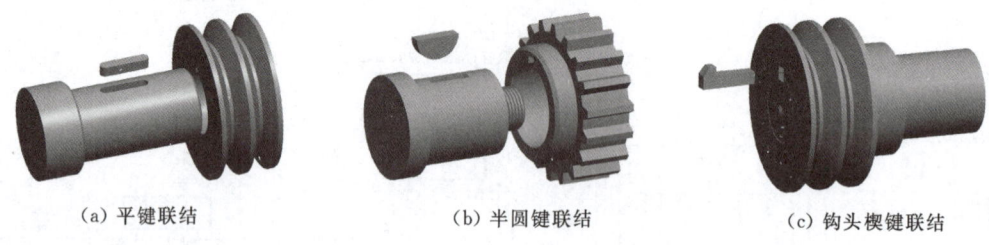

(a) 平键联结　　(b) 半圆键联结　　(c) 钩头楔键联结

图 6-9　常用的键联结型式

2. 键联结的装配画法

图 6-10 为键槽的画法和尺寸标注。图 6-11 为三种键联结的装配画法。

由于普通平键和半圆键的两个侧面是工作表面，所以键的两侧面与轴、轮毂的键槽侧面接触；顶面为非工作表面，它与轮毂上键槽的顶面存有间隙。钩头楔键的顶面有 1∶100 的斜度，顶面与底面为工作表面。画图时，上、下表面与键槽接触，而两侧面留有间隙。

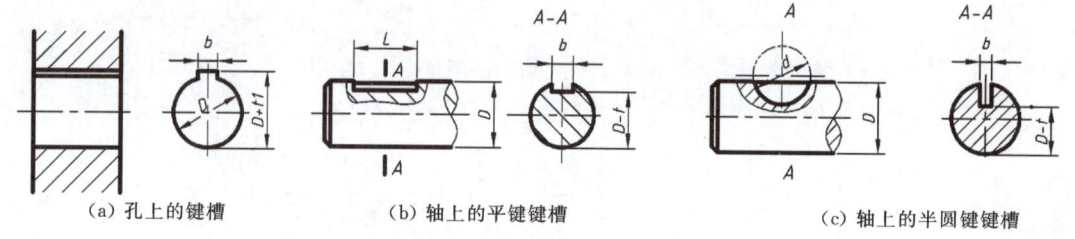

(a) 孔上的键槽　　(b) 轴上的平键键槽　　(c) 轴上的半圆键键槽

图 6-10　键槽的画法及尺寸标注

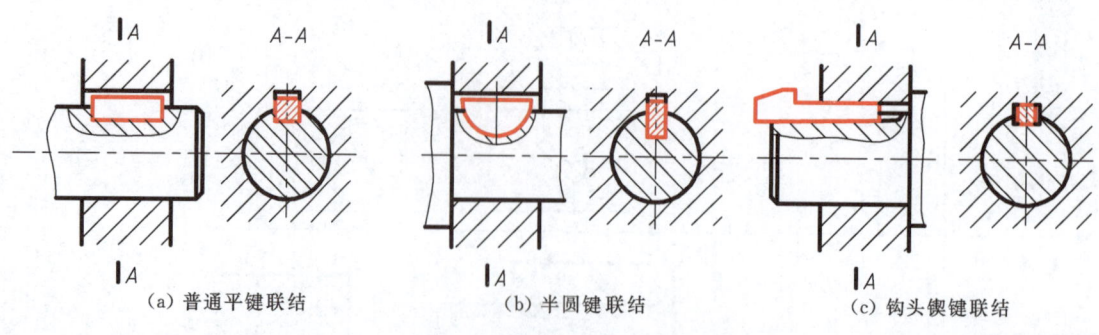

(a) 普通平键联结　　(b) 半圆键联结　　(c) 钩头锲键联结

图 6-11　键联结的画法

6.1.4 齿轮及其画法

齿轮是广泛应用于机器设备中的常用件，用于传递动力或改变运动的速度和方向等，图 6-12 所示是几种常见的齿轮传动形式。

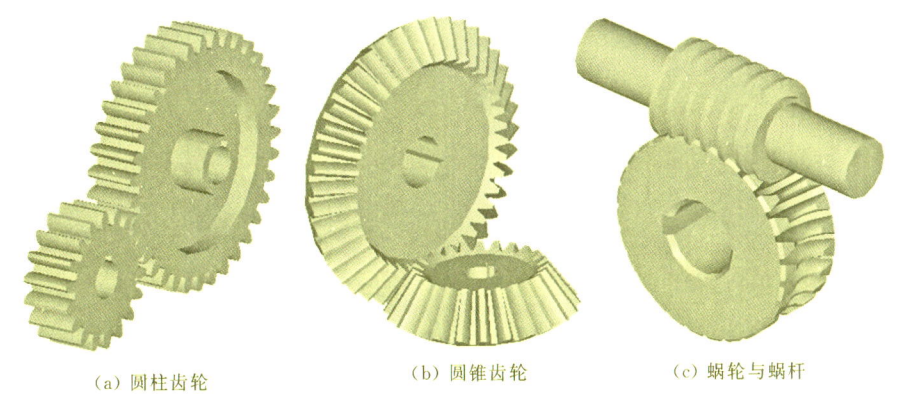

(a) 圆柱齿轮　　(b) 圆锥齿轮　　(c) 蜗轮与蜗杆

图 6-12　常见的齿轮传动

画两个相互啮合的圆柱齿轮时，在垂直于轴线的投影面的视图中，节圆相切，齿顶圆在啮合区内均用粗实线画出或省略不画。齿根圆省略不画，如图 6-13（b）所示。在平行于轴线的投影面的视图中，常用剖视表达。当剖切平面通过两啮合齿轮的轴线进行剖切时，啮合区内两节线重合，用细点画线画出，一个齿轮的轮齿用粗实线绘制，另一个齿轮的轮齿被遮住的部分用虚线绘制，也可省略不画，如图 6-13（a）、（f）所示。

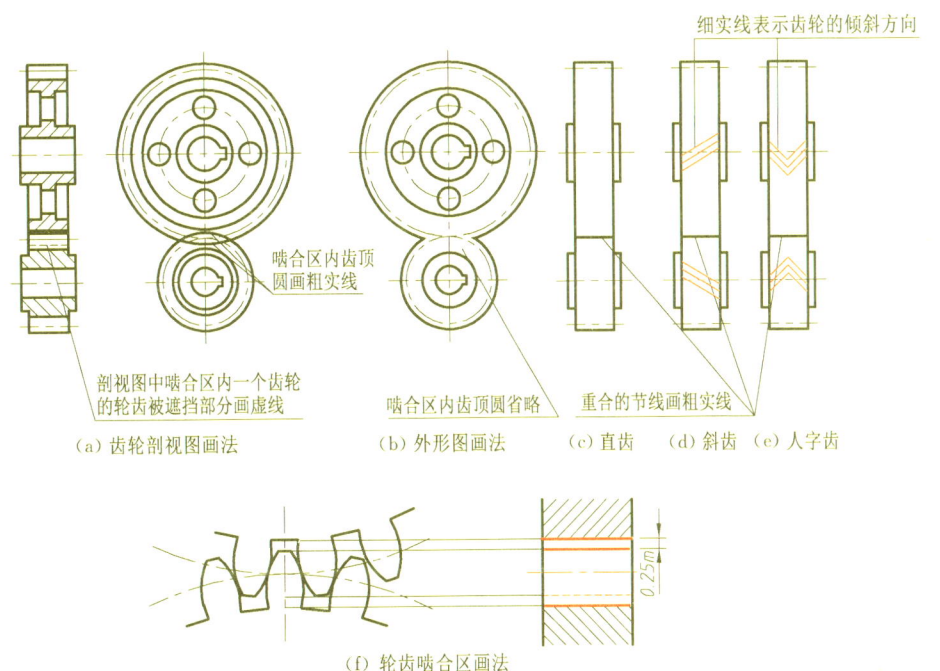

(a) 齿轮剖视图画法　　(b) 外形图画法　　(c) 直齿　(d) 斜齿　(e) 人字齿

(f) 轮齿啮合区画法

图 6-13　圆柱齿轮的啮合画法

当啮合齿轮不采用剖视绘制时，齿顶线和齿根线在啮合区不必画出，而节线用粗实线表示，如图 6-13（c）、（d）、（e）所示。

6.2　零件图的表达

任何机器或部件都是由若干零件装配而成的，零件是机器或部件中不可再分割的基本单元。用来表示零件结构、大小及技术要求的图样称为零件工作图，简称零件图，如图 6-14 所示是轴的零件工作图。

6.2.1 零件图的概述

每个产品或部件都是由若干零部件装配而成的，我们将表示整个产品或部件的工程图样称为装配图。

零件图和装配图都是生产加工中的重要技术文件。在传统设计中，一般先根据产品的工作原理图画出装配示意图和装配图，然后根据装配图进行零件设计，并画出零件图，最后由零件图拼画出正式的装配图。装配时，则根据装配图要求把零件装配成部件或产品。

在现代产品设计中，常在设计草图和效果图基础上先用计算机三维软件（如 PRO/E、UG 等）建立零件和装配体的三维模型，然后由三维模型直接导出所需的零件图和装配图。此外，由 PRO/E、UG 等设计的零件模型可直接输入数控机床加工出相应的实体零件，实现计算机辅助设计（CAD）到计算机辅助制造（CAM）的一体化，真正现实无纸化设计和制造。

6.2.2 零件图的内容与作用

零件图的作用是表示零件的结构形状、尺寸大小和技术要求，并根据它来制造和检验该零件。图 6-14 是轴的零件图。从中可了解一张完整的零件图所包括的基本内容：

（1）一组视图。用于正确、完整、清晰地表达出零件的内外形状。如图 6-14 中，轴零件图表达在主视图中采用局部剖视图，另外采用了断面图、局部放大图及简化画法。

（2）完整的尺寸。正确、完整、清晰、合理地标注出零件制造和检验所需的全部尺寸。

（3）技术要求。零件图中必须用规定的符号、数字和文字说明制造和检验零件的技术要求。

（4）标题栏。标题栏位于图样的右下角，应填写零件的名称、材料、数量、图的比例以及制图、审校人的签字等各项内容。

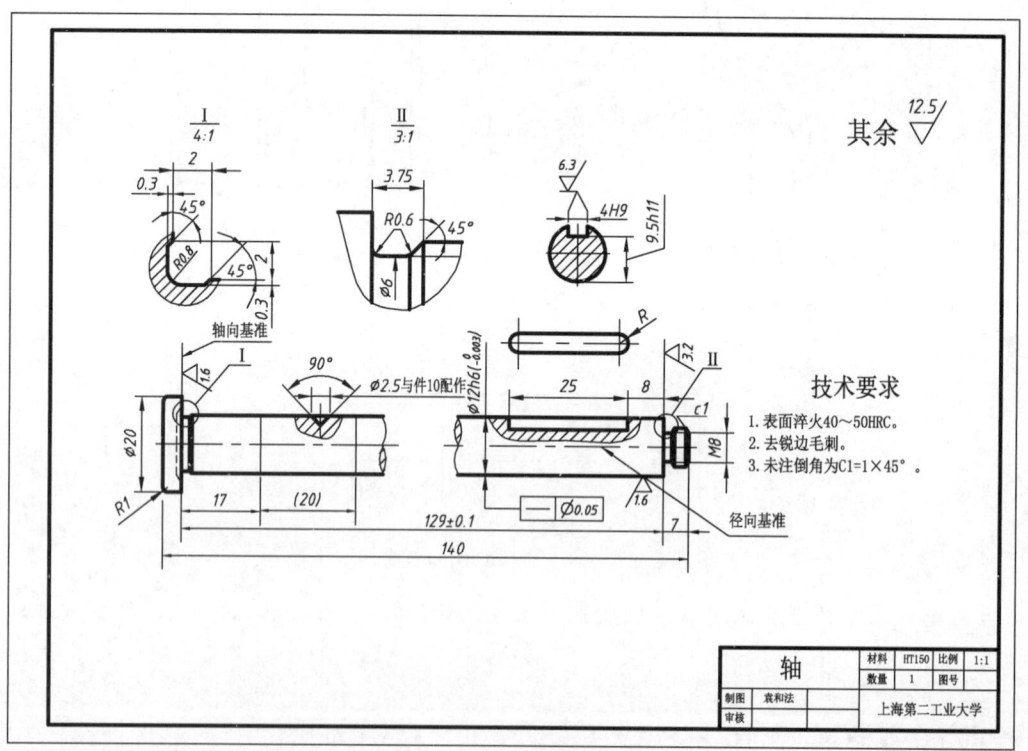

图 6-14　轴的零件图

6.2.3 零件上常见的工艺结构

1. 零件常见的工艺结构（表6-4和表6-5）

表6-4　　　　　　　　　　铸件和塑料件上的工艺结构及表示方法

结构名称	图 例	说 明
壁厚、缩孔		零件壁厚基本均匀可以减少和避免浇铸后在凝固过程中造成缩孔和裂纹
铸造圆角与过渡线		为便于铸件造型，避免浇铸熔体时将砂型转角处冲毁。零件上相邻表面的相交处应以圆角过渡
拔模或脱模斜度		为了使铸件拔模方便或塑料件脱模容易，零件沿拔模或脱模方向应有适当的斜度
凸台和凹坑		为保证装配时螺栓等零件与相邻零件表面接触良好，并减少加工表面，常在铸件上制出凸台、凹坑或锪平面
箱体底面		为使箱体零件底面在装配时接触良好，应合理地减少接触面积，节省加工费用

表6-5　　　　　　　　　　机械加工零件的工艺结构及表示方法

结构名称	图 例	说 明
倒角圆角		为了便于装配和安全，零件尖角处要倒角。常用倒角为45°。倒圆角是为了避免铸件轴肩处因应力集中而引起强度削弱
螺纹退刀槽砂轮越程槽		退刀槽是在加工外圆、内孔和螺纹时，为保证刀具退出切削而不损伤邻近表面，在加工段末端预先削出的凹槽
钻孔结构		为保证钻孔定位正确并避免钻头单边受力折断，钻头轴线应尽量垂直于被钻孔端面

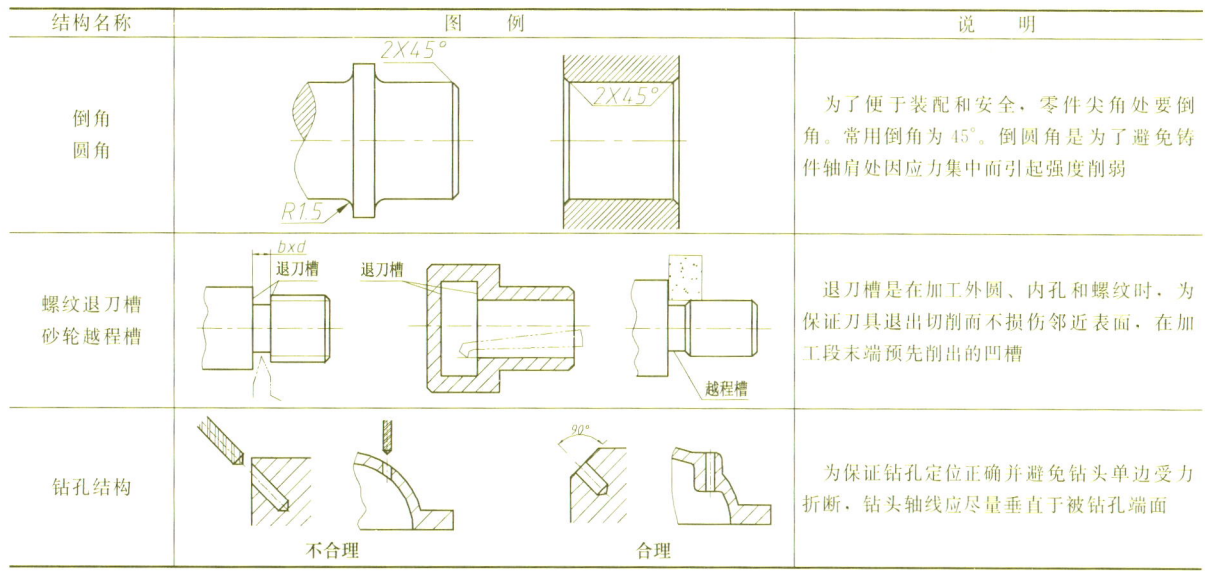

6.2.4 零件的分类与表达

在产品设计中，由于每个零件在装配体中有不同的作用，它们的结构和形状各不相同。在设计中，常用件与非标准件都须绘制零件图，同时要考虑零件结构和加工工艺的合理性。一般零件可按功能和形态结构特点分成轴套类、盘盖类、叉架类及箱壳类四种，也可按不同加工方式分成铸造类、冲压类、注塑类等。

零件图的表达要求如下：

（1）完整，将零件的各部分形状、结构、位置表达完整。

（2）正确，投影关系、表达方法须正确。

（3）清晰，清楚易懂、便于看图。

（4）合理，尺寸标注应符合零件设计和加工工艺要求。

下面结合零件的分类对零件视图表达加以分析和介绍。

1. 轴套类零件的表达

轴套类零件包括各种轴、套筒等，其结构的主体部分一般是同轴回转体，它们一般起支承转动零件、传递动力的作用。因此，常带有键槽、轴肩、螺纹及退刀槽或砂轮越程槽等结构。这类零件主要在车床上加工，所以主视图按加工位置选择。画图时，将零件的轴线水平放置并配合尺寸标注，一般用一个基本视图表示。空心轴中的内部结构可采用全剖、半剖和局部剖视等表达方法，如图 6-15 所示。零件上的一些细部结构，通常采用断面图、局部剖视图、局部放大图等表达方法表示。

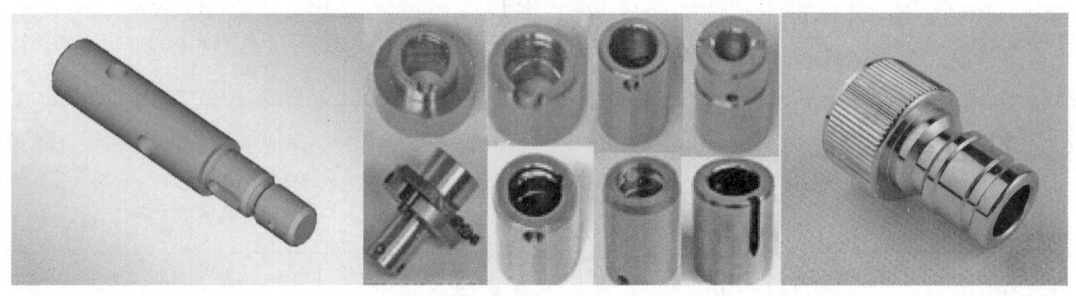

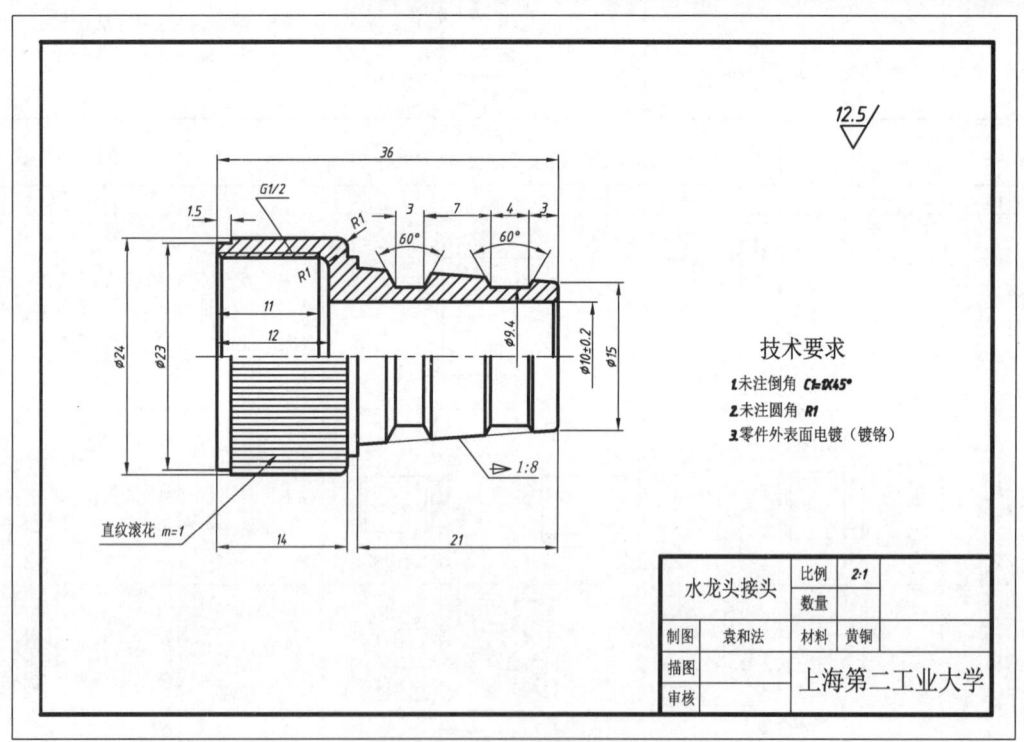

图 6-15 轴套零件图

2. 盘盖类零件的表达

盘盖类零件包括齿轮、手轮、端盖等。其主体结构是同轴线回转体或其他平板形，可起支承、定位和密封等作用。盘盖类零件主要也是在车床上加工，因此选择主视图时，应按加工位置将轴线水平放置，并用剖视图表达内部结构及相对位置，如图 6-16 和图 6-17 所示。

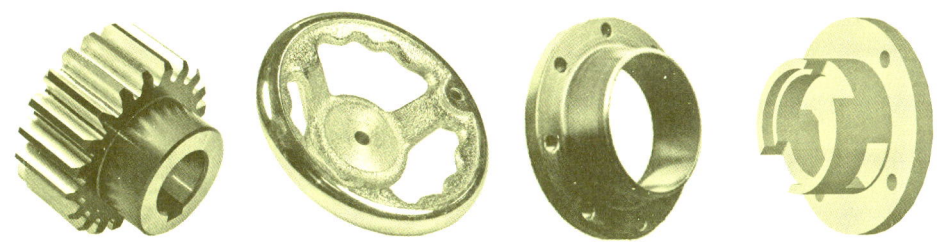

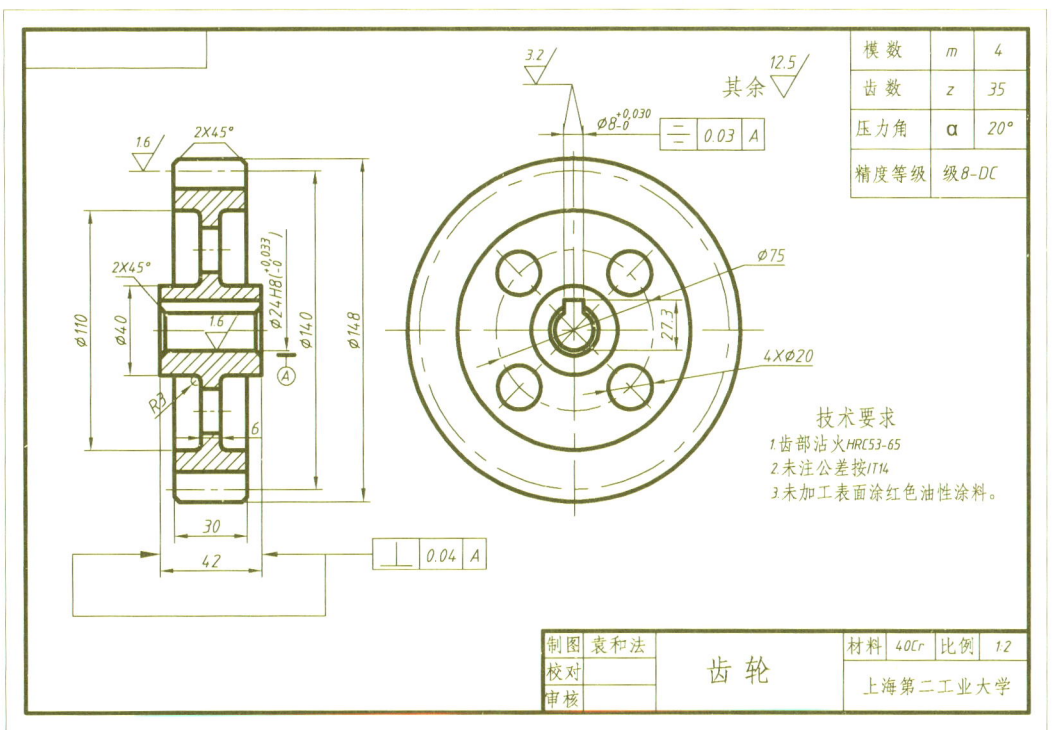

图 6-16 齿轮零件图

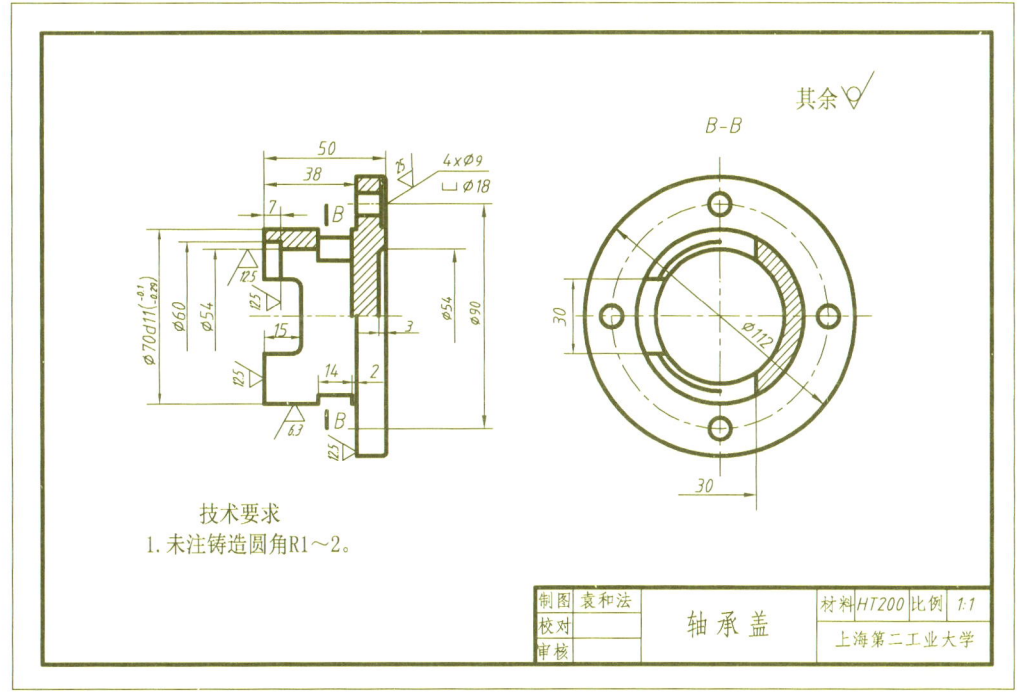

图 6-17 轴承盖零件图

3. 叉架类零件的表达

叉架类零件包括拨叉、连杆、支架等。这类零件结构形状一般比较复杂，也不规则。它们通常起支承、连接、调节或制动等作用。

叉架类零件加工工序比较多，所以，一般按工作位置和形状特征原则选择主视图。主视图常采用视图的表达辅以局部剖视等方法表达零件外形和内部结构，如图6-18所示。除主视图外，零件的倾斜部分可用斜视图或斜剖来表达，肋板和薄壁可用断面图来表达。

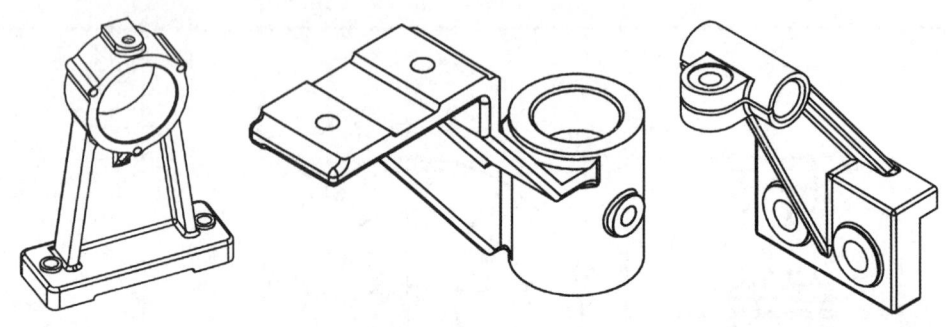

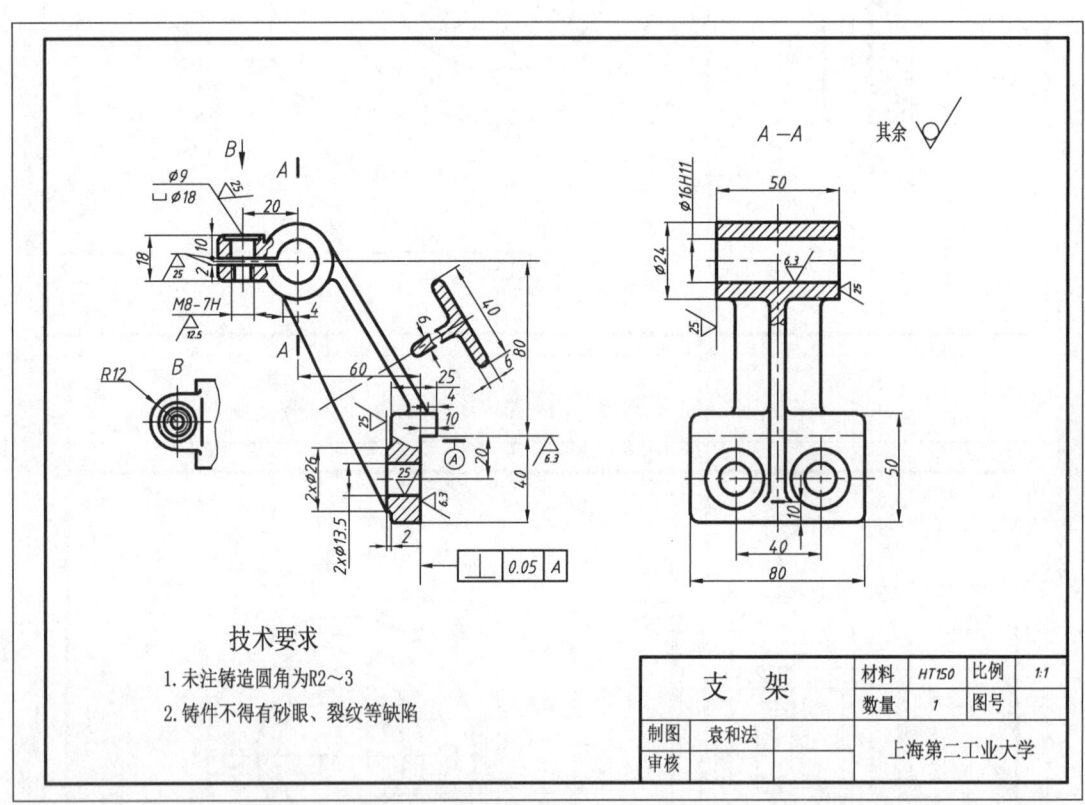

图6-18 支架零件图

4. 箱壳类零件的表达

箱壳类零件包括各种铸造类泵体、阀体、减速器箱体和各种塑料壳体等。这类零件其内、外结构形状一般都比较复杂，在产品中主要起包容、支承等作用。

铸造类箱体零件一般按照形状特征和工作位置选择主视图。通常采用各种视图和剖视图表达主要内外结构，如图6-19（一）(a)所示。由于这类零件的外形和内腔都比较复杂，所以采用的图形比较多。

图6-19（二）(b)所示为一塑料注塑成型的游戏手柄上盖。塑料注塑件加工是把熔融的塑料压

注进模具内，冷却后成型。这类零件虽然形体较为复杂，模具加工成本较高，但如果零件批量较大，生产成本就会降低，而且加工效率很高。

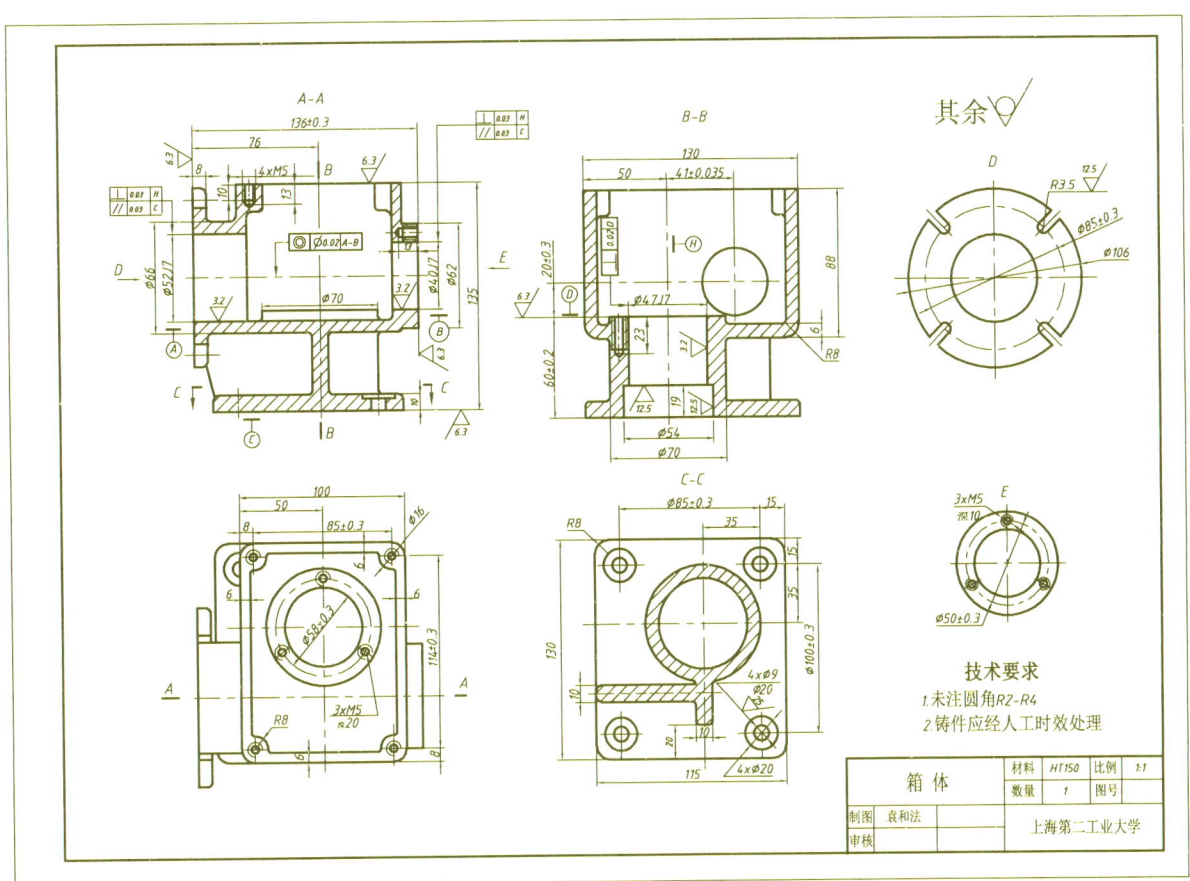

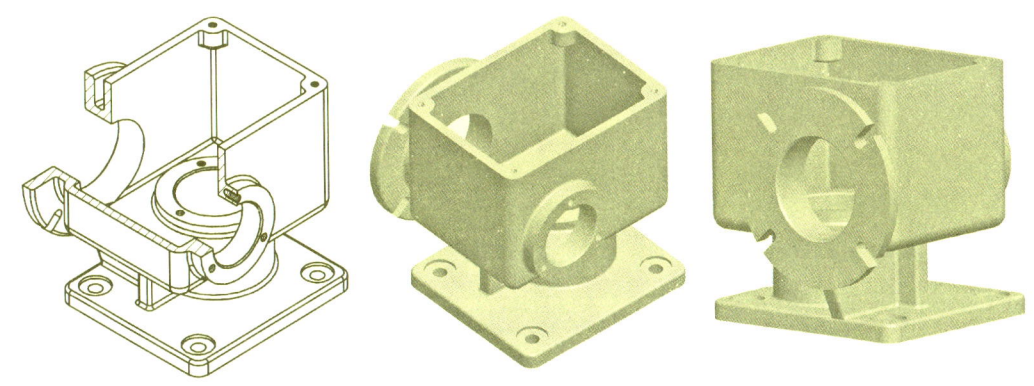

(a) 铸造箱体零件图

图 6-19（一） 零件图与立体图

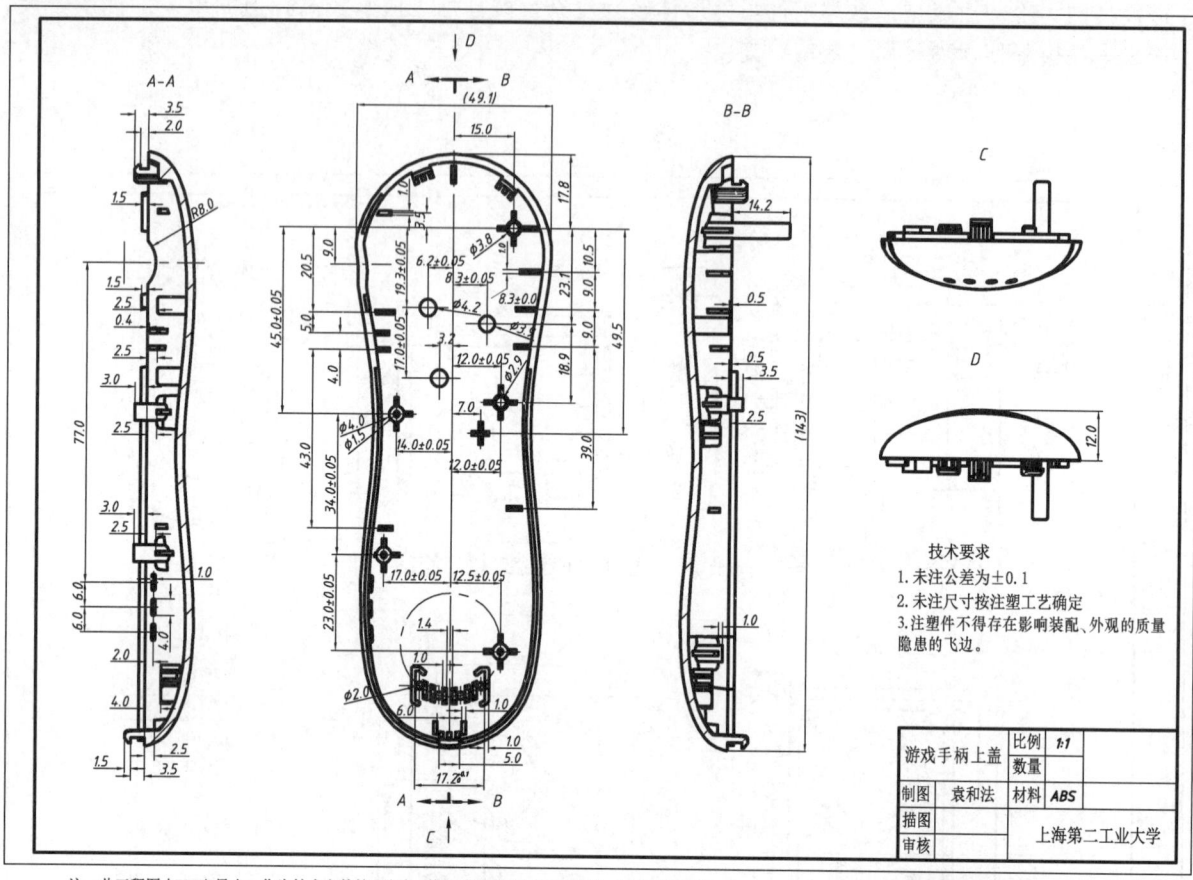

注：此工程图由PRO/E导出，作为技术文件管理参考，某些曲面尺寸由PRO/E确定，图中无法标注。

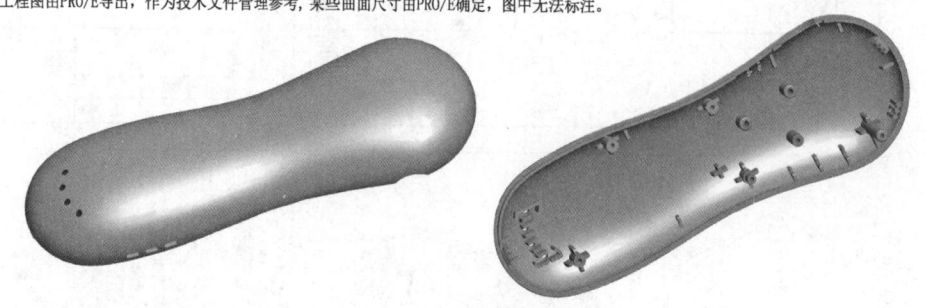

(b) 塑料壳体零件图

图 6-19（二） 零件图与立体图

6.2.5 零件的尺寸与技术要求

1. 零件的尺寸标注

零件图的尺寸标注，除了正确、完整、清晰外，还要合理，即尺寸标注既要符合零件的设计要求，又要便于加工和检验等工艺。这就要根据零件的设计和工艺要求，正确地选择尺寸基准和合理地标注尺寸。下面结合零件以图表形式对尺寸标注要点加以说明，如表 6-6～表 6-8 所示。

2. 零件的技术要求

零件图除了有图形和尺寸外，还必须有制造该零件时应该达到的一些使用和加工工艺要求，一般称为技术要求。它主要包括以下几个方面的内容：零件的表面粗糙度、尺寸公差及形状和位置公差等内容。下面对这些技术要求作简要的介绍，重点是在图样上的标注和阅读。

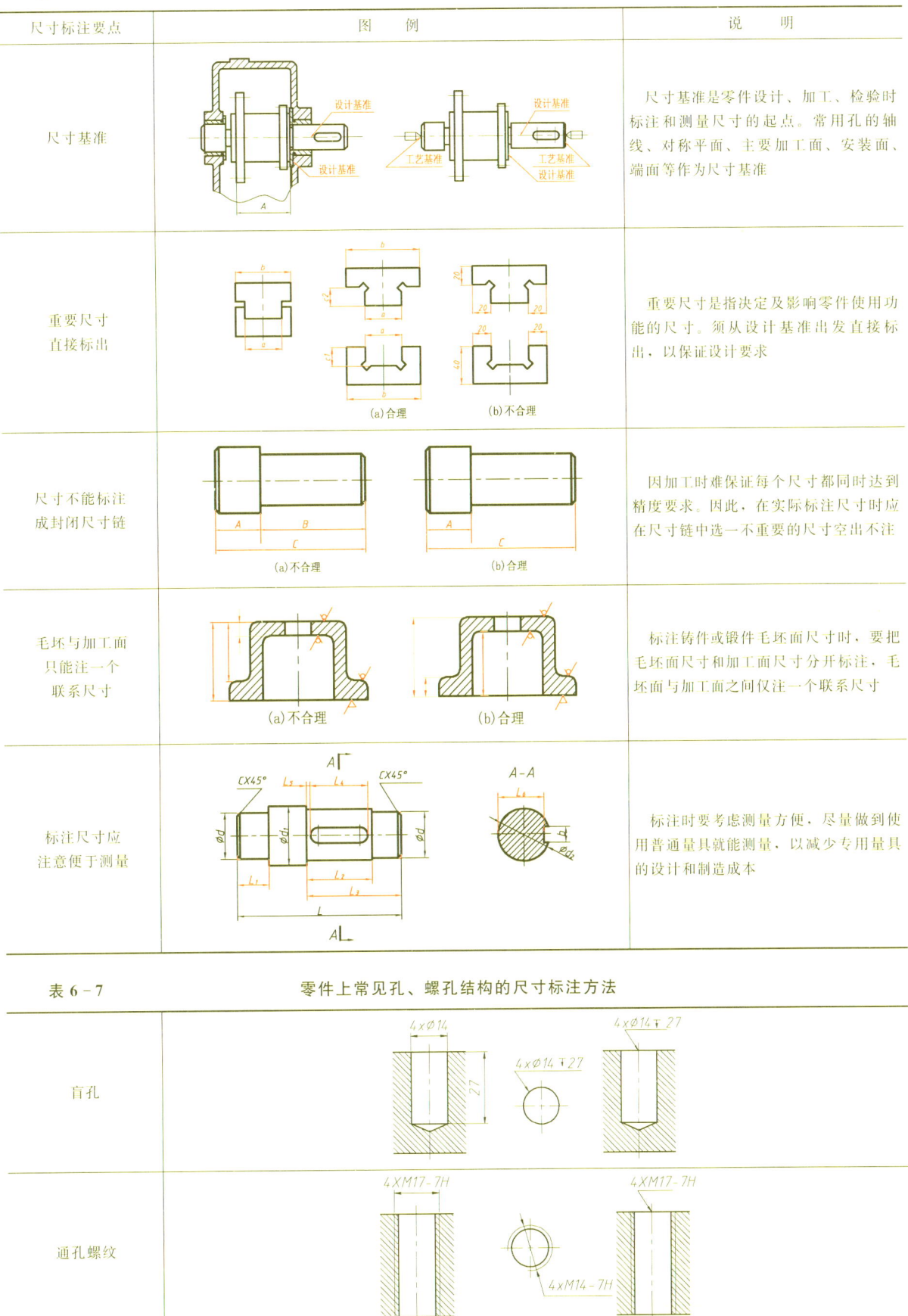

续表

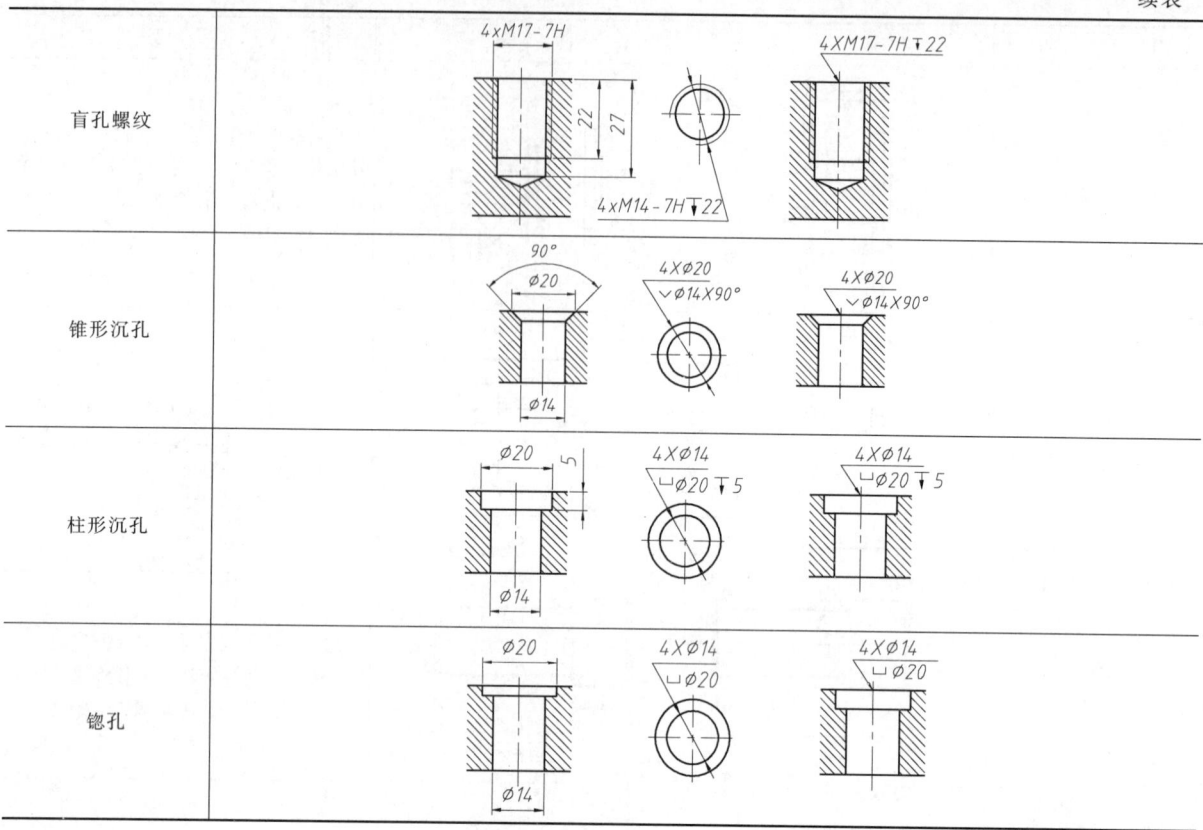

盲孔螺纹			
锥形沉孔			
柱形沉孔			
锪孔			

表 6-8 　　　　　　　　　　　　常用塑料注塑件脱模斜度

名　称	脱　模　斜　度	
	型　芯	型　腔
尼龙 PA	20′—40′	25′—40′
聚乙稀 PE	20′—45′	25′—45′
聚苯乙稀 PS	30′—1°	35′—1°30′
ABS	35′—1°	40′—1°20′

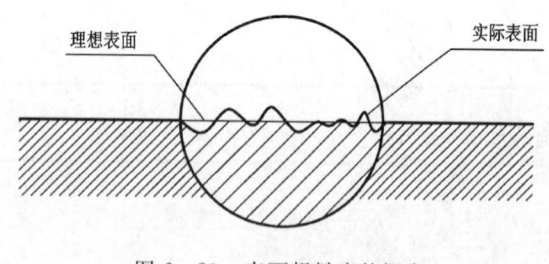

图 6-20　表面粗糙度的概念

(1) 表面粗糙度的概念和标注方法。

1) 表面粗糙度的概念。表面粗糙度是评定零件表面微观几何形状特征质量的一项技术指标，如图 6-20 所示。表面粗糙度是由于刀具的磨损，零件表面的塑性变形及机床的振动等因素的影响而产生的，它对零件的配合性质、耐磨性、抗蚀性、密封性等都有影响。因此，应根据零件的使用要求，在图样上对零件的表面粗糙度标出相应的要求。

2) 表面粗糙度的评定参数。主要有轮廓算术平均值（Ra）、轮廓最大高度（Ry）、微观不平度十点高度（Rz）三个。其中轮廓算术平均偏差 Ra 值最为常用。表 6-9 列出了 Ra 值的优先选用系列。

表 6-9 　　　　　　　　　　　　轮廓算术平均值 Ra 值 　　　　　　　　　　　　单位：μm

0.012	0.025	0.05	0.10	0.20	0.40	0.80
1.6	3.2	6.3	12.5	25	50	100

表面粗糙度的选择的一般原则如下：

a. 在满足零件表面功能要求的前提下，尽可能选用较大的表面粗糙度值，以降低成本。

b. 同一零件中，非工作面比工作面的表面粗糙度值大。

c. 配合表面精度愈高，表面粗糙度值愈小。

具体选用时，可参照生产中的实例，用类比法确定。

3) 表面粗糙度的标注方法。

a. 表面粗糙度的代号。在图样上，表面粗糙度应采用代号标注。表面粗糙度代号由符号及粗糙度值构成，表面粗糙度的符号及画法见表6-10。表面粗糙度高度值通常标注在符号上方，轮廓算术平均值的符号可省略，单位为 μm。表面粗糙度代号的意义见表6-11。

b. 表面粗糙度在图样上的标注方法。每个表面一般只标注一次表面粗糙度代号，其符号的尖端必须由材料外垂直指向材料表面，并应标注在可见轮廓线、尺寸线、尺寸界线或延长线上。具体标法见表6-12。

表 6-10　　　　　　　　　　　表面粗糙度的符号及画法

符 号	意 义
∨	基本符号。表示表面可用任何方法获得。当不加注粗糙度参数值或有关说明时，仅适用于简化代号的标注
∨	表示表面用去除材料的方法获得，如车、铣、钻、抛光、电火花或气割等
∨	表示表面用不去除材料的方法获得，如铸、锻、冲压、轧、粉末冶金等，或者是保持上道工序或原供应状态
∨ ∨ ∨	上述符号的长边上均可加一横线，用于标注有关参数和说明
∨ ∨ ∨	上述符号的长边上均可加一小圆，表示所有表面具有相同的表面粗糙度要求
∨	符号画法：$H = 1.4h$、线宽=b、h=字高

表 6-11　　　　　　　　　　　表面粗糙度的代号的意义

代 号	意 义	代 号	意 义
3.2	用任何方法获得的表面。Ra 的上限值为 $3.2\mu m$	3.2max	用任何方法获得的表面。Ra 的最大值为 $3.2\mu m$
3.2	用不去除材料的方法获得的表面。Ra 的上限值为 $3.2\mu m$	3.2max	用不去除材料的方法获得的表面。Ra 的最大值为 $3.2\mu m$
3.2	用去除材料的方法获得的表面。Ra 的上限值为 $3.2\mu m$	3.2max	用去除材料的方法获得的表面。Ra 的最大值为 $3.2\mu m$
3.2 / 1.6	用去除材料的方法获得的表面。Ra 的上限值为 $3.2\mu m$，下限值为 $1.6\mu m$	3.2max / 1.6min	用去除材料的方法获得的表面。Ra 的最大值为 $3.2\mu m$，最小值为 $1.6\mu m$

表 6-12　　　　　　　　　　　表面粗糙度的标注方法

图 例	说 明	图 例	说 明
	代号中数字的方向必须与尺寸数字方向一致，对其中使用最多的一种代（符）号可以统一标注在图样右上角，并加注"其余"，且应比图形上其他代（符）号大 1.4 倍		螺纹的表面粗糙度注法
	当零件所有表面具有相同的粗糙度时，其代（符）号可在图样的右上角统一标注，且符号应较一般的大 1.4 倍		各倾斜表面代号的注法，符号的尖端必须从材料外指向表面
	零件上连续表面及重复要素（孔、槽、齿等）的表面，只标注一次		用细线相连的表面仅标注一次

(2) 尺寸公差的概念和注法。

在批量生产时，从一批加工好的相同规格的零件中任取一件，不经挑选和修配，就能顺利地装配到有关部件或机器上，并能满足设计和使用要求，即零件具有可以相互替换使用的性能，称为零件的互换性。尺寸公差和配合是实现零件互换性的基本条件。

1) 尺寸公差的定义和术语。

在零件加工过程中，为了保证互换性，必须将零件尺寸的加工误差控制在一定的范围内，规定出尺寸的变动量，如图 6-21 所示。这个允许的尺寸变动量称为尺寸公差，简称公差，公差的有关术语和定义如下。

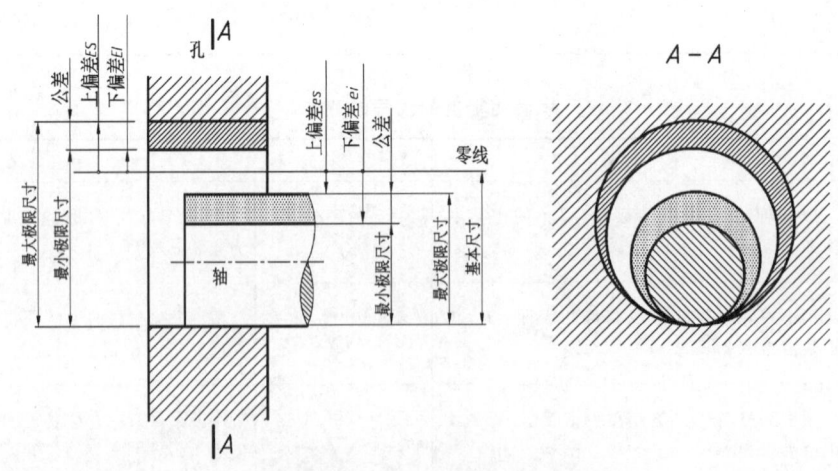

图 6-21　公差的概念

a. 基本尺寸：根据零件强度、结构和工艺性要求设计确定的尺寸。

b. 实际尺寸：通过测量所得的尺寸。

c. 极限尺寸：允许尺寸变化的两个界限值（实际尺寸应位于其中，零件才是合格的），其中最大的一个称为最大极限尺寸，最小的一个称为最小极限尺寸。

d. 尺寸偏差：某一尺寸减去其基本尺寸所得的代数差。尺寸偏差有：

上偏差＝最大极限偏差－基本尺寸。

下偏差＝最小极限偏差－基本尺寸。

上下偏差统称为极限偏差，其值可正、可负、可为零。国标规定：孔的上偏差用 ES 表示，下偏差用 EI 表示。轴的上偏差用 es 表示，下偏差用 ei 表示。

e. 尺寸公差（简称公差）：允许尺寸的变动量。

尺寸公差＝最大极限尺寸－最小极限尺寸＝上偏差－下偏差

尺寸公差恒为正值，不能为负值，也不能为零。

f. 公差带图、公差带和零线：将尺寸公差与基本尺寸的关系按放大比例画成的简图称为公差带图，如图 6-22 所示。

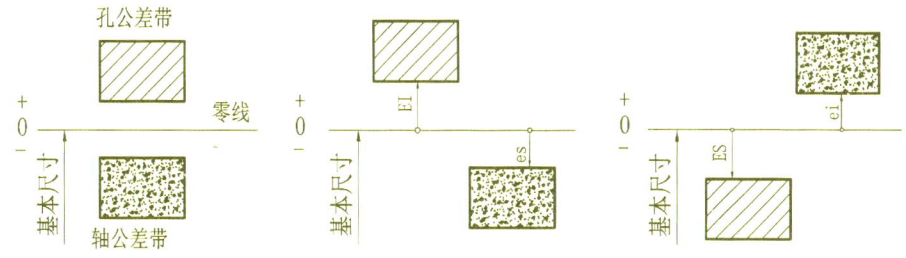

图 6-22 公差带图及基本偏差

g. 标准公差与公差等级：标准公差是指国家标准所列的用以确定公差带大小的任一公差，公差等级是确定尺寸精确程度的等级。标准公差分为 20 个等级，依次为 IT01，IT0，IT1…IT18，精度由高到低，IT 为标准公差代号，数字表示公差等级。对于一定的基本尺寸，公差等级越高，标准公差值越小。

h. 基本偏差：用以确定公差带相对零线位置的上偏差或下偏差，一般指靠近零线的那个偏差。

根据需要，国标分别对孔、轴各规定了 28 个不同的基本偏差等级，如图 6-23 所示。各公差带只封闭了标志基本偏差的一端，而开口的另一端由公差等级决定。公差与上、下偏差之间有如下公式：

孔：ES＝EI＋IT

轴：es＝ei＋IT

i. 公差带代号：由基本偏差代号与公差等级代号组成，如 $\phi 60H8$ 中的 H8，表示基本偏差为 H，公差等级为 8 级的孔的公差带。

2）尺寸公差的标注。

尺寸公差在零件图上的标注有三种形式：

a. 只标注公差带代号，如图 6-24（a）所示。此标注法多用于大批量生产，图中 $\phi 30H8$ 的含义为：基本尺寸为 $\phi 30$，基本偏差为 H，公差等级为 8 级的孔的公差带。$\phi 30f7$ 含义为：基本尺寸为 $\phi 30$，基本偏差为 f，公差等级为 7 级的轴的公

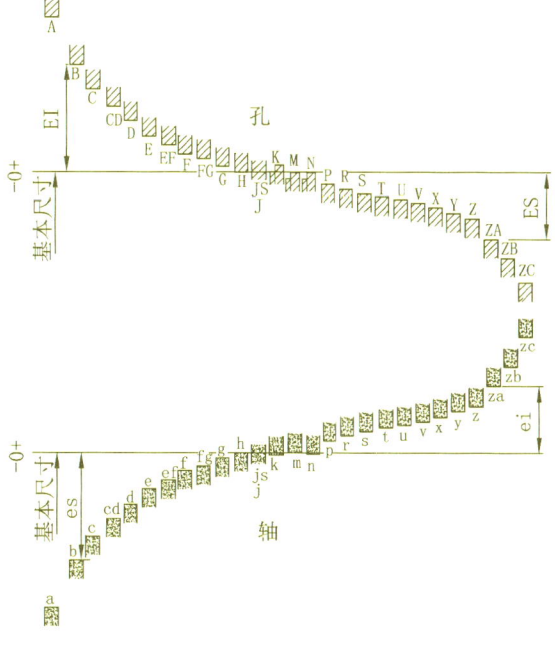

图 6-23 基本偏差系列

差带。

b. 只标注上下偏差数值，如图 6-24（b）所示，此注法是最常用的一种标注方法，多用于小批量生产中。

c. 同时标注公差带代号和偏差数值，如图 6-24（c）所示。此时，偏差数值应用圆括号，此标注方法多用于新产品开发阶段。

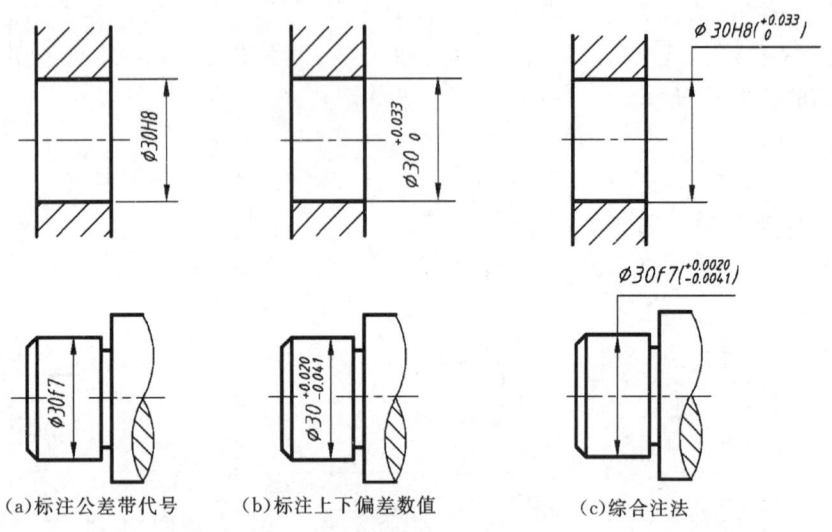

图 6-24　零件图中尺寸公差的标注

（3）形状和位置公差简介。

1）形状和位置公差的基本概念。

零件经加工后，不仅会产生尺寸误差，还会产生几何形状与位置的误差。对于精度要求较高的零件，必须对其形状与位置误差给予一定的限制，即对其提出形状和位置公差要求。

a. 形状公差：实际形状相对于理想形状所允许的变动全量。

b. 位置公差：实际位置相对于理想位置所允许的变动全量。

2）形状和位置公差的项目和符号。

形状与位置公差共有 14 项，其项目名称及符号见表 6-13。

表 6-13　　　　　　　　　　形位公差各项目的名称和符号

分　类	项　目	符　号	分　类	项　目	符　号
形状公差	直线度	—	位置公差	平行度	∥
	平面度	▱	定向	垂直度	⊥
	圆度	○		倾斜度	∠
	圆柱度	⌭	定位	同轴度	◎
	线轮廓度	⌒		对称度	=
	面轮廓度	⌓		位置度	⊕
			跳动	圆跳度	↗
				全跳度	⌮

3）形状和位置公差的标注。

形位公差在图样中一般采用代号标注，当无法采用代号标注时，允许在技术要求中用文字说明。形位公差代号由公差项目符号、框格、指引线、公差数值及其他内容组成，具体见图 6-25。

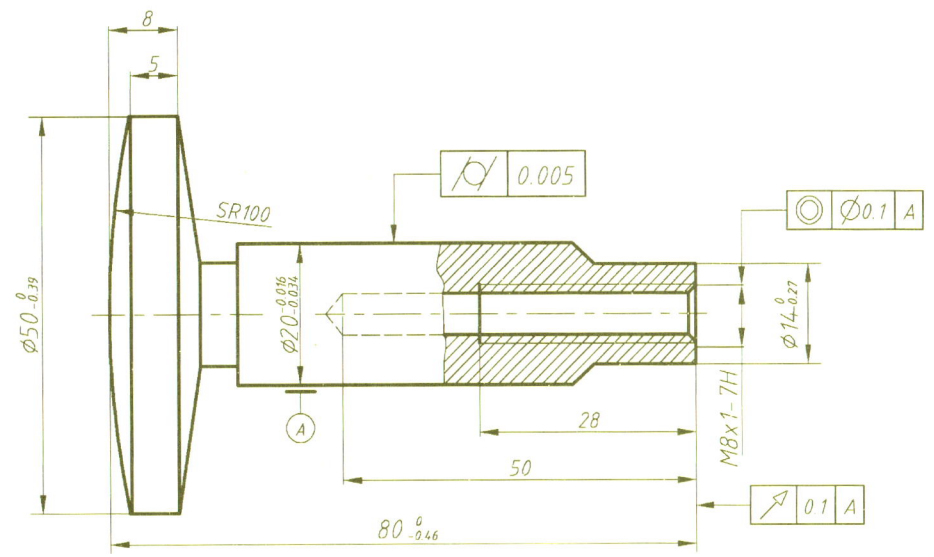

图 6-25 形位公差标注

形位公差标注的要点：

a. 被测要素。当被测要素是表面或线时，指引线的箭头应指向该要素的轮廓线或其延长线上，并且应明显地与该要素的尺寸线错开；当被测要素为轴线、球心或对称中心面时，指引线的箭头应与该要素的尺寸线对齐。

b. 基准要素及基准的标注。基准要素可用基准代号来标注，基准代号由基准符号（加粗的短划）、圆圈、连线或字母组成，如图 6-25 所示。

c. 当基准要素为表面或线时，基准符号应靠近该要素的轮廓线或延长线标注，并与该要素的尺寸线明显错开。

d. 当基准要素为轴线、球心或对称中心面时，基准符号应与该要素的尺寸线对齐。

4) 形位公差标注实例，如图 6-25 所示。

⌀ 0.005 表示该阀杆杆身 φ20 的圆柱度公差为 0.005mm。

◎ φ0.1 A 表示 M8×1-7H 螺纹孔的轴线对于 φ20 轴线的同轴度公差为 φ0.1mm。

↗ 0.1 A 表示阀杆右端面对于 φ20 轴线的端面圆跳动公差为 0.1mm。

(4) 看零件图举例。

例题 1：看懂支架零件图并分析零件尺寸和技术要求，如图 6-18 所示。

看图步骤：

1) 概括了解。从标题栏可知零件名称为支架，它起支撑其他零件作用。支架类零件结构特点一般由支撑、连接和固定（或安装）三个部分组成。材料为灰口铸铁、牌号 HT150。

2) 视图分析。由于支架结构较为复杂，加工工序较多，因此，零件一般采用工作位置作为主视图投影方向。本件用了四个视图反映支架的形体特征：主、左视图采用局部剖视图，以表达支架工作和夹紧部分的内部结构。为了表示主视图左上部分夹紧螺孔部分凸缘的形状，采用了 B 向局部视图。T 形肋板的断面形状用移出断面表达。主视图下方的 L 形安装板也作了局部剖视，反映了安装孔。

3) 尺寸分析。从图 6-18 中可看出，支架长度方向的主要尺寸基准是安装板的右端面，圆筒 φ16H11 的轴线为辅助基准，相应的定位尺寸为 60、4、20；高度方向基准为圆筒 φ16H11 的轴线，定位尺寸为 80、20、2；宽度方向基准为左视图上支架的对称平面，定位尺寸为 40。支架的总体尺寸为：总长（R12+20+60+10）；总高（12+80+40）；总宽为 80。其余为定形尺寸。

4) 了解技术要求。配合面的尺寸公差有 φ16h11。垂直安装面对水平安装面（基准 A）的垂直度公差0.05mm。表面粗糙度要求最高的表面是φ16h11的孔和安装面，其$Ra=6.3$；其次是左端面上夹紧螺孔$Ra=12.5$和安装板左侧面$Ra=25$；图样右上角的"其余"说明支架的其余表面均保持上道工序的状态。对图上的技术要求也要逐条看懂，以便制造和检验。

例题2：看懂缸体零件图并分析零件尺寸和技术要求，如图6-26所示。

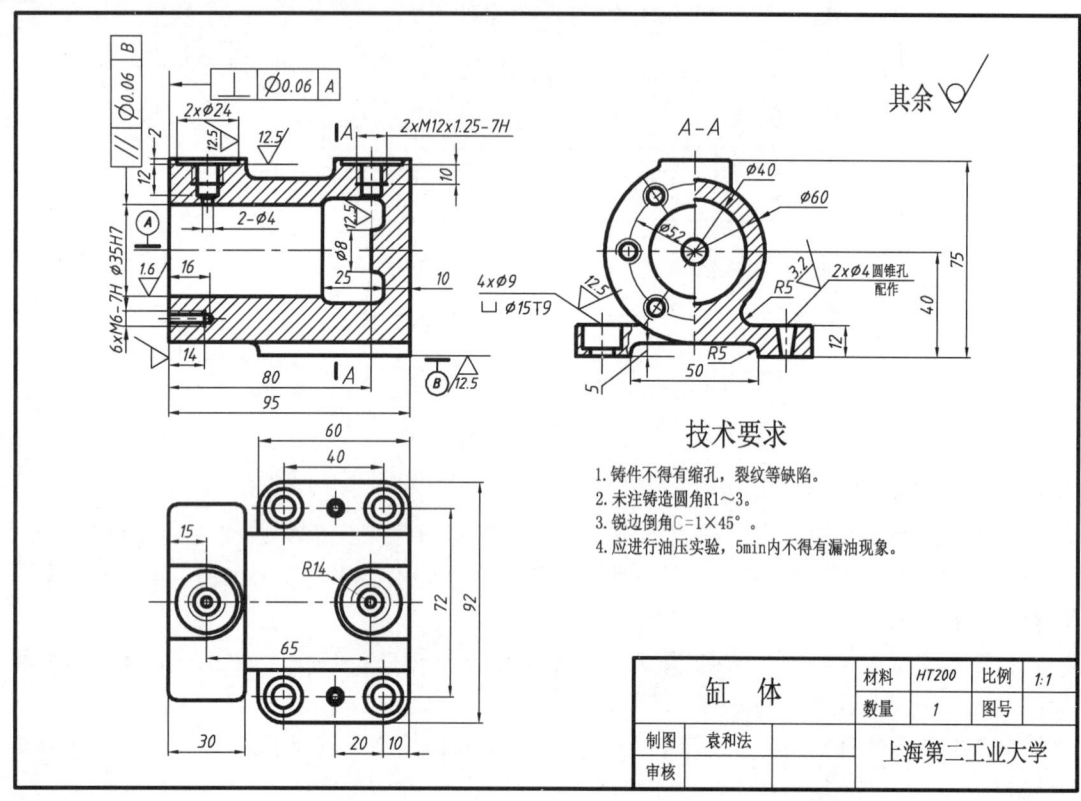

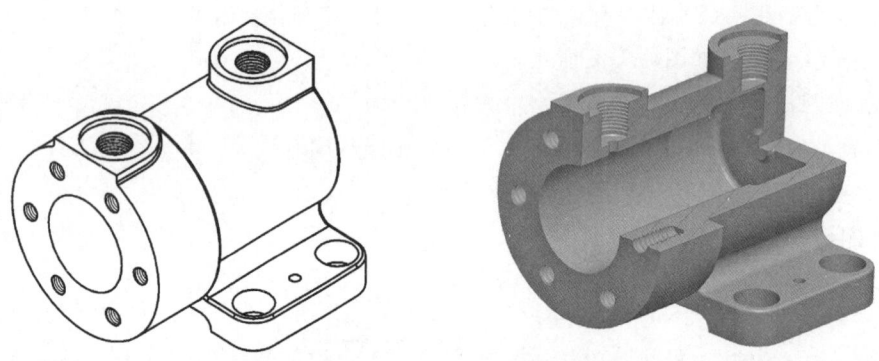

图6-26 缸体立体图和零件图

看图步骤：

1) 概括了解。从标题栏可知零件为缸体，它是液压油缸的主要零件，用来安装和支承缸体内外部的活塞、活塞心轴和缸盖等零件。材料为铸铁，牌号HT200，图样比例1∶1。

2) 视图分析。缸体零件图有三个基本视图，主视图是全剖视图，剖切平面在对称面位置，故剖视图省略标注。主视图按工作位置放置，反映缸体的内部结构形状。左视图A-A为半剖，剖切平面通过销孔轴线，既表达内形，又反映外形。左视图还采用了局部剖视表达底板通孔的结构形状。

缸体结构形状分析。缸体是两端有凸台的圆筒，下面有带圆角的长方形底板，两个凸台均有螺孔，圆筒左端有六个均布的螺孔。在缸体里面，右端有个φ8的小凸台，小凸台用来限制活塞的移动位置。底板上有四个带沉孔的安装孔和两个定位圆锥销孔，底面有通槽。上面有两个通油的螺孔。通过对缸体各部分结构形状分析，可以想象出缸体的整体形状。如图 6-26 所示立体图。

3）尺寸分析。从图 6-26 中分析可知，长度方向的尺寸基准选在左端面，它是缸体和缸盖的结合面，与它有关的定位尺寸是 15。宽度方向以缸体前后对称平面为尺寸基准，与它有关的定位尺寸是 72。高度方向的尺寸基准为缸体底面，与它有关的定位尺寸是 40。$\phi35H7$ 的轴线是高度方向的辅助基准，定位尺寸 $\phi52$。在缸体的尺寸中，孔 $\phi35H7$ 的轴线与底面之间的距离或中心高 40、凸台螺孔的定位尺寸 15 和 65、安装孔的中心距 72、40 和螺钉孔定位圆直径 $\phi52$ 等都是重要尺寸，右端壁厚 10 直接标出。

缸体各组成部分的尺寸，尽量标注在反映该部分形状最明显的视图上。如主视图上，标注缸体直径 $\phi35H7$ 和长度方向的尺寸。底板长、宽方向的定位尺寸 60、92 和其上分布的沉孔、销钉孔的定位尺寸 40、72、10 和 20 也标注在俯视图上，而孔的定形尺寸 $4\times\phi9$、沉孔 $\phi15$、$2\times\phi4$ 锥销孔配作则标注在左视图上。

4）技术要求分析。配合面标有尺寸公差 $\phi35H7$；左端面对轴线的垂直度公差 $\phi0.06mm$；$\phi35H7$ 孔轴线对底面的平行度公差 $\phi0.06mm$。表面粗糙度要求最高的表面是 $\phi35H7$ 的孔表面，其 $Ra=1.6$，其次是左端面 $Ra=6.3$，再次是安装底面和小凸台端面 $Ra=12.5$；销孔要求装配时加工，其粗糙度要求较高，为 $Ra=3.2$。图样右上角的"其余"说明缸体的其余表面均不作切削加工。

6.3 装配图的表达

6.3.1 装配图内容和作用

装配图的作用是表示机器或部件的工作原理、基本结构、技术要求和零件之间的装配关系。图 6-27 是空气净化器的装配图，一张完整的装配图应包括以下基本内容：

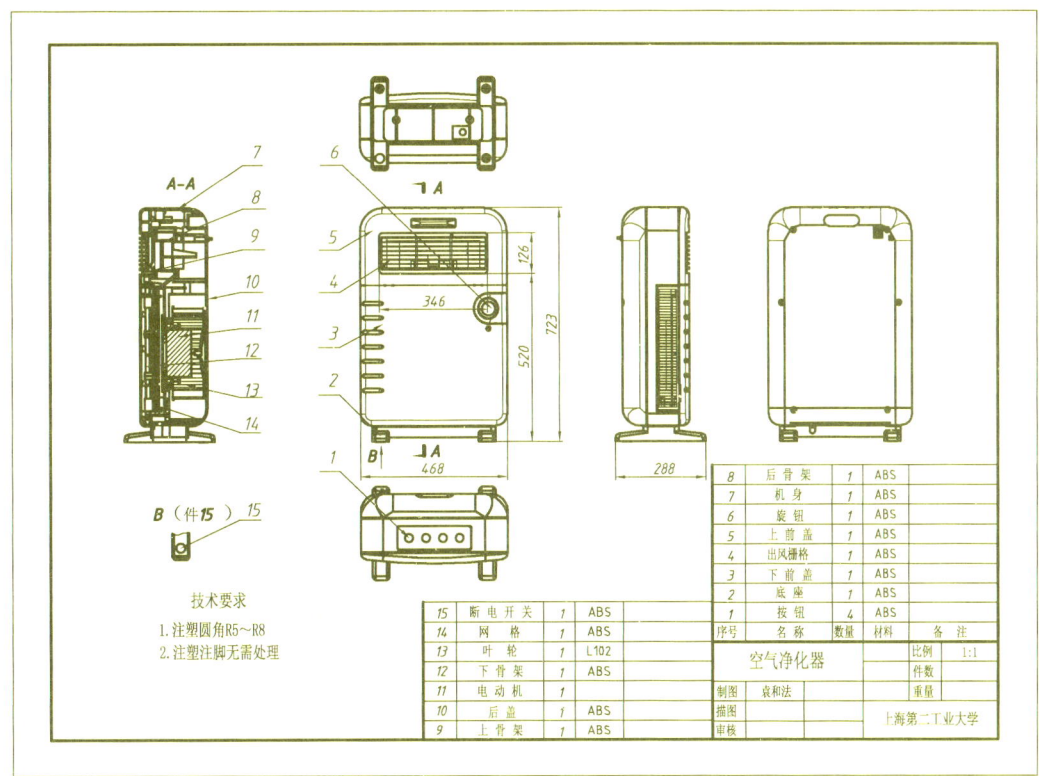

图 6-27 空气净化器的装配图

(1) 一组视图。用一组视图恰当地表达出产品或部件的工作原理、性能、零件之间的装配关系和连接方法及主要零件的结构形状。机件的各种表达方法都可用来表达装配体。同时，装配图还有一些特殊表达方法，如拆卸画法、假想画法等。

(2) 必要的尺寸。装配图上应表示产品或部件的规格、装配、外形和安装等所需要的尺寸。

(3) 技术要求。说明产品或部件装配、调整、检验和使用等所必须满足的技术条件。

(4) 零件的序号、明细栏和标题栏。装配图中的零件编号、明细栏用于说明每个零件的名称、代号、数量和材料等。

6.3.2 装配图的画法

1. 装配图的规定画法

两零件的接触面和配合面只画一条线，非接触面要画两条线，表示间隙存在；剖视图中相接触的两零件或多个零件的剖面线应相反或剖面线方向一致但间隔不相等；为简化作图，若剖切平面通过螺钉、螺栓、垫圈等紧固件和球、轴等实心杆件的轴线时，这些零件按不剖绘制，如图6-28千斤顶装配图所示。

2. 装配图的特殊画法

(1) 拆卸画法。为清楚地表明机器或部件的内部结构，可假想沿某些零件的结合面剖切，在结合面不画剖面线，其他被剖零件应画剖面线。为了表明被遮住部分的结构可以假想将某些零件卸去，然后画出视图，如图6-28中B向视图所示。用拆卸画法时，为了便于看图，应在所画的图样上方加注"拆去××"。

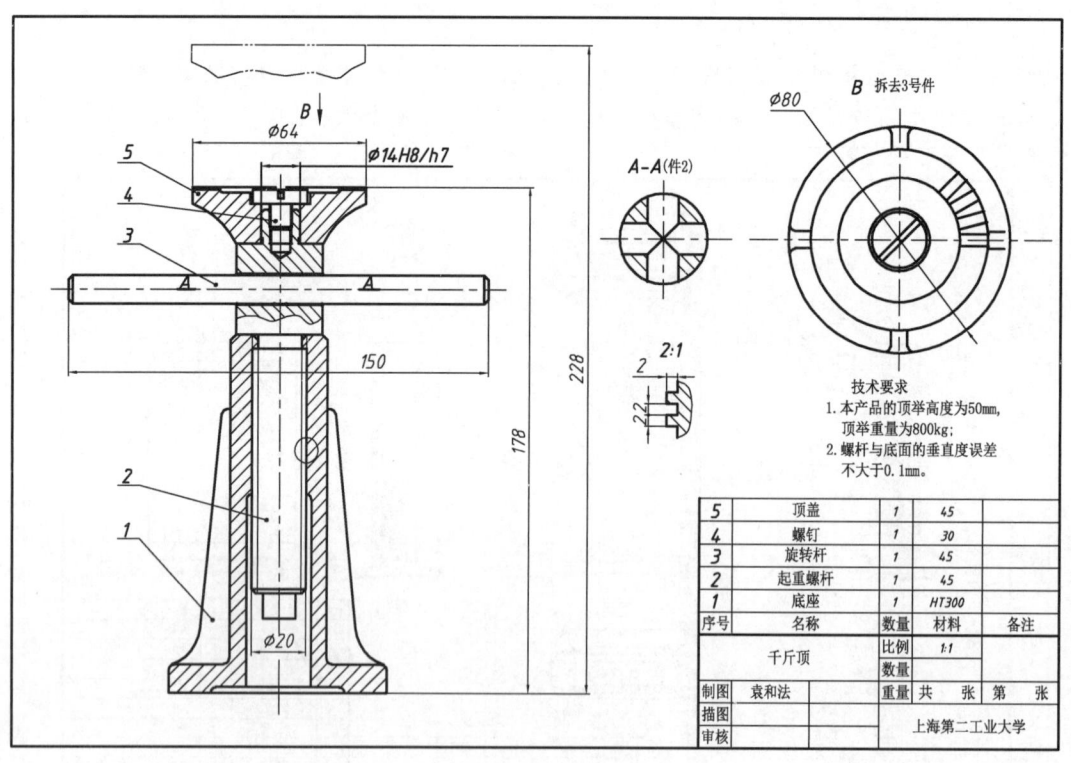

图6-28 千斤顶装配图

(2) 夸大画法。在画装配图时，对于薄片零件，微小间隙等结构，无法按实际尺寸画出时，可以按不等比例将其夸大画法，如图6-29透盖与箱壁之间的垫片。

(3) 简化画法。在装配图中零件的工艺结构如圆角，倒角退刀槽等可省略不画，螺母和螺栓等相同的零件允许采用简化画法。只画出一组，其余用点划线表示出其位置。表示滚动轴承或油封时，允许只画对称的一半,如图 6-29 所示。

(4) 假想画法。用双点划线表示运动件的权限位置时,用假想画法表达。如图 6-28 中千斤顶举高位置的表示画法。

(5) 单独表达某个零件的画法。在装配图中,当某零件的结构形状需要表示而又未能表示清楚时,可单独画出该零件的一个视图或几个视图,并应在视图的上方注出零件的编号和投影方向,如图 6-28 中零件 2 的 $A-A$ 断面图表示。

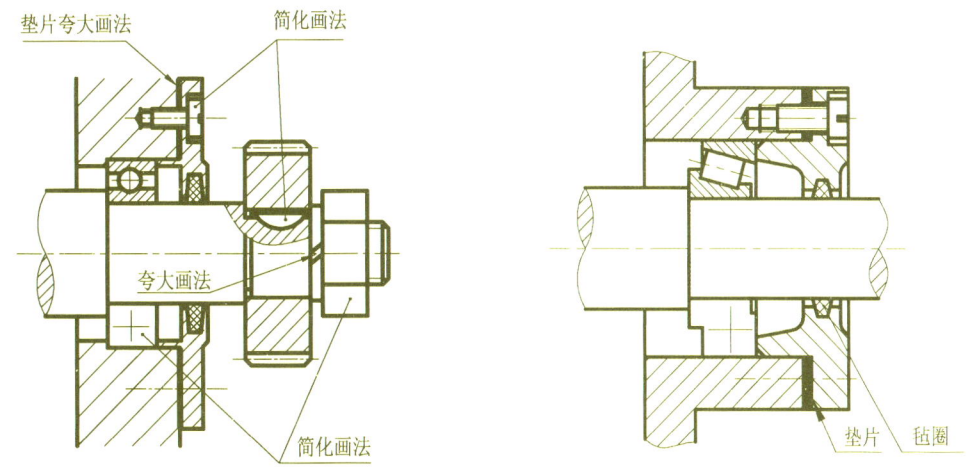

图 6-29 装配图中的夸大画法与简化画法

6.3.3 装配图中常见的装配结构

在绘制装配图时要注意装配结构的合理性,表 6-14 介绍了一些常见的装配结构及画法。

表 6-14 常见装配结构(一)

不合理的结构	合理的结构	说 明
		由于尺寸 L 的加工误差,无法保证两对平面同时接触
		由于尺寸 L 的加工误差,在轴向无法保证两对水平面同时结触
		由于尺寸 L 的加工误差,在径向无法保证两对圆柱面同时结触
		零件上孔的端面应当有较大的倒角,或者在轴肩处应当加工退刀槽

表 6-14　　　　　　　　　　　　常见装配结构（二）

不合理的结构	合理的结构	说　　明
		为便于装拆螺钉，零件的结构应当提供足够的安装空间
		为便于装拆螺钉，零件的结构应当提供足够的安装空间
		为便于装拆轴承，零件的轴肩或零件的孔肩不能超出轴承的内圈或轴承的外圈

表 6-14　　　　　　　　　　　　常见装配结构（三）

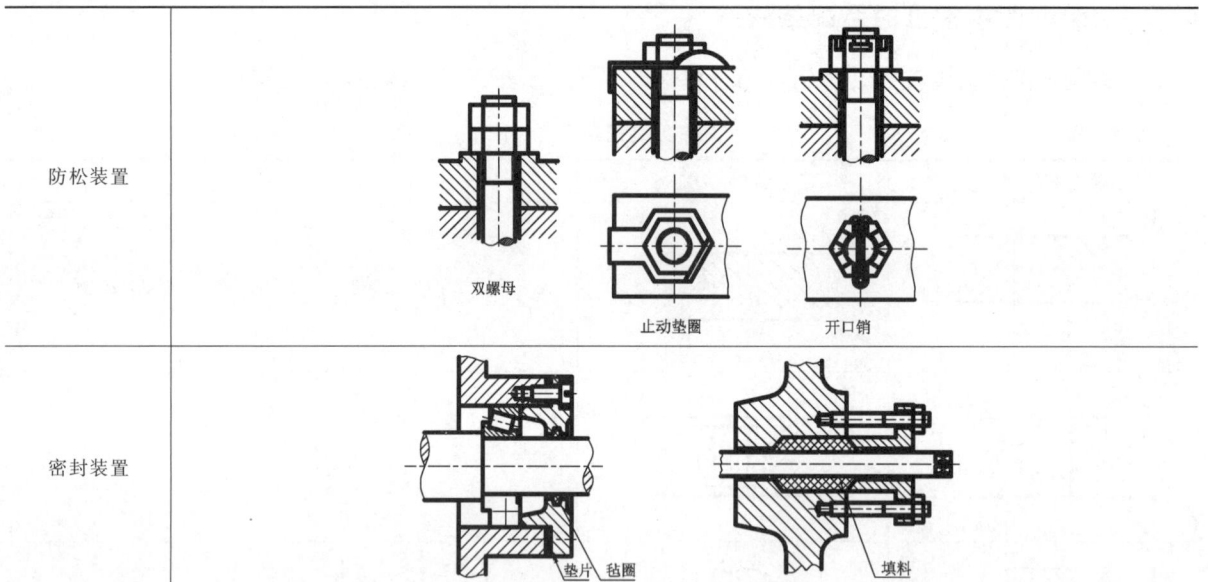

防松装置	双螺母　　　止动垫圈　　　开口销
密封装置	垫片 毡圈　　　填料

6.3.4 装配图的尺寸与技术要求

1. 装配图的主要尺寸

装配图的尺寸标注。由于装配图和零件图所表达的内容不同，因此在标注装配尺寸时，只需标出必要的尺寸，装配图的尺寸主要有以下几类。

（1）性能尺寸（规格尺寸）。主要是表示机器部件性能和规格的尺寸，它是设计和选用产品时的主要依据。如图 6-28 中千斤顶的螺杆直径 $\phi 20$ 为规格尺寸。

（2）装配尺寸（配合尺寸）。它包括保证有关零件间配合性质的尺寸，保证零件间相对位置的尺寸，装配时进行加工的有关尺寸，如图 6-28 中 $\phi 14H8/h7$ 为配合尺寸。

(3) 安装尺寸。产品或部件安装所需的尺寸。如图 6-32 虎钳装配图中的尺寸 114 和 $\phi 11$。

(4) 外形尺寸（又称总体尺寸）。表示装配体外形轮廓大小的尺寸，即总长、总宽、总高，它为包装、运输和安装过程所占的空间大小提供数据，如图 6-28 千斤顶部件的总高为 178 和 $\phi 80$。

上述五类尺寸有时并非孤立的，某些尺寸可能同时兼有两类或两类以上尺寸的性质，因此要具体分析。

装配图中的技术要求：主要是说明产品或部件在装配、检验、使用时应达到的技术性能及质量要求。具体内容根据装配体的要求而定，如图 6-28 所示。

2. 装配图上的配合尺寸与术语

零件在装配时，基本尺寸相同的相互结合的孔和轴公差带之间的关系称为配合。根据孔和轴配合松紧程度的不同，可将配合分为间隙配合、过盈配合和过渡配合三种，其具体含义和说明见表 6-15。

表 6-15　　　　　　　　　　配合性质、基准制及标注示例

配合性质	公差带位置及特点	标注示例	基准制
间隙配合	孔公差带在轴公差带之上	标注配合代号　标注偏差数值	基孔制 最大间隙 0.074mm 最小间隙 0.020mm
过渡配合	孔公差带与轴公差带交叉或包容	标注配合代号　标注偏差数值	基轴制 最大过盈 0.016mm 最大间隙 0.037mm
过盈配合	轴公差带在孔公差带之上	标注配合代号　标注偏差数值	混合制 最大过盈 0.043mm 最小过盈 0.018mm

6.3.5 装配图的零件序号及明细栏

产品或部件是由若干零件组成的，所有的零件都必须在装配图上编号并填写在明细栏中，以便读图时根据编号，了解零件的名称、材料、数量及其在图上的位置，同时方便图样的管理。

1. 零部件的序号及其编排方法规则（GB/T 4458.2—2003）

(1) 序号应注在图形轮廓的外边，并填写在指引线的横线上或圆圈内，引线端头画一圆点或箭头并用细实线引出。序号字体要比尺寸数字大一号或两号，如图 6-30 所示。

(2) 指引线相互不能相交，当通过剖面线的区域时，要尽量不与剖面线平行，必要时可画成折线，但只允许折一次。

(3) 装配图上每种零件都要编序号，相同的零件在视图上只编一个序号。

(4) 一组紧固件或装配关系清楚的零件组，可用公共引线，如图 6-30 所示；标准部件在装配图中只注写一个序号，如图 6-27 空气净化器装配图中的电动机。

(5) 一般从主视图开始编号，序号应按顺时针或逆时针方向编号，整齐均匀地排列在同一水平线和垂直线上，如图 6-28 所示。

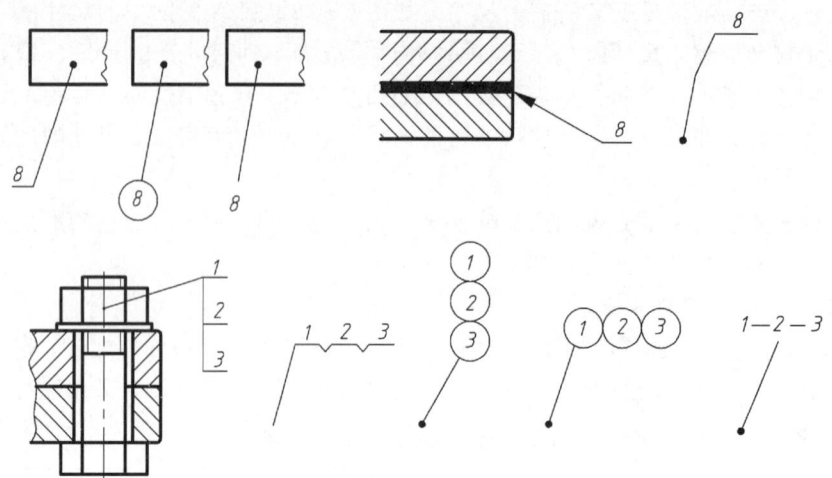

图 6-30 零件序号和指引线

2. 明细栏绘制要求

（1）明细栏是产品或部件中全部零件部件的详细目录。明细栏中零件序号必须自下而上填写，明细栏中的序号与装配中所编序号必须一致。其内容一般有序号、名称、数量、材料以及备注项目。

（2）明细栏一般配置在装配图的标题栏的上方，左边线为粗实线。内格线和顶线，用细实线画出。国家标准推荐规定的标题栏和明细栏的内容较多、较复杂，在学校的制图作业中可以简化。建议采用如图 6-31 所示的简化标题栏和明细栏绘制。图 6-27 和图 6-28 为装配图。

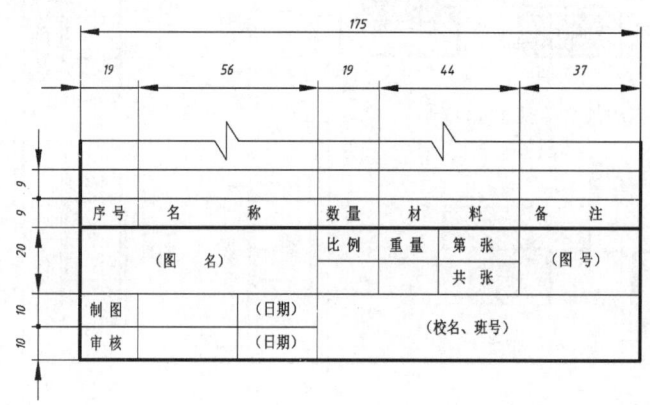

图 6-31 简化的标题栏和明细栏

6.3.6 装配图的绘制与阅读

1. 画装配图的步骤和方法

以图 6-32 虎钳装配图为例，简述用仪器绘制装配图的方法和步骤：

（1）了解所画机器或部件的工作原理、装配关系及主要零件的结构特征等。

虎钳是安装在机床工作台上，用来夹紧工件以便进行加工的夹具。其工作原理是用手柄转动螺杆 7，螺杆带动螺母 8 使活动钳口 4 沿着钳座 1 作直线运动，这样，使钳口闭合和开放，即可夹紧或拆装工件。

（2）确定视图表达方案。

通过以上分析，依照装配图的表达目标，首先选择主视图，再选定其他视图。经过各种表达方案的比较，最后确定较合理的表达方案。虎钳的表达方案选择如图 6-32 所示。

（3）确定绘图的比例和图幅（因仪器绘图的图形不易更改）。

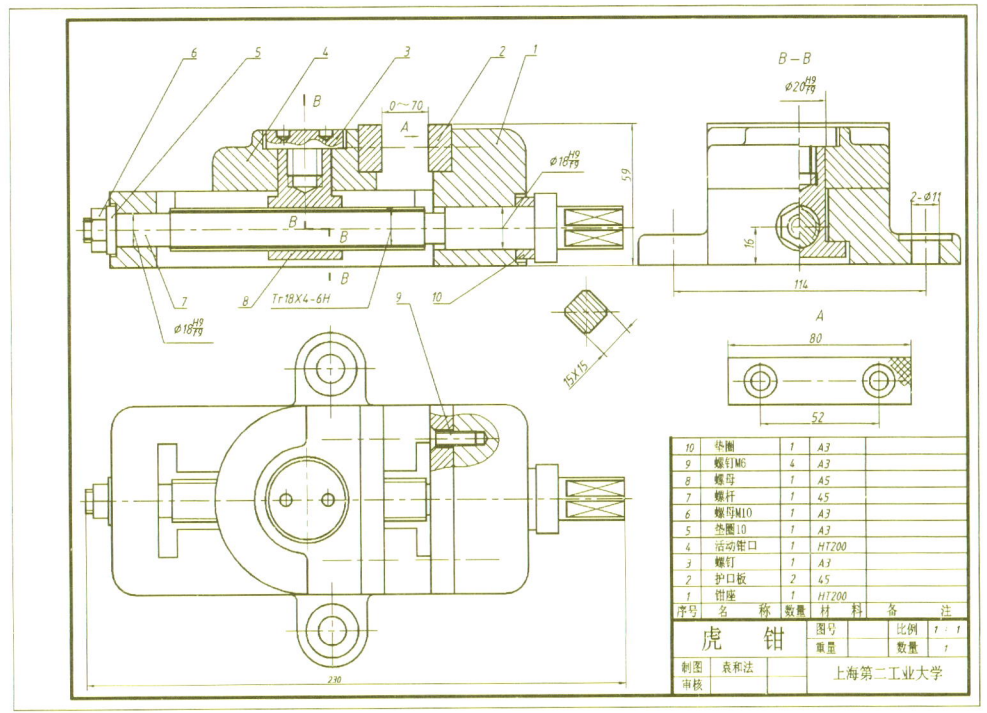

图6-32 虎钳装配图

在绘图之前必须再按照绘图比例要求考虑图形、尺寸、编写序号、明细栏等的大小和布置图面，从而确定图幅。

（4）根据选定的表达方案和图面布置在图纸上画出各视图的对称中心线和主要的基准线，同时画出标题栏和明细表的位置，如图6-33所示。

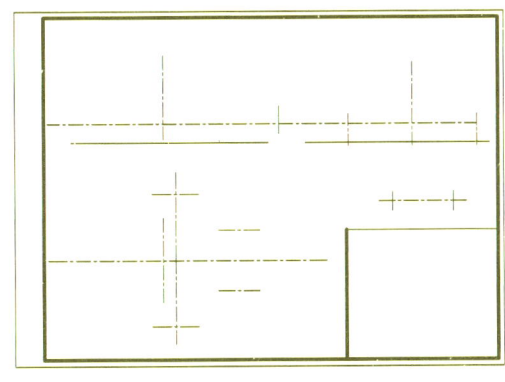

图6-33 图面布置

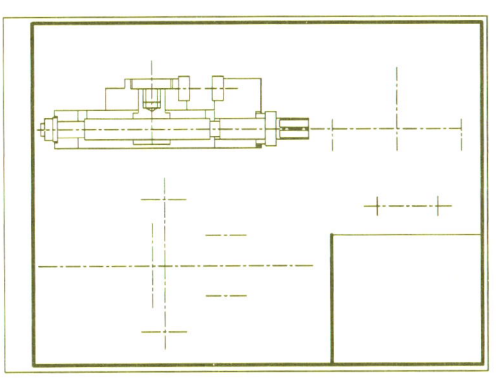

图6-34 画主观图

（5）画主视图。

由主体零件或重要零件的轮廓形状开始。虎钳应当先画螺杆，然后再画其上装配的其他零件。通过画螺母8而确定其上的活动钳口和螺钉等的位置。画图时要注意各零件之间的定位关系和遮挡外露的可见性，如图6-34所示。

（6）画其他视图同时根据各视图之间的对应关系，画好各个视图的细部，如图6-35所示。

（7）检查修改底稿图形、标注尺寸、编写零件序号、填写明细表、标题栏和技术要求，最后描深完成全图，如图6-32所示。

2．读装配图

看装配图基本方法是，首先看标题栏和明细栏，了解是什么装配体，零件的数量和复杂程度；然

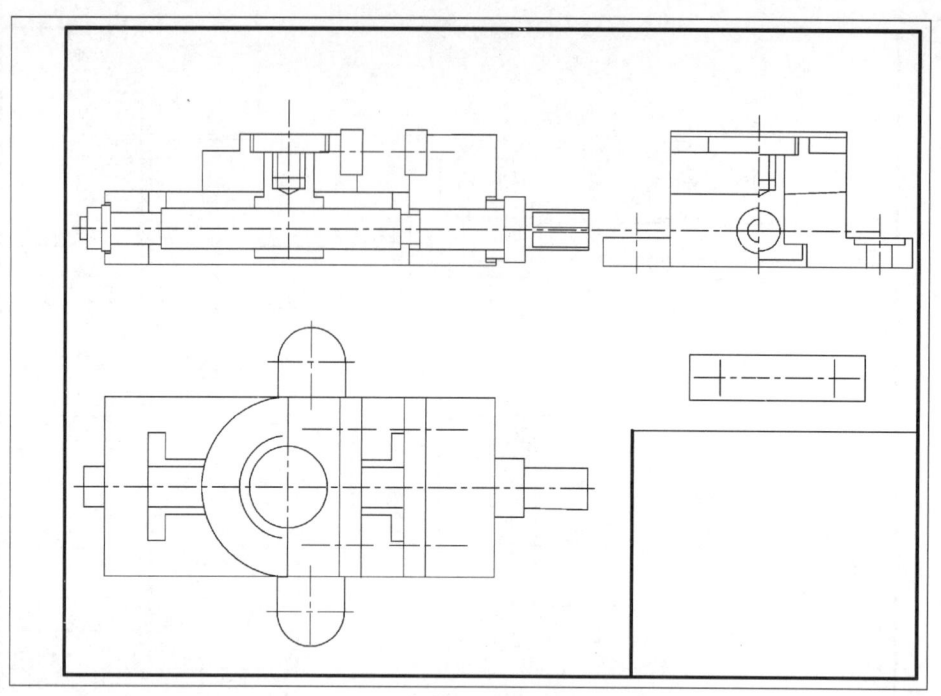

图 6-35　画各视图细部

后分析其表达方法,看懂其工作原理和主要零件之间的装配关系及装配次序;最后分析其主要尺寸和技术要求。图 6-27、图 6-28 和图 6-32 等装配图都可作为师生看装配图例子,在此不作展开和分析。

6.4　工业设计制图应用与实例

在产品设计展开实施中,需要各种形式的图样。一般程序是在接受设计委托后,设计者首先展开调查研究,着手草图构思,进行设计创意,然后优化设计方案,提交初步设计图样。这一阶段经常使用产品设计草图,如图 6-36 所示。在设计草图基础上绘制设计效果图并给出外形尺寸图,如图 6-37 和图 6-38 所示,提供给客户确认设计方案。在方案确定后,要提供加工制造和检验使用的产品图样,一般称为工程图,如图 6-39~图 6-42 所示。在产品使用和维修说明书中也常需要产品爆炸图(也称分解图),如图 6-43 所示。在工业设计中,上述的这些图样都会用到,学生应有一定的了解和认识。

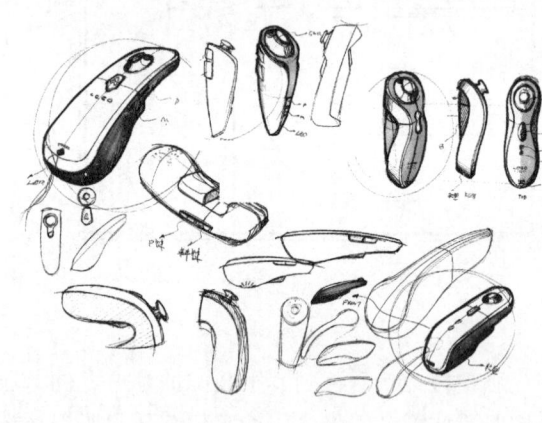

图 6-36　设计草图

工业设计中经常使用的图样大体可分为四类:第一类是产品外形尺寸图,它们表达的是产品外观总体造型和总体结构的图样,如正投影的三视图或立面图、平面图。这类视图一般只需标注外形尺寸,让用户了解产品的大小,常用于产品说明等。第二类是产品效果图,这类图样主要表达产品外观造型、构造、材质、色彩等效果。第三类是产品工程图,如产品零件图与装配图,它们是零件加工和产品装配的重要技术依据。第四类是产品分解图,这类图样主要用于产品使用和维修说明书中。

下面结合一个完整的产品设计实例对上述图样加以介绍和说明。

6.4.1 产品设计草图和效果图

产品设计草图是以透视图为基础，以概括线条徒手快速表现产品外观的图样，图 6-36 是游戏手柄设计草图。产品效果图是预期的设计外观效果图，它以色彩来塑造和渲染产品的逼真气氛及设计特点，是设计师提供给客户选择方案的图样。效果图具有较强的艺术感染力，在工业设计中采用的效果图有手绘效果图和电脑效果图，图 6-37 是手绘效果图，图 6-38 是电脑效果图。

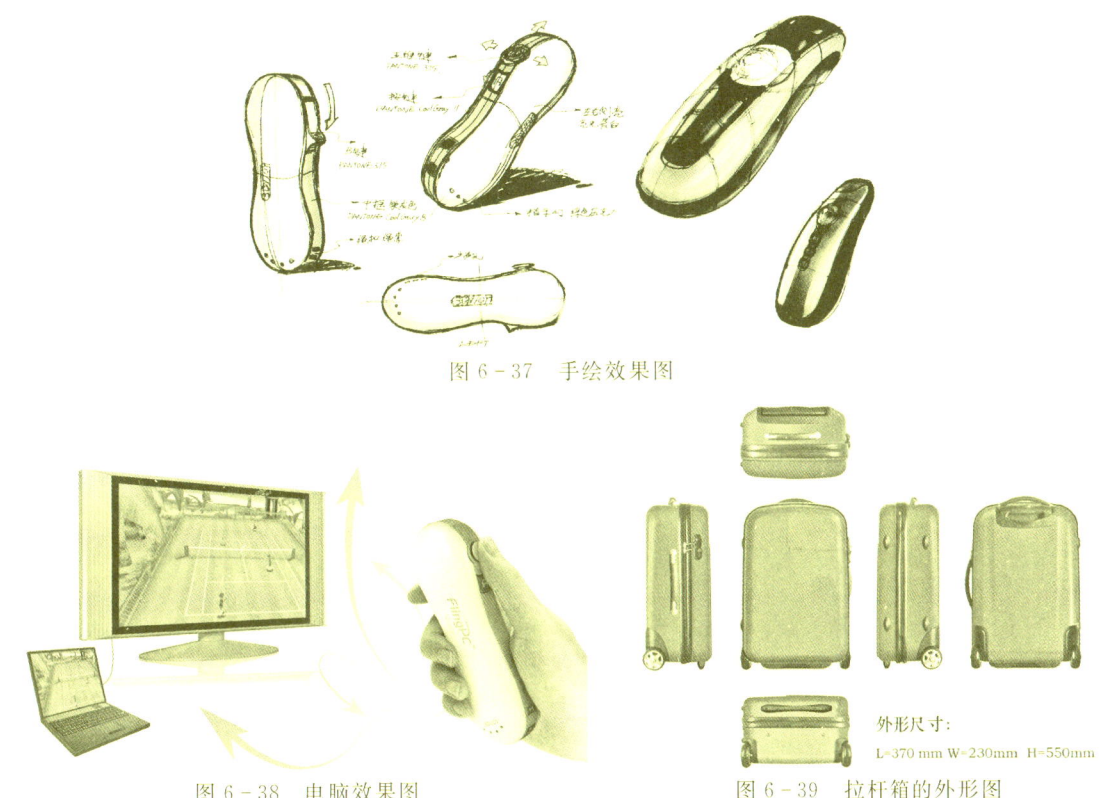

图 6-37　手绘效果图

图 6-38　电脑效果图

图 6-39　拉杆箱的外形图

6.4.2 产品外形尺寸图

产品外形尺寸图常用的是三视图或六视图来反映产品的大小、主要特征和设计风格，如图 6-39 和图 6-40 所示。产品外形尺寸图一般仅用可见轮廓线表示，并配以产品总长、总宽、总高外形尺寸及其他重要尺寸，为产品包装、安装等提供依据。在设计方案表达中也可用具有色彩渲染效果的六面正投影图，例如我国外观专利申请就需提供这样图样，如图 6-39 所示。由于外形视图表达分第一角画法和第三角画法，因此，在图纸左上角尽量说明使用第几角画法，如图 6-40 所示左上角说明采用了第一角画法。

6.4.3 产品工程图

装配图是反映产品中零件装配关系和技术要求的图样，而表示单个零件的图样称为零件图。从绘制装配图和零件图开始，产品设计进入真正意义上的工程设计阶段。图 6-41 是游戏手柄上盖零件图，图 6-42 为游戏手柄装配图。

6.4.4 产品说明与产品分解图

在图 6-38 中所示是一款游戏手柄产品。用户通过游戏手柄操作可以在电视、计算机上玩网球、

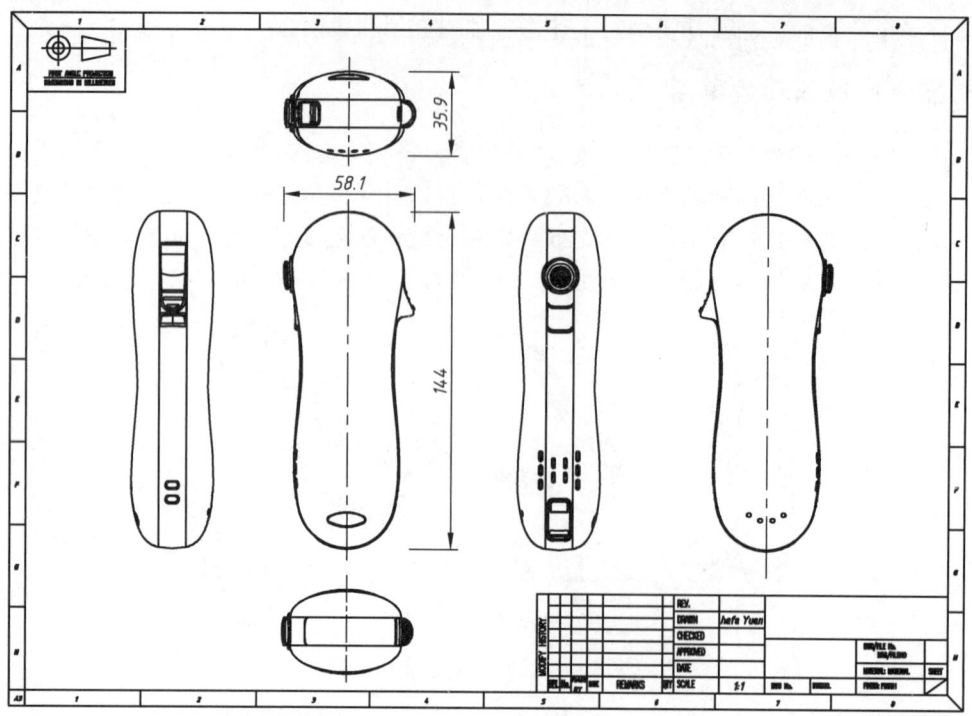

图 6-40 游戏手柄的外形尺寸图

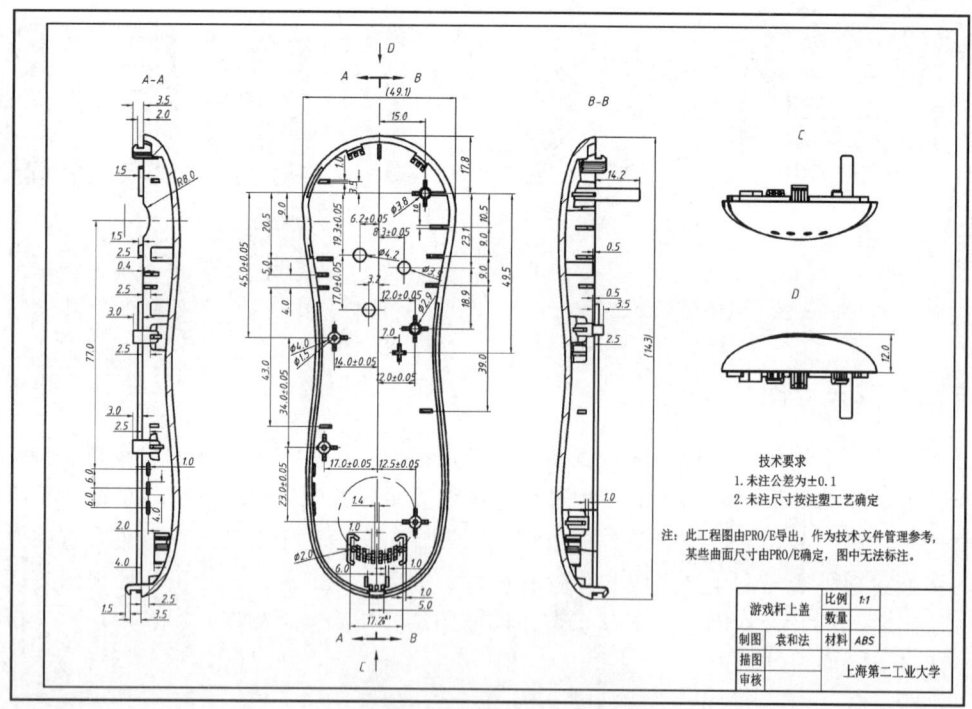

图 6-41 游戏手柄上盖零件图

乒乓球等游戏。手柄是一个游戏中虚拟道具的外设装置。通过在空中挥舞着操作游戏，既能获得快乐又能锻炼身体。

该产品的设计特点是从传统器具中寻找合理的设计元素，采用竖版结构形式。因为传统的斧头、镰刀等工具手柄都是竖式的，这种形式便于抓握。手柄两头大，中间收腰，解决了产品操作时容易滑落的问题。该产品由一系列零件组成，其产品的分解图如图 6-43 所示。

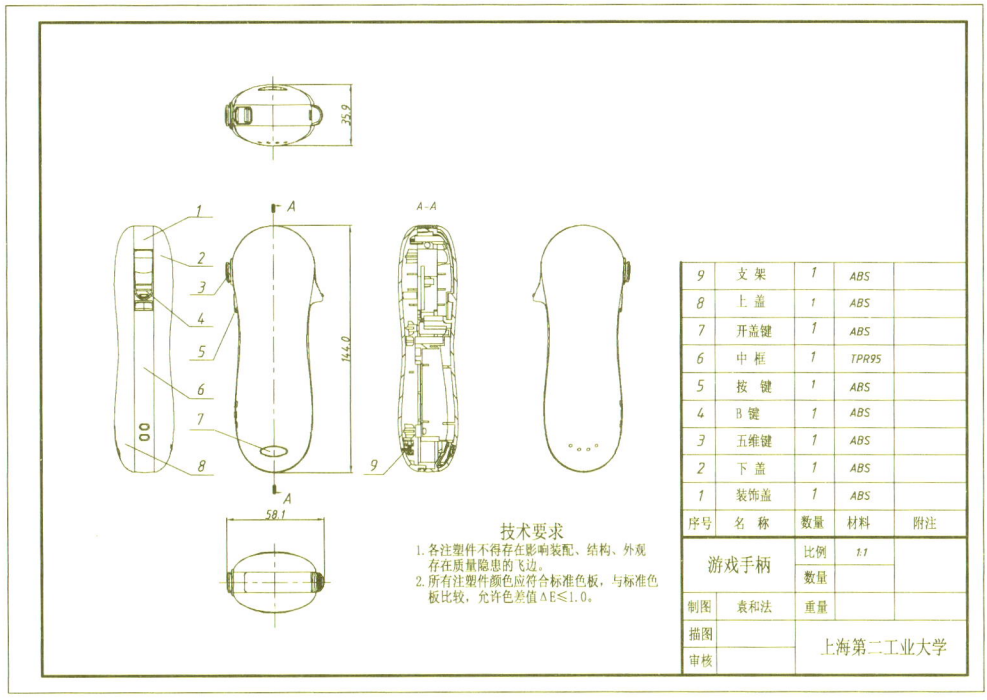

图 6-42 游戏手柄装配图

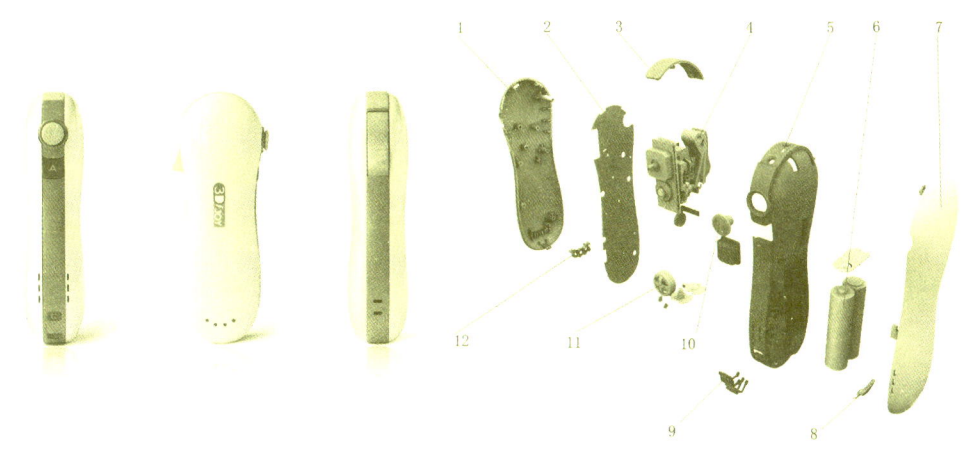

图 6-43 产品分解图及其说明

1—上盖；2—支撑板；3—装饰条；4—按键；5—中框；6—电池触片；7—下盖；
8—开盖键；9—绳架；10—五维键；11—麦克架；12—支架

思 考 题

1. 零件图与装配图的作用和基本内容分别是什么？
2. 如何阅读零件图和装配图？
3. 何谓零件的主要尺寸基准和辅助尺寸基准？标注零件的尺寸应注意哪些问题？
4. 何谓尺寸配合？配合有哪几种类型？
5. 在装配图中，一般应标注哪几类尺寸？
6. 在画装配图时，如何选择主视图？画装配图方法和步骤是什么？
7. 在工业设计中常用的设计图样有哪几种？

第7章 建筑制图基础

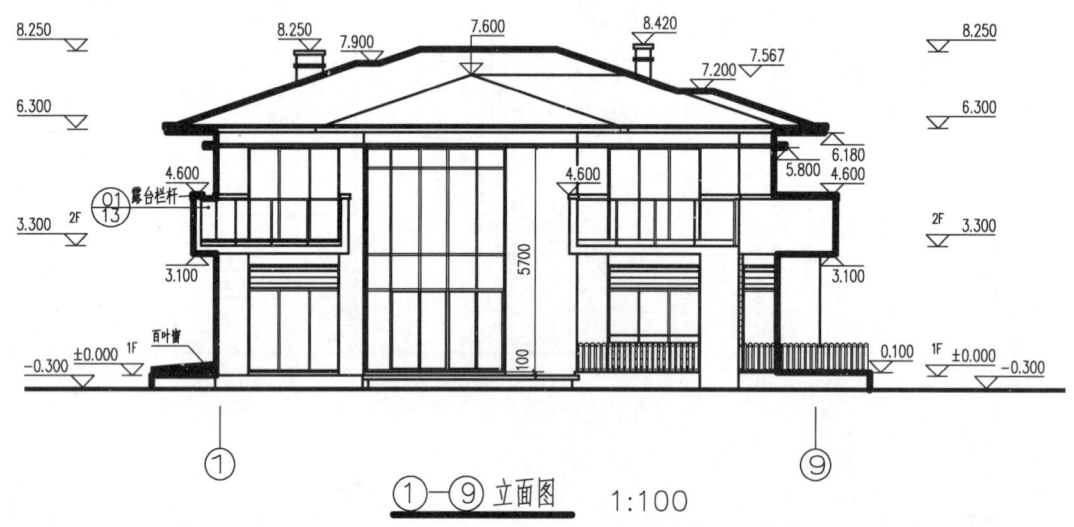

①—⑨ 立面图 1:100

- **学习目标**

1. 了解建筑制图的定位轴线、标高、指北针、风向频率玫瑰图、索引符号、样图符号及门窗等含义和表示方法。
2. 熟悉建筑总平面图与施工说明书。
3. 掌握建筑平面图、立面图、剖面图与详图的阅读以及绘制方法。

- **学习重点**

建筑平面图、立面图、剖面图与详图的阅读以及绘制方法。

7.1 建筑制图的基本规范

建筑制图中的图样是建筑工程界表达和交流技术思想的共同语言。因此，图样的绘制必须遵守统一的规范，这个统一的规范就是国家标准，简称国标，用 GB 或 GB/T 表示。

建筑施工图是建筑各面的正投影图，并注明尺寸和说明文字的图样。一套完整的建筑施工图一般包括：图纸目录、施工总说明、建筑施工图、结构施工图和设备施工图等。本书主要介绍建筑施工图相关的识读与绘制方法，参考 GB/T 50104—2010《建筑制图标准》和 GB/T 50001—2017《房屋建筑制图统一标准》，其中有关标准已在第1章介绍过，在此不再重述。

7.1.1 图线和比例

建筑制图中图线的宽度 b，应根据图样的复杂程度和比例选用。绘制较简单的图样时，可采用两种线宽，其线宽比宜为 $b:0.25b$。建筑制图中常用线型参见表 7-1。

表 7-1　　　　　　　　　　　建筑制图图线常用线型及其用途

名　称	线　型	线　宽	用　途
粗实线	——————	b	1. 平、剖面图中被剖切的主要建筑构造的轮廓线 2. 建筑立面图或室内立面图的外轮廓线 3. 建筑构造详图中被剖切的主要部分的轮廓线 4. 建筑构配件详图中的外轮廓线 5. 平、立、剖面的剖切符号
中粗实线	——————	$0.7b$	1. 平、剖面图中被剖切的次要建筑构造（包括构配件）的轮廓线 2. 建筑平、立、剖面图中建筑构配件的轮廓线 3. 建筑构造详图及建筑构配件详图中的一般轮廓线
中实线	——————	$0.5b$	小于 0.7b 的图形线、尺寸线、尺寸界限、索引符号、标高符号、详图材料做法引出线、粉刷线、保温层线、地面、墙面的高差分界线等
细实线	——————	$0.25b$	图例填充线、家具线、纹样线等
中粗虚线	– – – –	$0.7b$	1. 建筑构造详图及建筑构配件不可见的轮廓线 2. 平面图中的梁式起重机（吊车）轮廓线 3. 拟建、扩建建筑物轮廓线
中虚线	– – – –	$0.5b$	投影线、小于 0.5b 的不可见轮廓线
细虚线	– – – –	$0.25b$	图例填充线、家具线等
单点划线（粗）	—·—·—	b	起重机（吊车）轨道线
单点长划线（细）	—·—·—	$0.25b$	中心线、对称线、定位轴线
折断线（细）	～/\～	$0.25b$	部分省略表示构造层次的断开界线
波浪线（细）	～～～	$0.25b$	部分省略表示时的断开界线，曲线形构间断开界限

建筑制图中所采用的比例，为图形和实物相对应的线性尺寸之比。比例的选用，也应根据图样的用途和复杂程度来决定，优先使用比例见表 7-2。

表 7-2　　　　　　　　　　建筑施工图常用比例

图　名	常　用　比　例
总平面图	1:500　1:1000　1:2000　1:5000
平面图、立面图、剖面图等	1:50　1:100　1:20
结构详图	1:1　1:2　1:5　1:10　1:20　1:25　1:50

7.1.2　常见建筑材料图例

表 7-3 为常见建筑材料图例，更详细图例可见 GB/T 50001—2017《房屋建筑制图统一标准》。

表 7-3　　　　　　　　　　　常用建筑材料图例

名　称	图　例	备　注	名　称	图　例
自然土壤		包括各种自然土壤	多孔材料	
夯实土壤			纤维材料	
砂、灰土		靠近轮廓线绘较密的点	泡沫塑料材料	
砂砾石、碎砖三合土	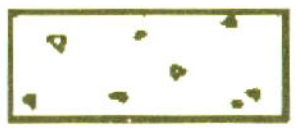		木材	

111

续表

名 称	图 例	备 注	名 称	图 例
石材			胶合板	
毛石			石膏板	
普通砖		断面较窄不易绘出图侧线时，可涂红	金属	
耐火砖		包括耐酸砖等	粉刷	
空心砖		指非承重砖砌体	液体	
饰面砖		包括铺地砖、马赛克、陶瓷锦砖、人造大理石等	玻璃	
焦渣、矿渣		包括与水泥、石灰等混合而成的材料	橡胶	
混凝土			塑料	
钢筋混凝土			防水材料	

7.1.3 常用符号

建筑施工图使用的符号很多。有用图标标志的符号，有用文字标志的符号等，它们都是为说明某种含义的符号。

1. 剖切符号

剖切符号分为用于剖面和断面上两种。

(1) 剖面剖切符号。

剖面剖切符号用于平面上，由剖切位置线和剖视方向线组成，以粗实线绘制；剖切线位置线长6~10mm，剖视方向线长4~6mm，两者垂直相交；剖面位置线不应与图样上的图线相接触；剖面剖切符号的编号宜用阿拉伯数字表示，编号注写在剖视方向线的顶端。

当有多个剖面时，应按由左向右、由下至上的顺序排列，如图7-1所示。需要转折的剖切位置线，应在转折处画转折线。每一剖面只能转折一次，并在转角的外侧加注与该剖面编号数字相同的数字，如图7-2所示。

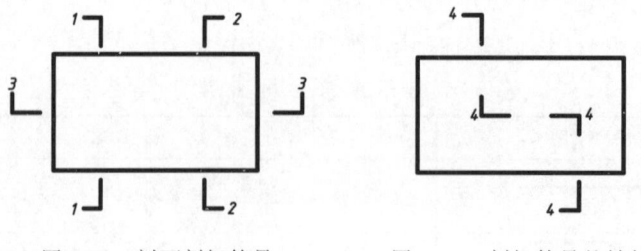

图7-1 剖面剖切符号　　图7-2 剖切符号的转折

(2) 断面剖切符号。

断面剖切符号只画剖切位置线，而不画剖视方向线。断面的剖切符号应只用剖切位置线表示，并应以粗实线绘制，长度宜为6~10mm。断面剖切符号的编号注写在剖切位置线的一侧，编号所在的方向为剖视方向，如图7-3所示。

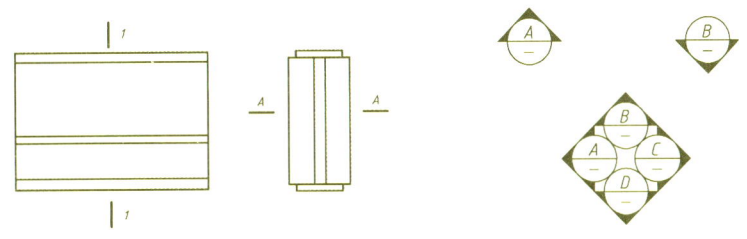

图 7-3　断面剖切符号　　　　图 7-4　立面指向符号

2. 立面指向符号

立面指向符号是室内设计工程图中独有的符号。当工程图中用立面图表示垂直界面时，就要使用立面指向符号，以便能确指立面图究竟是哪个垂直界面的立面。

立面指向符号由一个等边直角三角形和圆圈组成。直角所指方向的垂直界面就是立面图所要表示的界面。圆圈上半部的数字为立面图的编号，下半部的数字为该立面图所在图纸的编号，如立面图就在本张图纸上，下半部就可画"—"短横线，如图 7-4 所示。

3. 引出线

引出线是用来标注文字说明的。这些文字，用以说明引出线所指部位的名称、尺寸、材料和做法等。

引出线有三种，即局部引出线、共同引出线和多层构造引出线，其画法如图 7-5 所示。

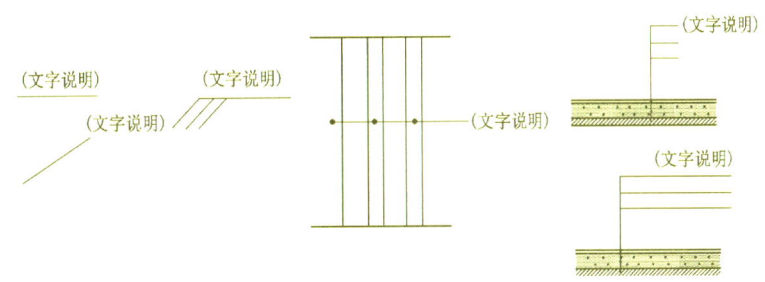

图 7-5　引出线画法

4. 索引符号与详图符号

(1) 索引符号。为了清楚地表示出图样中的某个局部或构件，可用更大的比例绘制成详图。此时，要用索引符号注明详图编号和详图所在的图纸号，同时，还要在详图的下面注写上详图编号。

索引符号是一个用细实线画的圆，直径为 10mm。水平直径上半部分的数字为详图的编号，下半部分的数字是详图所在的图纸的编号。如详图与被索引的图样在同一张图纸上，下半部分则画一短横线，如图 7-6 所示。

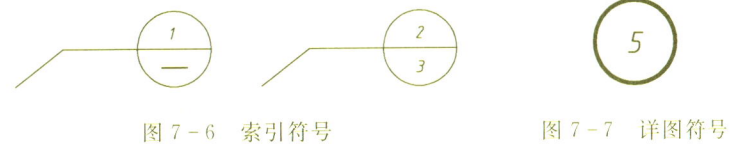

图 7-6　索引符号　　　　图 7-7　详图符号

(2) 详图符号。详图符号是详图自身编号。它是一个用粗实线画的圆，直径为 14mm。圆内只注详图的编号，如图 7-7 所示。

(3) 局部剖面的索引符号。若要为剖断面查找详图，就要在被剖切的部位以粗短直线画出剖切位置线，并用引出线引出索引符号。引出线所在的一侧即为剖视方向，引出线要对准索引符号的圆心，如图 7-8 所示。

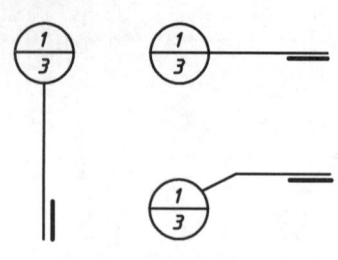

图 7-8 局部剖面的索引符号

5. 标高符号

标高符号应以直角等腰三角形表示，用细实线绘制。标高数字应以米为单位，注写到小数点以后第三位。总平面图室外地坪标高符号，宜用涂黑的直角等腰三角形表示。标高的具体画法如图 7-9 所示。

标高符号用于总平面图、平面图上用来表示某一部位的标高，标高符号的尖角下不画短划线，如图 7-10（a）所示。

标高符号用于立面图、剖面图，即用来表示门、窗、梁板的标高，则应在标高符号的尖角下画一短划线，这一短划线应与标高所指的位置相平齐，如图 7-10（b）所示。

图 7-9 标高符号的画法

(a) 平面图上的楼地面标高符号　　(b) 立面图、剖面图的标高符号

图 7-10 标高符号形式

按规定，相对标高为零的地方，应注写成±0.000，通常，以此处为基准。负标高处应在标高数字前加上"一"号，如-0.600；正标高处，则不在标高数字前加"+"号，如 1.200 不写成 +1.200。

6. 图名

建筑施工图中，图名和比例应注写在图样的下面。图名下应画一条粗实线，线长与图名所占长度基本相等。比例的字号，应比图名的字号小一号，字的底部与图名取平，其下不画线，如图 7-11 所示。

详图的图名可用详图号表示，也可同时用详图号和图样的名称表示。正确的表示方法如图 7-12 所示。详图号的圆圈应为粗实线，直径约为 14mm，圆圈内数字为详图号。

图 7-11 图名举例　　图 7-12 详图图名举例　　图 7-13 风向频率玫瑰图　　图 7-14 指北针

7. 其他符号

（1）风向频率玫瑰图。风向频率玫瑰图简称风玫瑰。是根据某一地区多年平均统计的各个方向吹风次数的百分数值，再按照比例绘制的，一般用 8～16 个方位表示。图 7-13 为上海地区风玫瑰图。实线表示全年风向频率，虚线表示夏季风向频率。风向线最长者为主导风向。有的总平面图上只有指北针而没有风玫瑰。

（2）指北针。指北针用于总平面图或底层平面图，标识北方，形状如图 7-14，其圆的直径宜为 24mm，用细实线绘制。指针尾部的宽度宜为 3mm，指针头部应注"北"字或字母"N"。需用较大直径绘制指北针时，指北针尾部的宽度宜为直径的 1/8。

7.1.4 定位轴线

在建筑施工图中，平面图上采用轴线网络划分，使得建筑的平面布置和构建，配件趋向于统一和标准化，这些轴线叫做定位轴线。定位轴线主要用来确定建筑承重构件的位置，也是标注尺寸的基线。定位轴线用细单划线绘制。编号应注写在轴线端部的圆内。圆用细实线绘制，直径为 8～10mm。定位轴线一般在平面图上编号。竖向编号用阿拉伯数字，从左至右顺序编写；横向编号应用大写拉丁字母，从下至上顺序编写，如图 7-15 所示。

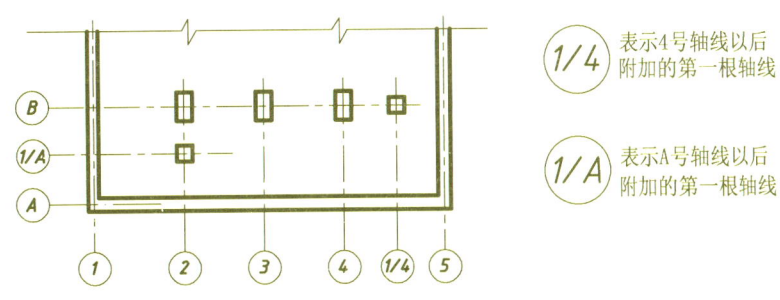

图 7-15　定位轴线和附加轴线的编号

对一些与主要承重构件相联系的次要构件，它的定位轴线一般作为附加轴线，编号用分数表示。分母表示前一轴线的编号，分子表示附加轴线的编号，如图 7-15 所示。

拉丁字母的 I、O、Z 不得用做轴线编号。当字母数量不够使用，可增用双字母或单字母加数字注脚。

7.2　建筑总平面图与施工说明书

7.2.1　总平面图

总平面图是用来表示整个建筑基地的总体布局，新建房屋的位置、朝向以及周围环境（如地形，绿化，道路，原有建筑物等）的情况。总平面图是新建房屋定位，放线以及布置施工现场的依据，如图 7-16 所示。

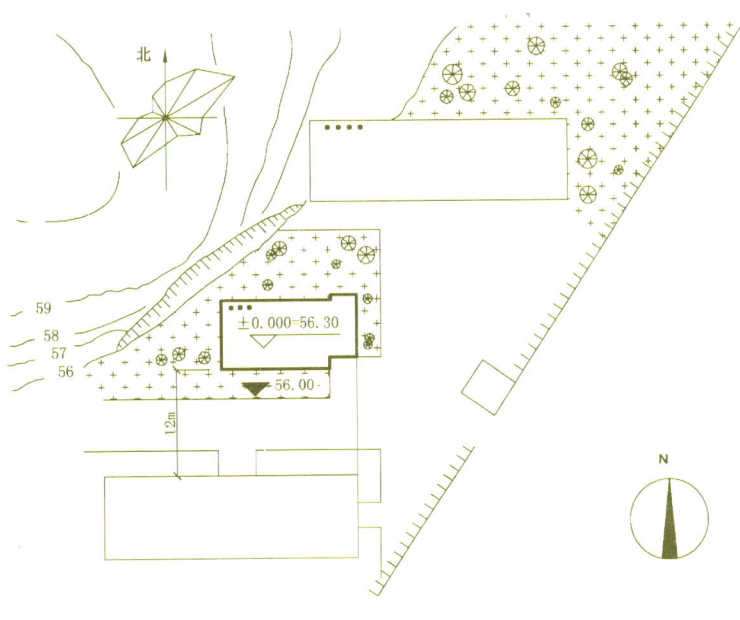

图 7-16　建筑总平面图

总平面图一般包括的面积较大，常用的比例为 1：500；1：1000；1：2000。实际工程中常用的是 1：500。因为比例较小，所以总平面上的房屋、桥梁、道路、绿化等都用图例表示。总平面图中尺寸单位为米，注写到小数点后两位。由于总平面图比例较小，图上的房屋、道路、桥梁、绿花等都用图例表示，表 7-4 列出了总平面图中常用的图例。

表 7-4　　　　　　　　　　　　　　总 平 面 图 常 用 图 例

图　例	名　称	图　例	名　称
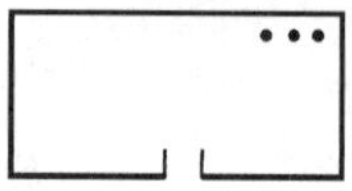	新设计的建筑物，右上角以点数表示层数	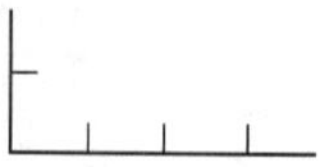	实体围墙（砖石，混凝土以及金属材料）
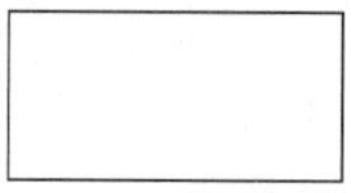	原有的建筑物	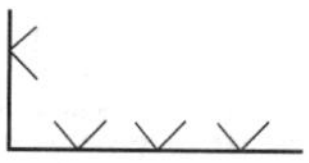	栅栏围墙（铁丝网，篱笆等材料）
	计划扩建的建筑物或预留地	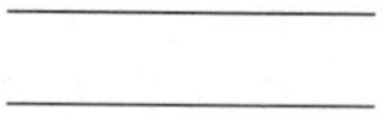	原有道路
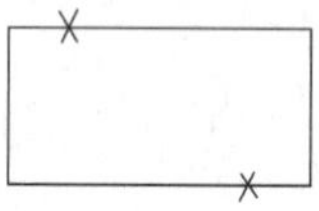	拆除的建筑物	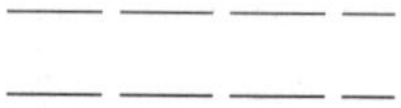	计划的道路
	地下建筑或构筑物	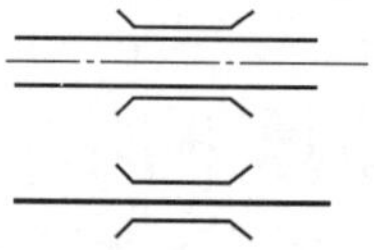	公路桥 铁路桥
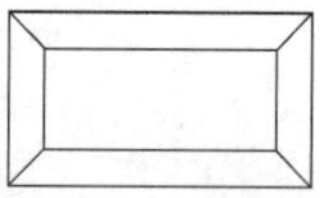	散装材料露天堆场	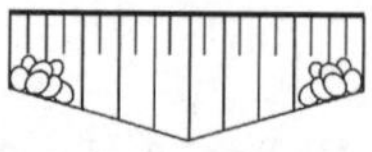	护坡

建筑总平面图的内容基本包括以下内容，但不是每张总平面都会包括这些内容：

(1) 新建筑物。拟建房屋，用粗实线框表示，并在线框内，用数字表示建筑层数。

(2) 新建建筑物的定位。总平面图的主要任务是确定新建建筑物的位置，通常是利用原有建筑物、道路等来定位的。

(3) 新建建筑物的室内外标高。我国把青岛市外的黄海海平面作为零点所测定的高度尺寸，称为绝对标高。在总平面图中，用绝对标高表示高度数值，单位为 m。

(4) 相邻有关建筑、拆除建筑的位置或范围。原有建筑用细实线框表示，并在线框内，也用数字表示建筑层数。拟扩建建筑物用虚线表示。拆除建筑物用细实线框表示，并在其细实线框内打叉。

(5) 附近的地形地物，如等高线、道路、水沟、河流、池塘、土坡等。

(6) 指北针和风向频率玫瑰图。

(7) 绿化规划、管道布置。

(8) 道路（或铁路）和明沟等的起点、变坡点、转折点、终点的标高与坡向箭头。

(9) 经济技术指标。

在图线选择上，粗实线用来绘制新建建筑物的可见轮廓线；细实线用来绘制原有建筑物、构筑物、道路、围墙等可见轮廓线；中虚线用来绘制计划扩建建筑物、构筑物、预留地、道路、围墙、运输设施、管线的轮廓线；单点长划细线用来绘制中心线、对称线、定位轴线；而折断线则用来绘制与周边的分界，如图7-16所示。

7.2.2 施工总说明书

施工总说明书，主要是针对图样中未能详细注写的用料和做法等要求作出具体的文字说明。施工说明包括图纸目录、施工总说明、总平面图、材料做法、门窗表等。

图纸目录，又称"标题页"或"首页图"，主要说明该工程是由哪几个专业图纸所组成，各专业图纸名称、张数和图号顺序。其目的是便于查找图纸。一般列出工程名称、工程编号、建筑面积等。是了解整个建筑设计整体情况的目录，从其中可以明了图纸数量及出图大小和工程号还有建筑单位及整个建筑物的主要功能。门窗表是门窗编号以及门窗尺寸及其做法。

施工总说明主要说明工程的概况和总的要求。包括：工程概况、设计依据（如地质、水文、气象资料）、设计标准、设计范围、施工图执行的主要标准（建筑标准、结构荷载等级、抗震要求、采暖通风要求、照明标准）和规范、工程材料选择和工艺、设计要求及验收标准、通用图样、其他需说明条款等。

7.3 平面图阅读与绘制

7.3.1 平面图概述

建筑平面图是建筑施工图的基本图样，它是假想用一水平的剖切面沿门窗洞位置将房屋剖切后，对剖切面以下部分所作的水平投影图，如图7-17所示。它反映出房屋的平面形状、大小和布置；墙、柱的位置、尺寸和材料；门窗的类型和位置等。它是施工过程中，房屋定位放线，砌墙，设备安装以及编制概预算和备料的重要依据。

建筑平面图一般简称为平面图。建筑平面图可用的比例为1∶50、1∶100、1∶200，实际工程中最常用的比例是1∶100。

7.3.2 平面图的图示内容

平面图应包含的内容如下：

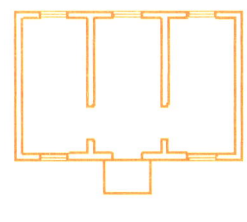

图7-17 平面图的形成

（1）建筑物总长总宽，及其组成房间的名称、尺寸、定位轴线和墙厚等。平面图的尺寸标注一般包括三层外部尺寸。外层为建筑物的总长总宽；中间层为房间的开间和进深尺寸，标的是轴线之间的距离；内层为门窗洞口及墙厚的尺寸。

（2）出入口、走廊、楼梯位置及尺寸。

（3）门窗位置、尺寸及编号。门窗均用图例绘制。门的代号是M，窗的代号是C。在代号后面写上编号，同一编号表示同一类型的门窗，如M-1或M1；C-1或C1。

（4）台阶、阳台、雨篷、散水的位置及细部尺寸。

（5）各层室内地面的高度。一层地面相对标高为±0.000，并注明室外地坪的绝对标高，其余各层均注明相对标高。

（6）首层地面上应画出剖面图的剖切位置线，以便与剖面图对照查阅。

（7）首层平面图上标注指北针，以确定建筑物的朝向。

由于建筑平面图采用的比例较小，门窗，楼梯，卫生间等均采用国标图例表示，如有需要，详细情况应另用较大比例来绘制相应的详图。平面图常用建筑构造及配件图例见表7-5和表7-6。

表 7-5　　　　　　　　　　平面图常用建筑构造及配件图例

名　称	图　例	说　明
墙体	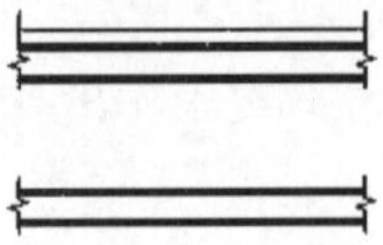	1. 上图为外墙，下图为内墙 2. 外墙细线表示有保温层或有幕墙 3. 应加注文字或涂色或图案填充表示各种材料的墙体 4. 在各层平面图中防火墙宜着重以特殊图案填充表示
隔断		1. 加注文字或涂色或图案填充表示各种材料的轻质隔断 2. 适用于到顶与不到顶隔断
玻璃幕墙		幕墙龙骨是否表示由项目设计决定
栏杆		
楼梯	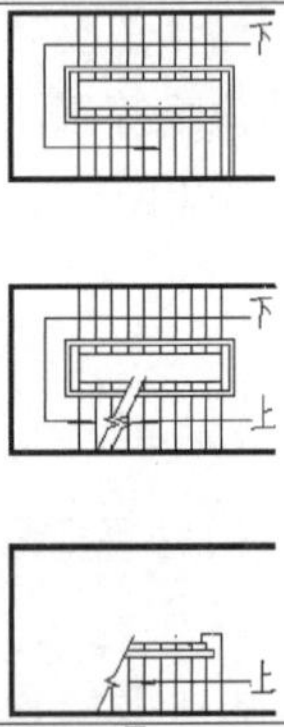	1. 上图为顶层楼梯平面，中图为中间层楼梯平面，下图为底层楼梯平面 2. 需设置靠墙扶手或中间扶手时，应在图中表示
坡道	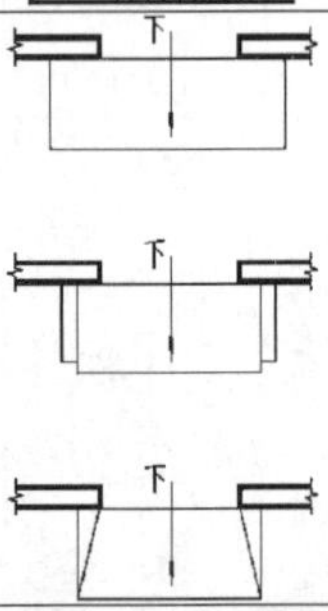	上图为两侧垂直的门口坡道，中图为有挡墙的门口坡道，下图为两侧找坡的门口坡道
台阶	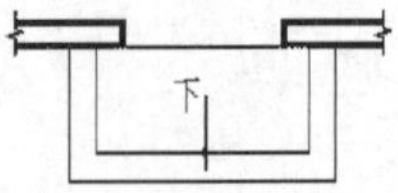	
平面高差	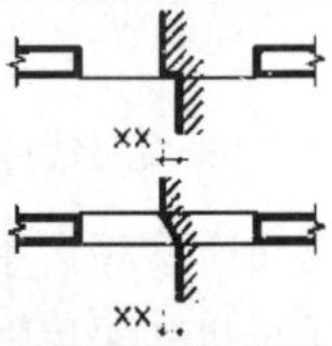	用于高差小的地面或楼面交接处，并应与门的开启方向协调
检查口		左图为可见检查口，右图为不可见检查口
孔洞		阴影部分亦可填充灰度或涂色代替
坑槽		
墙预留洞、槽	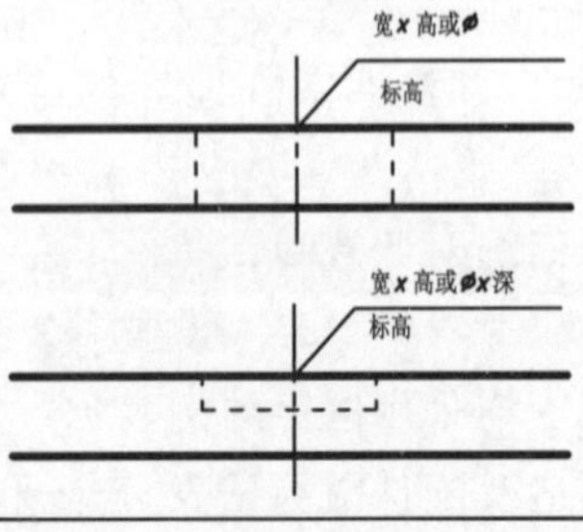	1. 上图为预留洞，下图为预留槽 2. 平面以洞（槽）中心定位 3. 标高以洞（槽）底或中心定位 4. 宜以涂色区别墙体和预留洞（槽）

续表

名　称	图　例	说　明
地沟	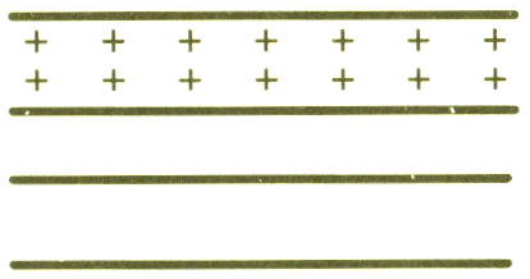	上图为活动盖板地沟，下图为无盖板明沟
烟道	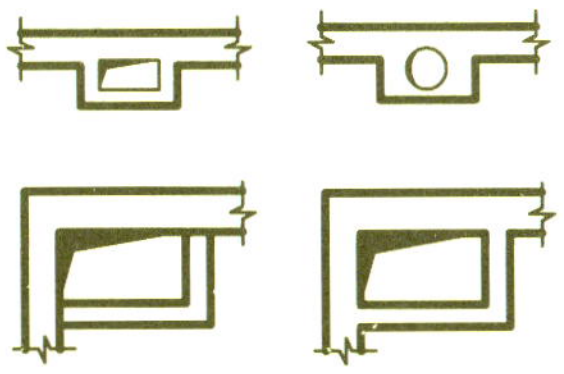	1. 阴影部分亦可涂色代替 2. 烟道、风道与墙体为相同材料，其相接处墙身线应连通 3. 烟道、风道根据需要增加不同材料的内衬
风道	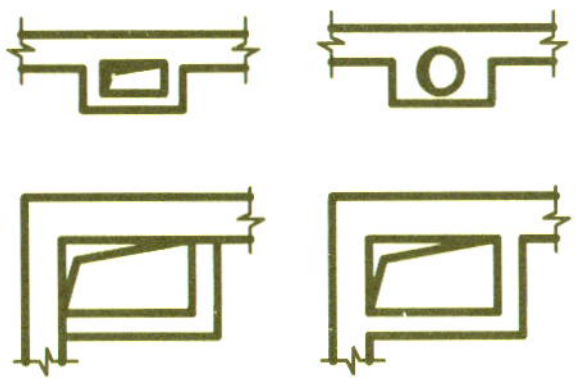	

表7-6　　　　　　　　　　　　常用门窗图例

名　称	图　例	说　明
单扇平开或 单向弹簧门	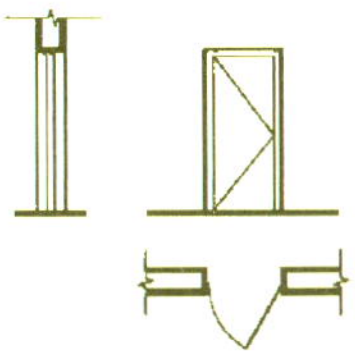	1. 门的名称代号用 M 表示 2. 平面图中，下为外，上为内门开启线为 90°、60°或 45° 3. 立面图中，开启线实线为外开，虚线为内开。开启线交角的一侧为安装合页一侧。开启线在建筑立面图中可不表示，在立面大样图中可根据需要绘出 4. 剖面图中，左为外，右为内 5. 附加纱扇应以文字说明，在平、立、剖面图中均不表示 6. 立面形式应按实际情况绘制
单扇平开或 双向弹簧门	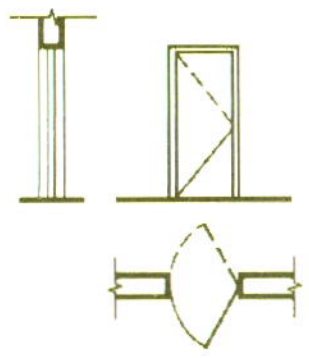	
单面开启双 扇门	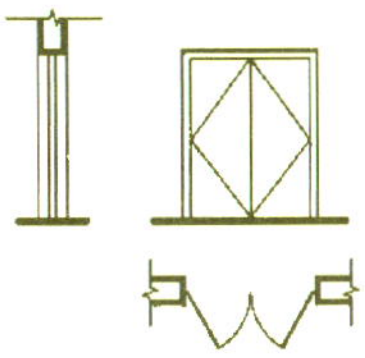	
折叠门	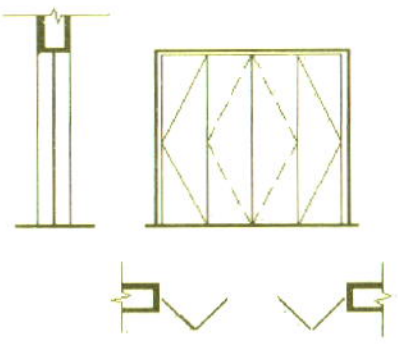	
推拉折叠门	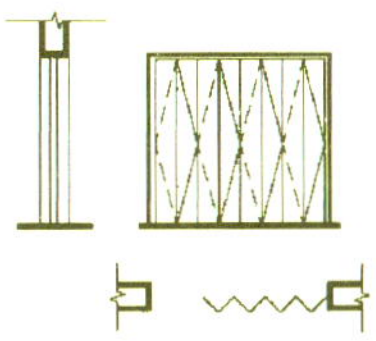	

续表

名　称	图　例	说　明
单层推拉窗	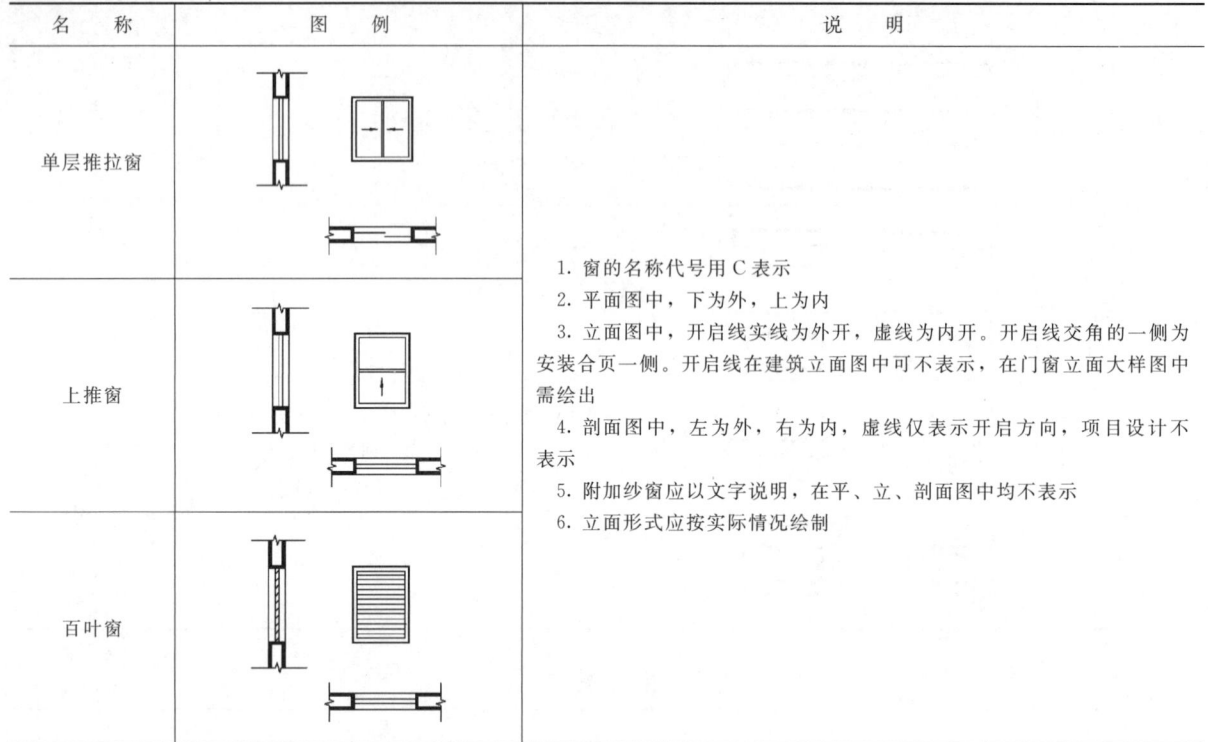	1. 窗的名称代号用 C 表示 2. 平面图中，下为外，上为内 3. 立面图中，开启线实线为外开，虚线为内开。开启线交角的一侧为安装合页一侧。开启线在建筑立面图中可不表示，在门窗立面大样图中需绘出 4. 剖面图中，左为外，右为内，虚线仅表示开启方向，项目设计不表示 5. 附加纱窗应以文字说明，在平、立、剖面图中均不表示 6. 立面形式应按实际情况绘制
上推窗		
百叶窗		

7.3.3 平面图的绘制规范

（1）平面图的方向宜与总图方向一致。平面图的长边宜与横式幅面图纸的长边一致。

（2）在同一张图纸上绘制多于一层的平面图时，各层平面图宜按层数由低向高的顺序从左至右或从下至上布置。

（3）除顶棚平面图外，各种平面图应按正投影法绘制。

（4）建筑物平面图应在建筑物的门窗洞口处水平剖切俯视，屋顶平面图应在屋面以上俯视，图内应包括剖切面及投影方向可见的建筑构造以及必要的尺寸、标高等，表示高窗、洞口、通气孔、槽、地沟及起重机等不可见部分时，应采用虚线绘制。

（5）平面图中凡是剖到的墙、柱的断面轮廓线，宜用粗实线，门窗的开启示意线用中粗实线表示，其余投影线则用细实线表示。

（6）建筑物平面图应注写房间的名称或编号。编号注写在直径为 6mm 细实线绘制的圆圈内，并在同张图纸上列出房间名称表。

（7）平面较大的建筑物，可分区绘制平面图，但每张平面图均应绘制组合示意图。各区应分别用大写拉丁字母编号。在组合示意图中需提示的分区，应采用阴影线或填充的方式表示。

（8）顶棚平面图宜采用镜像投影法绘制。

（9）室内立面图的内视符号应注明在平面图上的视点位置、方向及立面编号。符号中的圆圈应用细实线绘制，可根据图面比例，圆圈直径可选择 8~12mm。立面编号宜用拉丁字母或阿拉伯数字。

7.3.4 平面图的绘制步骤

（1）画所有定位轴线，然后画出墙、柱轮廓线。

（2）定门窗洞的位置，画细部，如楼梯、台阶、卫生间等。

（3）经检查无误后，擦去多余的图线，按规定线型加深。

（4）标注轴线编号、标高尺寸、内外部尺寸、门窗编号、索引符号以及书写其他文字说明。在底层平面图中，还应画剖切符号以及在图外适当的位置画上指北针图例，以表明方位。

（5）在平面图下方写出图名及比例等。完成后的平面图如图7-18所示。

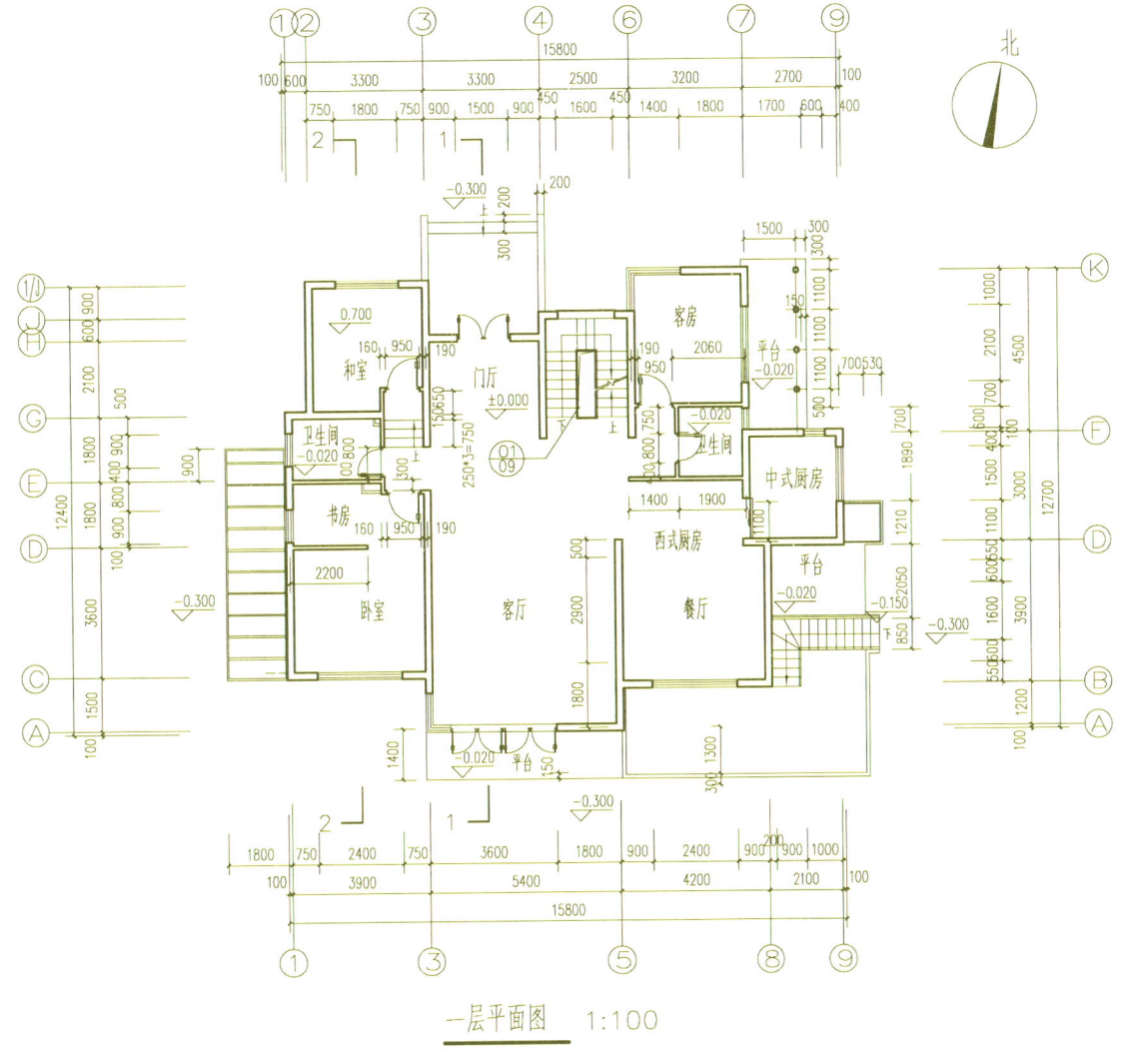

图7-18 建筑平面图

7.4 立面图的阅读与绘制

7.4.1 立面图概述

在与房屋各个方向立面平行的投影面上所作房屋的正投影图，称为建筑立面图，简称立面图。在设计阶段中，立面图主要是用来表达建筑的外部造型、门窗位置及形式、外墙面材料和做法、阳台雨棚等部分的材料和做法等。立面图常用比例一般和平面图相同。常用1∶50、1∶100、1∶200。

7.4.2 立面图的图示内容

（1）投影方向可见的室外地面线、建筑外轮廓线和墙面线脚、构配件。

(2) 室外楼梯、墙、柱、外墙孔洞、檐口和屋顶。墙面做法。

(3) 外墙主要部位的标高。预留孔洞的尺寸和定位尺寸。

(4) 建筑物两端或分段的轴线和编号。

(5) 标出各部分构造、装饰节点详图的索引符号。

按投影原理，立面图上应将立面上所有看得见的细部都表示出来。但由于立面图的比例较小，如门窗扇、檐口构造、阳台栏杆和墙面复杂的装修等细部，往往只用图例表示。它们的构造和做法，都另有详图或文字说明。因此，习惯上往往对这些细部只分别画出一两个作为代表，其他都可简化，只需画出它们的轮廓线。若房屋左右对称时，正立面图和背立面图也可各画出一半，单独布置或合并成一张图。合并时，应在图的中间画一条铅直的对称符号作为分界线。

7.4.3 立面图的绘制规范

(1) 立面图的外轮廓一般使用粗实线绘制，而凸出墙面的雨篷、阳台、柱子、窗台、窗楣和台阶、花池等的投影线用中粗线绘制，地坪线用加粗线（粗于标准粗实线的1.4倍）。其余门窗和墙面的分割线、落水管以及材料符号引出线，说明引出线等用细实线绘制。

各种立面图应按正投影法绘制。

(2) 平面形状曲折的建筑物，可绘制展开立面图、展开室内立面图。圆形或多边形平面的建筑物，可分段展开绘制立面图、室内立面图，但均应在图名后加注"展开"二字。对于平面为回字形的房屋，它在院落中的局部立面，可在相关的剖面图上附带表示。如不能表示时，则应单独绘出。

(3) 较简单的对称式建筑物或对称的构配件等，在不影响构造处理和施工的情况下，立面图可绘制一半，并应在对称轴线处画对称符号。

(4) 在建筑物立面图上，相同的门窗、阳台、外檐装修、构造做法等可在局部重点表示，绘出其完整图形，其余部分可只画轮廓线。

(5) 在建筑物立面图上，外墙表面分格线应表示清楚。应用文字说明各部位所用面材及色彩。

(6) 有定位轴线的建筑物，宜根据两端定位轴线号编注立面图名称。无定位轴线的建筑物可按平面图各面的朝向确定名称。

(7) 立面图的尺寸标注也应标注三道。外面一道总高度，中间一道尺寸标注层高尺寸，最内一道尺寸标注房屋的室内外高差、门窗洞口高度、窗下墙高、檐口高度尺寸。水平方向一般不用标注尺寸，但要标出立面最外两端的定位轴线和标号。

7.4.4 立面图的绘制步骤

(1) 绘制定位轴线，画出主要墙体外轮廓。

(2) 分割楼层，绘制门窗、雨篷、阳台、室外楼梯、墙、柱等主要构件。

(3) 绘制室外地面线及房屋的勒脚、台阶、花台，外墙的预留孔洞、檐口、屋顶（女儿墙或隔热层）、雨水管，墙面分格线或其他装饰构件等。

(4) 标注外墙各主要部位的高度尺寸。

(5) 注出建筑物两端或分段的轴线及编号。

(6) 标出各部分构造、装饰节点详图的索引符号。用图例或文字或列表说明外墙面的装修材料及做法。

(7) 按照规范调整图线，标注图名和比例。

完成后的立面图如图7-19所示。

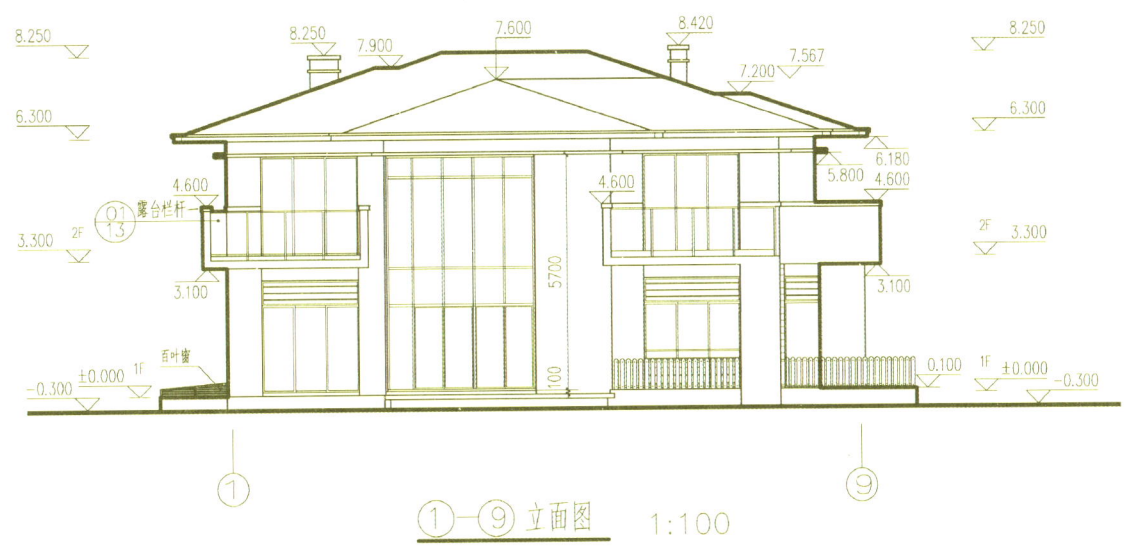

(a)南立面图

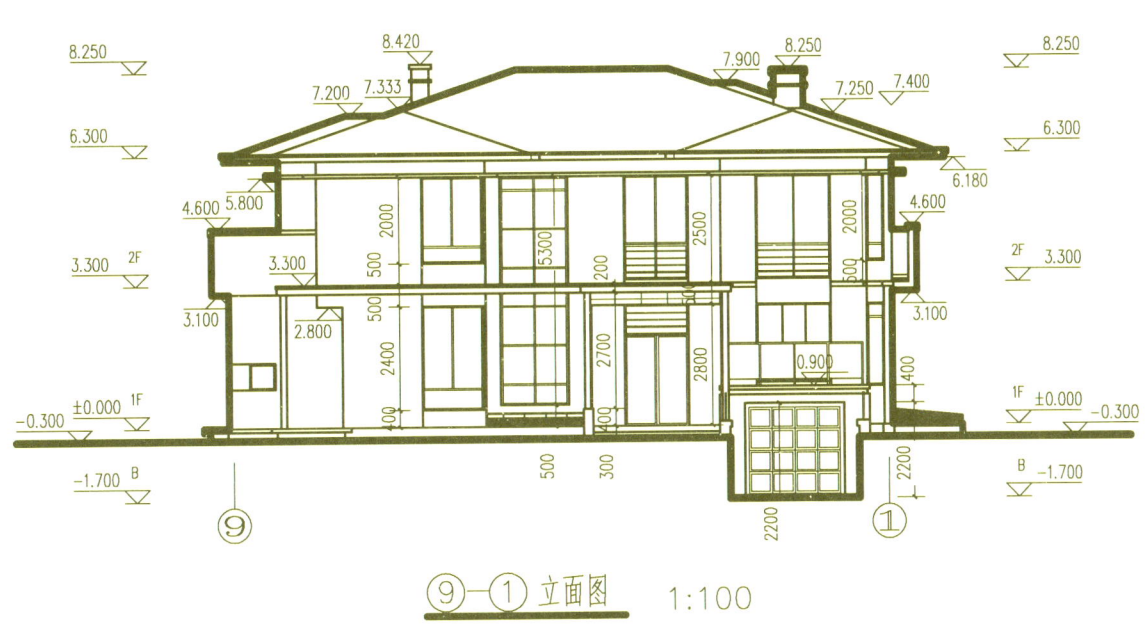

(b)北立面图

图 7-19 建筑立面图

7.5 剖面图的阅读与绘制

7.5.1 剖面图概述

　　假想用一个或多个垂直于外墙轴线的铅垂剖切面，将房屋剖开，所得的投影图，称为建筑剖面图，简称剖面图。剖面图用以表示房屋内部的结构或构造形式、分层情况和各部位的联系、材料及其高度等，是与平、立面图相互配合的不可缺少的重要图样之一。

剖面图的数量是根据房屋的具体情况和施工实际需要而决定的。剖切面一般横向，即平行于侧面，必要时也可纵向，即平行于正面。其位置应选择在能反映出房屋内部构造比较复杂与典型的部位，并应通过门窗洞的位置。若为多层房屋，应选择在楼梯间或层高不同、层数不同的部位。建筑剖面图可用的比例为1：50、1：100、1：200，实际工程中最常用的比例是1：100。剖面图的图名应与平面图上所标注剖切符号的编号一致。

7.5.2 剖面图的图示内容

（1）表示墙、柱及其定位轴线。

（2）表示室内底层地面、地坑、地沟、各层楼面、顶棚、屋顶（包括檐口、女儿墙，隔热层或保温层、天窗、烟囱、水池等）、门、窗、楼梯、阳台、雨篷、留洞、墙裙、踢脚板、防潮层、室外地面、散水、排水沟及其他装修等剖切到或能见到的内容。

（3）标出各部位完成面的标高和高度方向尺寸。

1）标高内容。室内外地面、各层楼面与楼梯平台、檐口或女儿墙顶面、高出屋面的水池顶面、烟囱顶面、楼梯间顶面、电梯间顶面等处的标高。

2）高度尺寸内容。外部尺寸：门、窗洞口（包括洞口上部和窗台）高度，层间高度及总高度（室外地面至檐口或女儿墙顶）。有时，后两部分尺寸可不标注。内部尺寸：地坑深度和隔断、搁板、平台、墙裙及室内门、窗等的高度。注写标高及尺寸时，注意与立面图和平面图相一致。

（4）表示楼、地面各层构造。一般可用引出线说明。引出线指向所说明的部位，并按其构造的层次顺序，逐层加以文字说明。若另画有详图，或已有《构造说明一览表》时，在剖面图中可用索引符号引出说明。

（5）表示需画详图之处的索引符号。

7.5.3 剖面图的绘制规范

（1）剖面图的剖切部位，应根据图纸的用途或设计深度，在平面图上选择能反映全貌、构造特征以及有代表性的部位剖切。

（2）各种剖面图应按正投影法绘制。

（3）建筑剖面图内应包括剖切面和投影方向可见的建筑构造、构配件以及必要的尺寸。

（4）剖切符号可用阿拉伯数字、罗马数字或拉丁字母编号。

（5）画室内立面时，相应部位的墙体、楼地面的剖切面宜绘出。必要时，占空间较大的设备管线、灯具等的剖切面，亦应在图纸上绘出。

（6）剖面图中的断面，其材料图例与粉刷面层和楼、地面面层线的表示原则及方法，与平面图的处理相同。剖面图可不画出基础的大放脚。

7.5.4 剖面图绘制步骤

（1）定轴线、室内外地坪线、楼面线和顶棚线，并绘制墙身。

（2）定门窗和楼梯位置，绘制门洞、楼梯、梁板、雨篷、檐口、屋面、台阶等的细部。

（3）按照规范要求加粗图线，擦除不必要的图线。

（4）绘制材料图例，注写标高、尺寸。注出建筑物两端或分段的轴线及编号。

（5）标出各部分构造、装饰节点详图的索引符号。

（6）按照规范调整图线。标注图名、比例和有关文字说明。

完成后的剖面图如图7-20所示。

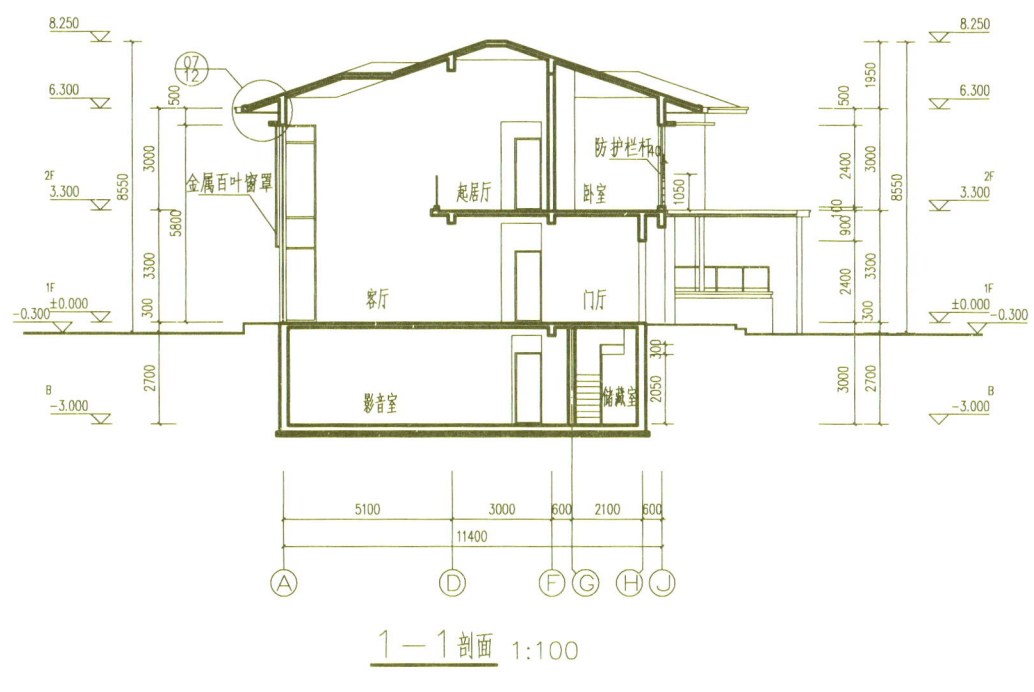

图 7-20 建筑剖面图

7.6 详图的阅读与绘制

7.6.1 详图概述

建筑详图是建筑细部的施工图，是建筑平面图、立面图、剖面图的补充。因为立面图、平面图、剖面图的比例尺较小，建筑物上许多细部构造无法表示清楚，根据施工需要，必须另外绘制比例尺较大的图样才能表达清楚。这种对建筑的细部或构配件，用较大的比例将其形状、大小、材料和做法，按正投影图的画法详细地表示出来的图样，称为建筑详图。

建筑详图包括：

(1) 表示建筑局部构造的详图，如外墙身详图、楼梯详图、阳台详图等；

(2) 表示建筑设备的详图，如卫生间、厨房、实验室内设备的位置及构造等；

(3) 表示建筑构配件或特殊装修部位的详图，如门窗、吊顶等。

详图的比例一般较大，具体选用视细部构造的复杂程度而定。常用的有1:20、1:10、1:5、1:2、1:1等。

7.6.2 详图的图示内容

建筑详图的表示方法，应根据所绘制的建筑细部构造和构配件的复杂程度，按清晰表达的要求来确定。例如墙身节点图通常用一个剖面详图表达，楼梯间宜用几个平面详图和一个剖面详图、几个节点详图表达。有时甚至要加一个轴测图进行说明。

详图作为直接的施工依据，要求图示详尽，表示构造要合理，用料和做法适宜，并且标注详细尺寸。

下面以外墙详图、楼梯详图来分别说明详图绘制的规范和步骤（门窗详图一般都有预先绘制好的不同规格的标准图，供设计者选用，因此在施工图中只需要说明该详图所在标准图集的编号，不必另外设计，故在此不详加介绍）。

7.6.3 详图的绘制

1. 外墙详图的绘制

外墙剖面详图是建筑剖面图的局部放大图，它详尽地表达了建筑物的屋面、楼层、地面和檐口构造、楼板与墙的连接、门窗顶、窗台和勒脚、散水等处构造的情况，是施工的重要依据。

外墙详图的剖切位置同剖面图。多层房屋中，若各层的构造情况一样时，可只画底层，顶层，或用一个中间层来表示。常用的画法是把外墙在窗洞位置断开，略去中间的玻璃部分，成为几个节点详图的组合，也可不画整个墙体，而单画局部节点构造。详图的线型和普通剖面图一样。

外墙剖面详图包括的图示内容和相应的规定画法如下所示：

（1）定位轴线、详图符号和比例。

外墙节点详图上所标注的定位轴线编号应与其他图中所表示的部位一致，其详图符号也要和相应的索引符号对应。

在外墙详图上，应标出绘图时采用的比例，绘图比例通常标注在相应详图符号的后面。

（2）表明墙身的厚度与定位轴线的关系。

（3）按节点分别表示外墙及其他部分的构造与联系。

（4）在外墙剖面详图中，一般应注出各部位的标高、高度尺寸和墙身突出部分的细部尺寸。图中标高注写有两个数字时，有括号的数字表示在高一层的标高。

（5）图例和文字说明。

在外墙详图中，可用图例或文字说明来表示楼地面及屋顶所用的建筑材料，包括材料间的混合比、施工厚度和做法、内外墙面的做法等。

完成的外墙剖面详图如图 7-21 所示。

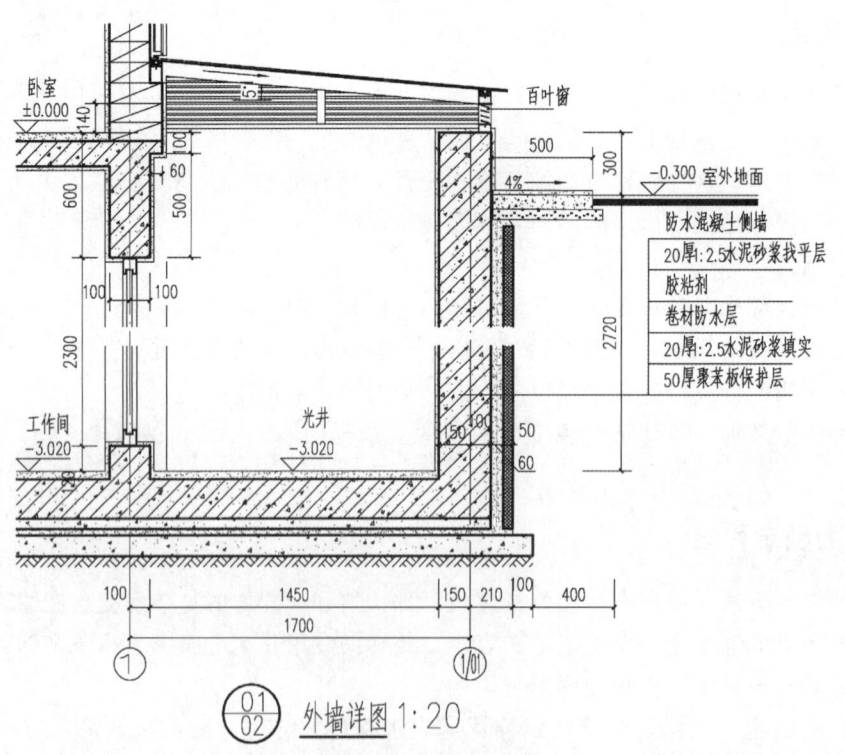

图 7-21 外墙剖面详图

2. 楼梯详图的绘制

楼梯是多层建筑物中上下交通的主要设施，如图 7-22 所示。常见的楼梯分为钢筋混凝土楼梯、钢楼梯、木楼梯、消防梯、自动梯等多种类型。它除了要满足行走方便和人流疏散畅通外，还应有足够的坚固耐久性。目前多层建筑内主要垂直交通多采用现浇钢筋混凝土楼梯。

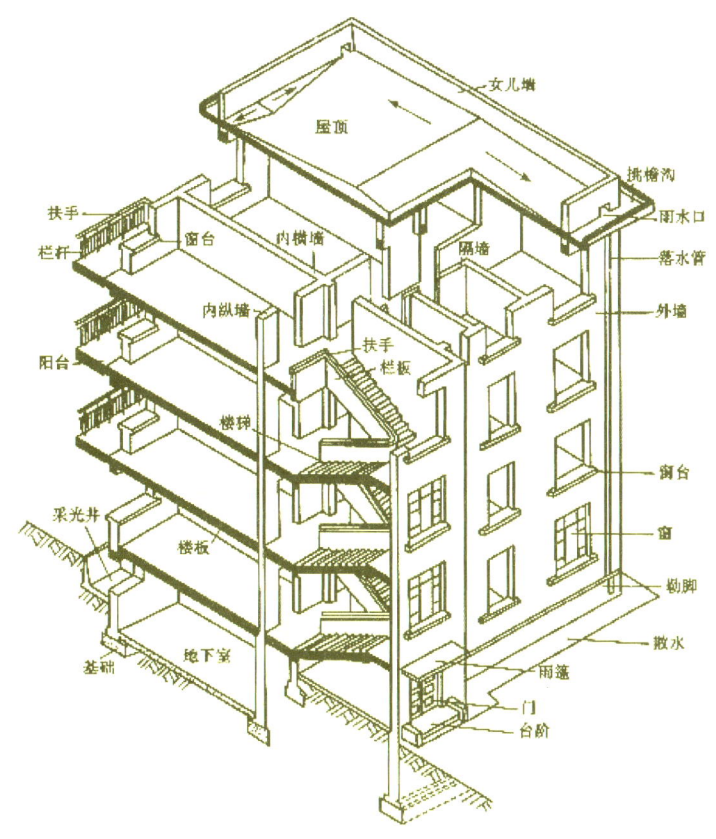

图 7-22　楼梯立体图

楼梯的构造一般由楼梯段（简称梯段，包括踏步或斜梁）、休息平台（包括平台板和梁）和栏板（或栏杆）等组成。楼梯的构造比较复杂，需要另画详图表示。楼梯详图主要表示楼梯的类型、结构形式、各部位的尺寸及装修做法，是楼梯施工放样的主要依据。

楼梯详图一般包括楼梯平面图、楼梯剖面图和踏步、栏板详图等，并尽可能画在同一张图纸内。平、剖面图比例要一致，以便对照阅读。踏步、栏板详图比例要大些，以便表达清楚该部分的构造情况。

楼梯详图包括的图示内容和相应的规定画法如下所示。

（1）楼梯平面图。

楼梯平面图的形成与建筑平面图相同，绘图不同之处是用较大的比例，便于把楼梯的构配件和尺寸详细表达。一般每一层楼都要画一个楼梯平面图。三层以上的建筑物，若中间各层的楼梯位置及其梯段数、踏步数和大小都相同时，通常只画出首层、中间层和顶层三个平面图即可。如图 7-23 所示。常用的楼梯平面图的比例为 1∶50。

楼梯平面图的剖切位置，通常位于该楼层门窗洞和往上走的第一梯段（休息平台以下）的任一位置处。各层被剖切到的梯段，按照"国标"规定，均在平面图中用一根 45°折断线表示剖切位置，首层平面图在折断线上方的步级不需要画出。在楼梯平面图的每一梯段起始处画有一个长箭头，并注明"上"或"下"的步级数目，标明从该楼层（或地面）往上或往下多少步级可以到达上（或下）一层楼（地）面。各层平面图中还应标出楼梯间的轴线。当需要画出楼梯剖面图时，在首层平面图中还应标注楼梯剖面图的剖切符号。

楼梯平面图中，除了要注明楼梯间的开间和进深尺寸、楼地面和休息平台面的标高尺寸外，还需

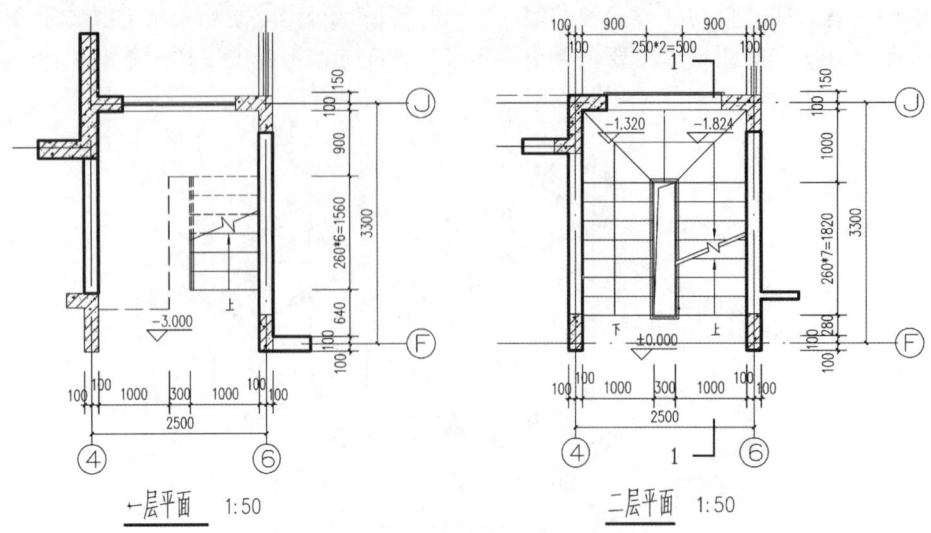

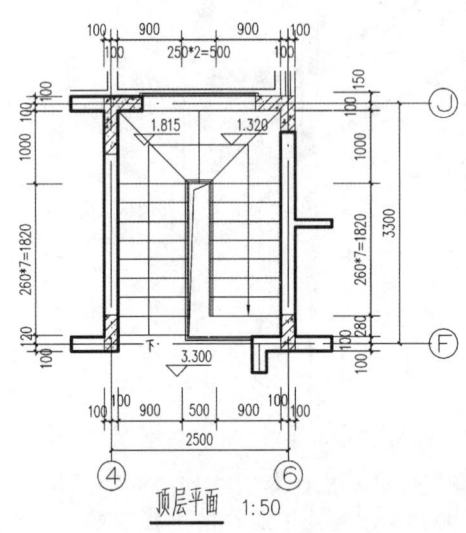

图 7-23 楼梯平面图

要注明各个细部的详细尺寸。通常把梯段长度和踏面宽、踏面数的尺寸合并写在一起，中间用乘号连接。因为梯段最高一级的踏面和平台面重合，因此踏面数要比步级数少一格。通常，三个平面图应该画在同一张图纸内，并互相对齐，便于阅读，且可以避免重复标注尺寸。

（2）楼梯剖面图。

楼梯剖面图的形成与建筑剖面图相同。它能完整、清晰地表示出楼梯间各层楼地面、梯段、平台、栏板等的构造、结构形式以及它们之间的相互关系，如图 7-24 所示。习惯上，若楼梯间的屋面没有特殊之处，一般可不画出。

在多层建筑物中，若中间各层的楼梯构造相同时，则剖面图可只画出底层、中间层和顶层剖面，中间用折断线分开。

楼梯剖面图能表达出房屋的层数、楼梯梯段数、步级数等。且应该注明地面、平台面、楼面等的标高和梯段、栏板的高度尺寸。梯段的高度尺寸的标注和楼梯平面图中梯段长度的标注方法相同，但是标注的是步级数而不是踏面数。栏杆的高度尺寸为踏面中到扶手表面的高度，一般为 900mm，扶手的坡度和梯级的坡度要一致。

如需要画出扶手、踏步、梯级的大详图，则需在楼梯剖面图上画上索引符号。

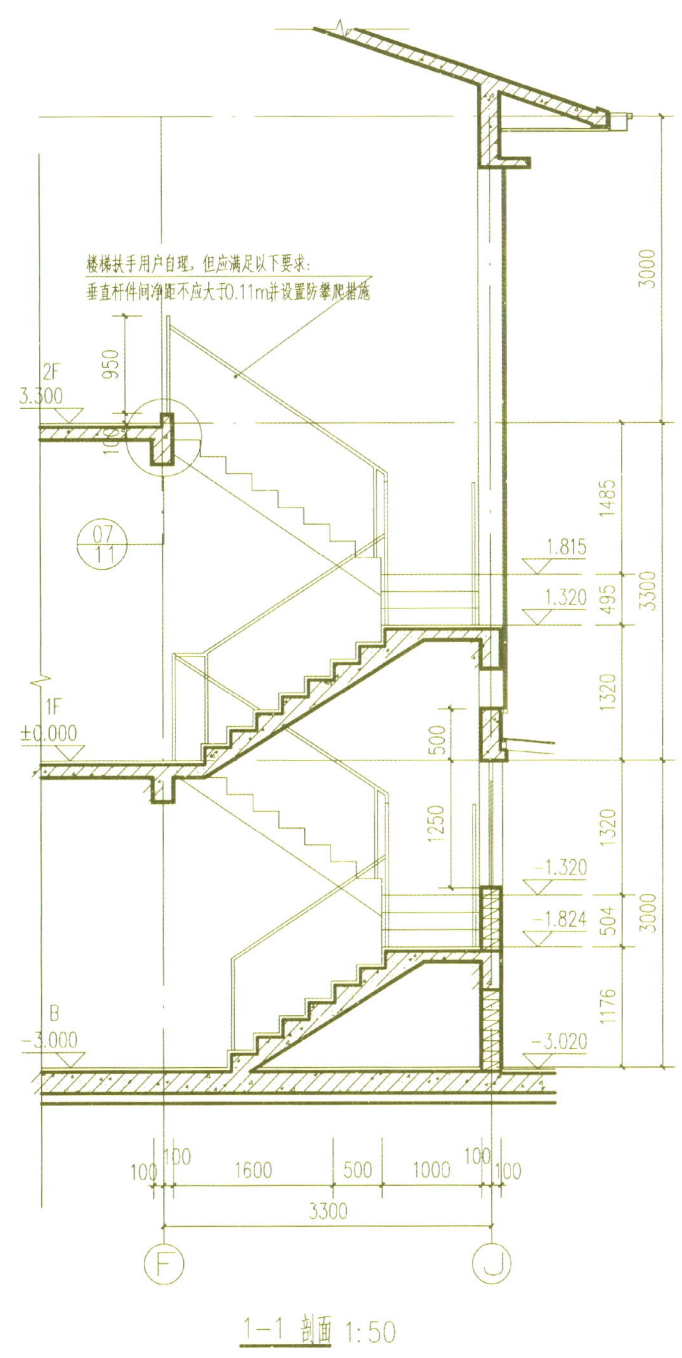

图 7-24 楼梯剖面图

(3) 楼梯节点详图。

在用 1∶50 的绘图比例绘制楼梯平面图和楼梯剖面图时，很可能仍然难以表达清楚如踏步、栏杆、扶手等的细部构造以及它们的尺寸和做法。为此在实际绘图过程中，往往还需要使用更大的绘图比例，表达更加细部的构造，如图 7-25 所示。楼梯节点详图反映了踏步的形状、材料、构造与尺寸等。

(4) 楼梯详图的画法要点。

1) 楼梯平面图的绘制应先确定轴线和隔墙位置。然后根据楼梯间的开间、进深和楼层高度，确定平台深度、梯段宽度、踏面宽度、梯段长度、梯井宽度、级数等数值。

2) 可用平分两平行线间间距的方法画出平面图上的踏面投影。剖面图上也是一样。

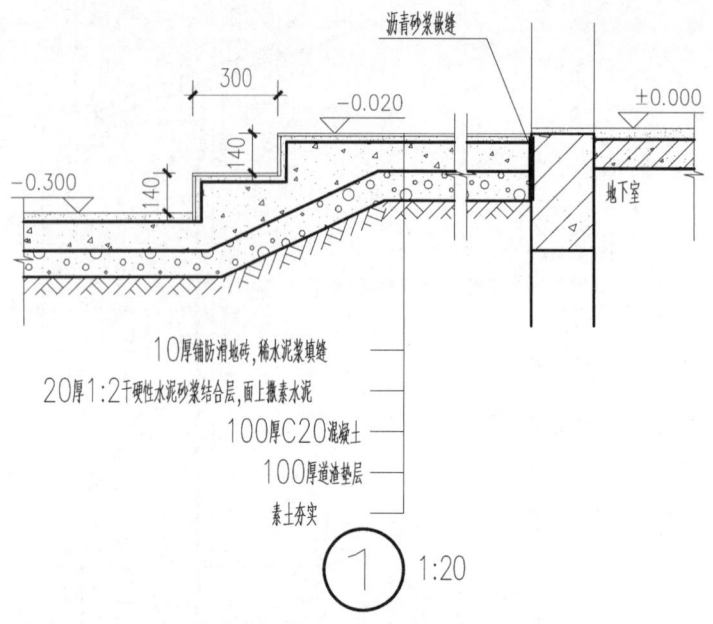

图 7-25 楼梯节点详图

3) 剖面图的比例和尺寸应与平面图一致，画栏板（栏杆）时，其坡度应与梯段一致。

4) 具体的栏板、踏步、扶手等的详图，应详细标注尺寸和材料。图线要求同平面图和剖面图。

第8章 透视图基础

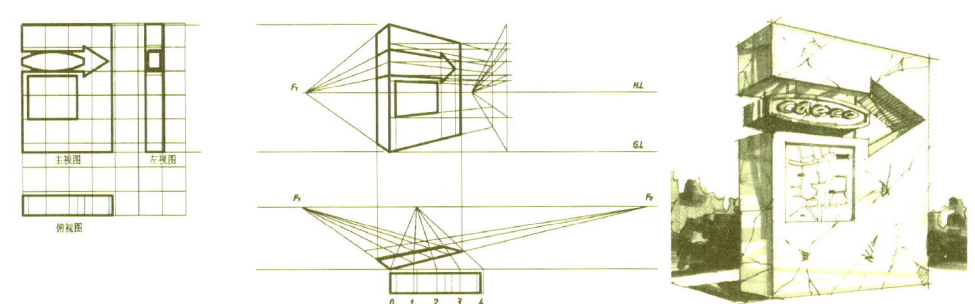

- **本章学习目标**

  1. 了解透视形成的原理和种类。
  2. 掌握透视的常用术语和基本画法。
  3. 掌握画面、视点和物体相对位置的确定。
  4. 熟练掌握一点、二点透视图的基本画法。
  5. 掌握简捷透视图画法。

- **本章学习重点**

  1. 熟练掌握一点、二点透视图的基本画法。
  2. 掌握简捷透视图画法。

8.1 透视概述

透视图能直观、准确地表达物体的视觉效果。所以,透视图被广泛应用于表现建筑设计和产品设计等效果图制作,透视图的绘制是设计和绘画的重要基础,也是设计师应具备的基本专业技能之一。

8.1.1 透视图的基本概念

透视学是一门描绘视觉空间表现方法的科学。简单地说,它是将人眼所观察到的景物投影在眼前的一个画面上,在此画面上描绘景物的一种方法。"透视"一词来源于拉丁文"Perspclre"(看透),故有人解释为"透而视之"。透视现象在生活中随处可见,如图 8-1 和图 8-2 所示的室内外空间具有很强的透视效果。

在日常生活中,我们看物体的形状有大小、高低、远近或长短之分,这是由于我们所处方位和距离的不同,在视觉上产生了不同的视觉现象,使我们看到的形体与原来的实际状态发生了变化,这种视觉现象就是透视现象,如图 8-2 所示的建筑形体越远越矮,越远体积越小,长方形变成了梯形。人站在不同位置所见的透视效果也不相同。

图 8-1 一点透视现象

图 8-2 二点透视现象

8.1.2 透视图的原理与术语

如图 8-3 所示为透视图形成原理和常用术语。这些透视术语在透视作图中经常出现，因此必须熟悉和掌握，具体术语如图 8-3 所示。

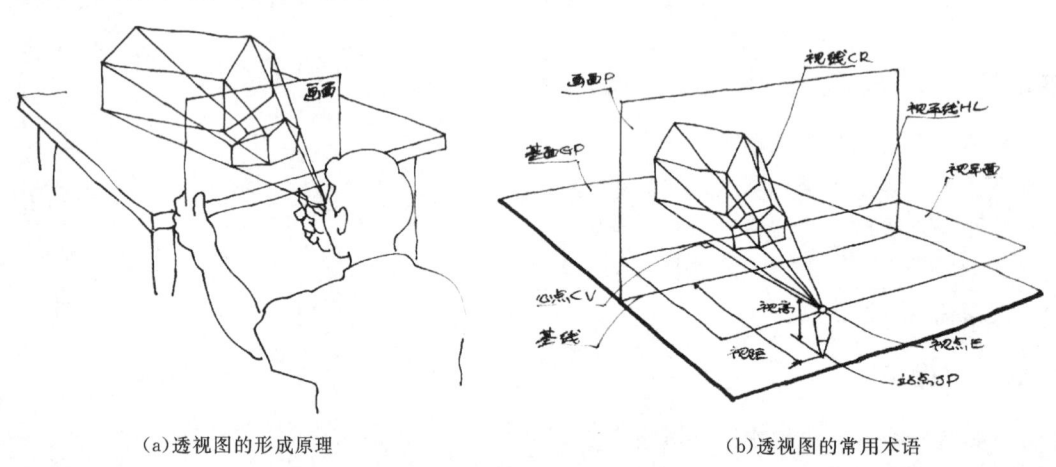

（a）透视图的形成原理　　　　　　　（b）透视图的常用术语

图 8-3 透视图的原理与术语

P 画面：透视图所在的平面，垂直于基面。

GP 基面：放置物体的水平面（一般常为地面）。

HL 视平线：通过心点所做的水平线（或等于视高的水平线）。

E 或 S 视点：人眼所在的位置。

CV 或 O 心点：视点在画面视平线上的正投影，也称主点。

SP 站点：人站立的位置，是视点在水平面的垂直投影，也称足点。

M 测量点：视点到灭点的距离，投影在视平线上。

VP 或 F 消失点：在透视图中，一组或几组平行线消失于视平线上的不同位置的点，又称灭点。

D 距点：视点到心点的距离，投影在视平线心点的两侧。

视距：视点到画面的垂直距离。

视高：视点到基面的高度。

真高线：在透视图中能反映物体或空间真实高度的线。

8.1.3 学习透视的目的

学习透视图主要是为设计和艺术创作奠定基础，即掌握在二维空间里表达三维立体形象的方法。

在工业设计、艺术设计、景观设计等过程中,不仅需要借助透视图推敲方案,更需要进行设计意图的表达。透视图的真实性,直观性为设计提供了最适宜的手段和方法。在掌握透视基本原理基础上,通过快速的手绘草图将设计意图表现出来,是学习透视图画法目的,如图8-4所示的设计透视草图。

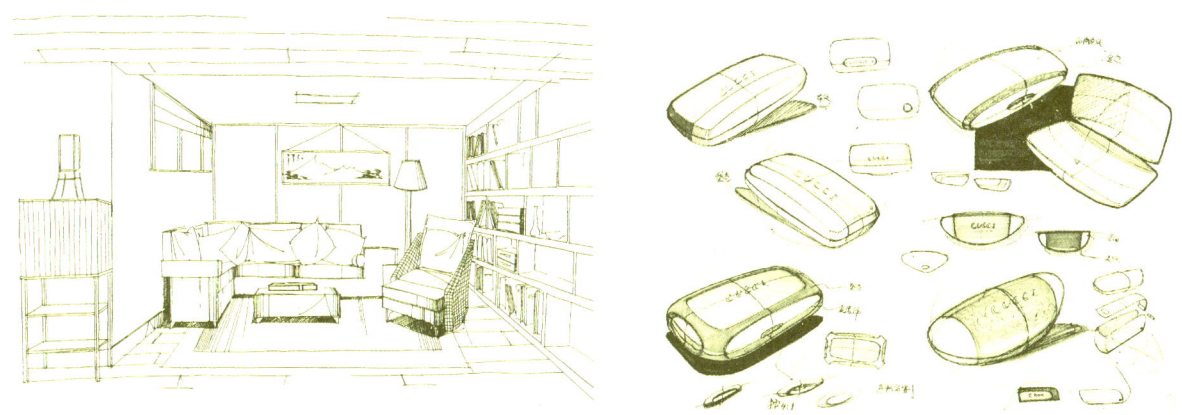

图8-4　透视草图

其次,学习透视图能够培养我们良好的空间想象能力。绘制透视图的过程实际上是将物体多个方向的正投影图(如平面图和立面图等)综合成为一个符合视觉习惯的立体图形。在这一过程中,空间想象发挥着重要的作用。

另外,学习透视图可以培养我们逻辑思维和理性分析的能力。透视学是建立在数学和几何学基础上的一门数理性很强的学科,在透视图的绘制过程中需要做大量缜密的分析和推导。

8.2　透视图分类与基本画法

8.2.1　透视图分类

1. 一点透视图

一点透视又称平行透视。在一点透视图中,其画面应与实际物体的一个面平行,因此,它只存在一个灭点,如图8-5(a)所示。

2. 二点透视图

两点透视也称成角透视。在两点透视中,透视图有两个灭点。它通常用来表现建筑或产品的正面与侧面透视变化,如图8-5(b)所示。

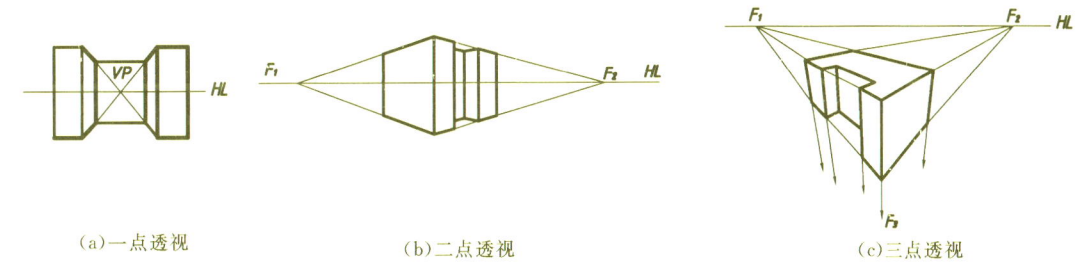

(a)一点透视　　　　(b)二点透视　　　　(c)三点透视

图8-5　透视图的分类

3. 三点透视图

三点透视也称斜透视。在三点透视中,形体相对于画面,其各个面和棱线都不平行于画面,立体的三个主要面有三个灭点,如图8-5(c)所示。

8.2.2 画面、视点和物体相对位置的确定

由于视点位置和画面与物体的相对位置的变动，对透视图效果影响很大。因此，要绘制较理想的透视图，需对它们的相对位置进行适当的选择。

1. 画面位置的确定

在一点透视图中，由于物体主要面与画面平行，此时，心点位置选择会对透视图产生影响，如图 8-6 所示。在二点透视图中，一般常使物体主要面与画面的夹角成 30°或 60°，以使两侧面的透视效果有所侧重，如图 8-7 所示。

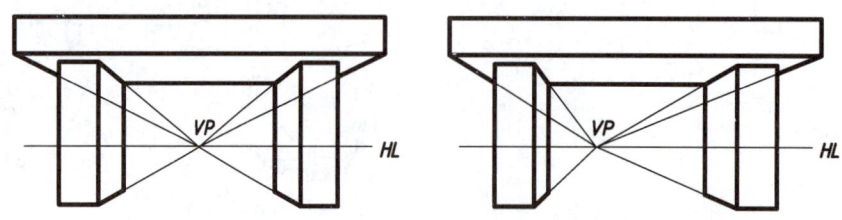

图 8-6 心点位置对一点透视效果的影响

2. 视点

视点 S 向画面作正投影得到主点 S′ 的位置，一般将主点位置布置在视角范围的左或右 1/3 距离处，这样透视图表现的主要面有所侧重，使画面醒目美观，如图 8-7 所示。

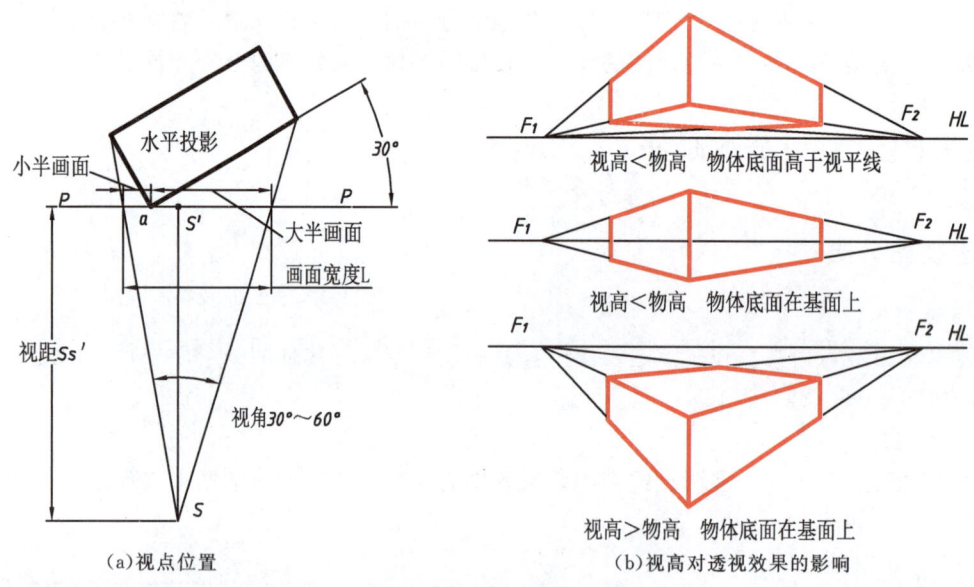

(a) 视点位置　　　　　　　　　　　(b) 视高对透视效果的影响

图 8-7 视点、视高对透视图的影响

3. 视高的确定

视高（视平线的位置）一般选人站立时的眼睛高度，约为 1.5～1.7m 为好，其透视效果符合人的视觉习惯，当物体高度与视高变化时，透视效果变化如图 8-7（b）所示。另外，视距与画面宽度之比一般在 1∶2～1∶3，以保证较合理的透视效果。

8.2.3 透视图的基本画法

1. 一点透视图基本画法

（1）用视线法原理求作已知几何体的一点透视图。

视线法又称视线迹点法，它是直接利用透视形成基本原理作图的一种方法，即利用视线与画面的

交点来确定物体的透视，又称直接法或建筑师法。

如图 8-8 所示是几何形体一点透视画法。由于几何体的两组主棱线已经与画面平行，凡与这两组主棱线平行的几何体上的线均与画面平行。画图主要是解决与画面垂直方向上透视深度的位置，其方法是通过视点 S 向几何体上各顶点作连线，连线与画面 P 交点即可确定透视深度的位置。

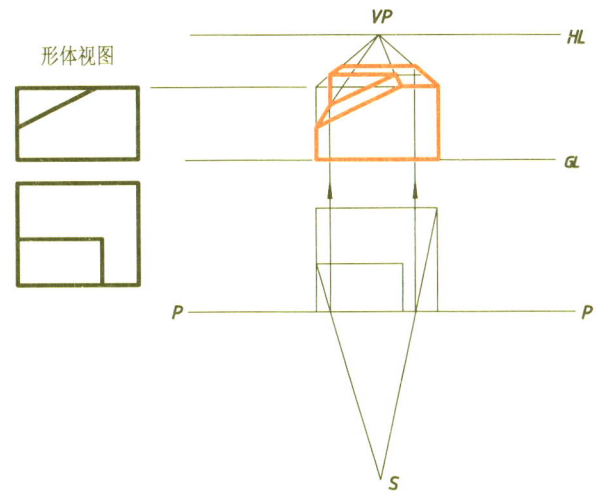

图 8-8　视线法画一点透视图

（2）用量点法原理求作一个立方体的一点透视图。

所谓"量点"，实际上是辅助作图的特殊点，利用量点来确定直线上点的透视位置的方法，称为量点法。在一点透视（平行透视）中，量点法又称为距点法。

例题 1：已知立方形的边长 a，根据设计需要确定视平线 HL 和基线 GL 及站点 S。用量点法求作立方体的一点透视图，如图 8-9 所示。

解：过 S 作视平线 HL 的垂直线交于 VP，VP 即为灭点（在一点透视中又可称为心点 O），以 VP 为圆心，VP-S 为半径作圆交 HL 于 M，M 即为量点（又称距点），由量点可确定立方体深度位置。根据立方体的边长，灭点 VP 和量点 M 位置画出立方体的一点透视图，如图 8-9 所示。

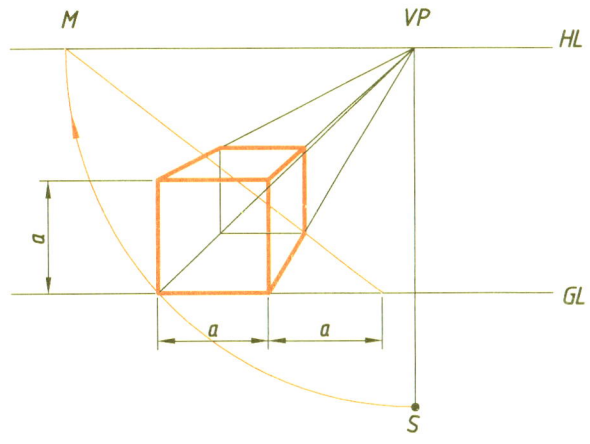

图 8-9　量点法画一点透视图

例题 2：通过已知平面图 8-10（a）和网格的基本单位，绘制一幅室内空间的一点透视图。

解：室内一点透视效果图的画法是比较常用的一种作图形式，其作图步骤如下：

1）按室内的实际比例尺寸确定房间外框 ABCD，在水平线 AB 上标明等分刻度。根据视高画出视平线 HL，在 HL 线上确定灭点 VP 和量点 M 位置，方法如前所述，如图 8-10（b）所示。

2) 从 AB 线上的各刻度向 VP 点连线，从 M 点向水平线 AB 上等分点作辅助透视连线，得到进深方向各透视点位置，完成室内地面网格，如图 8-10（c）所示。

3) 根据要求画室内平面图，在平面图上的方格中体现家具种类、数量和大小等，如图 8-10（d）所示。

4) 按方格的透视变化表现出家具的位置及家具平面透视深，如图 8-10（d）所示。

5) 根据室内家具高度画出等高线，并画出各家具的形象特征，如图 8-10（e）所示。

6) 最后在此基础上完成了室内一点透视图的草图绘制，如图 8-10（f）所示。

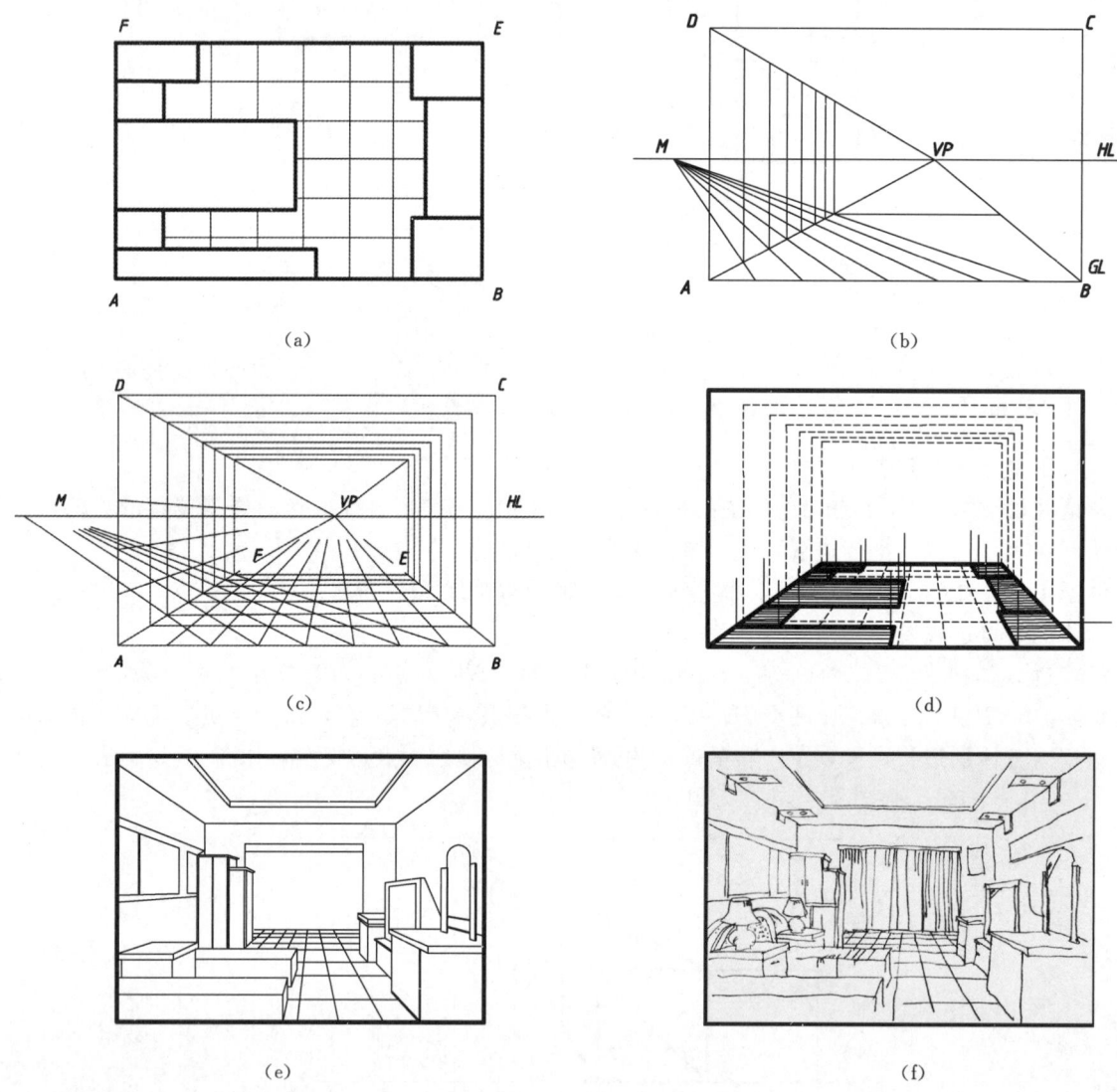

图 8-10 室内一点透视图的作图过程

2. 二点透视图基本画法

(1) 用视线法原理求作房屋的二点透视图。

已知房屋的平面图和立面图及透视条件，如图 8-11 所示。用视线法绘制房屋的二点透视图。

作图步骤如下：

1) 过站点 s 作 ab 和 bc 的平行线交画面 P-P 于 F_1、F_2，F_1、F_2 即为左右两个灭点。

2) 在视平线 HL 上定出 F_1、F_2，由 b_0 点（真高线位置）向 F_1、F_2 作一组连线。

3) 由 s 向 a、b、c、d 等点作视线，在画面上交得 a_x、b_x、c_x、d_x 等点，确定透视图相应点的位置，并通过房屋立面图确定高度方向点的位置。

4) 加深透视图形房屋的轮廓，如图 8-11 所示。

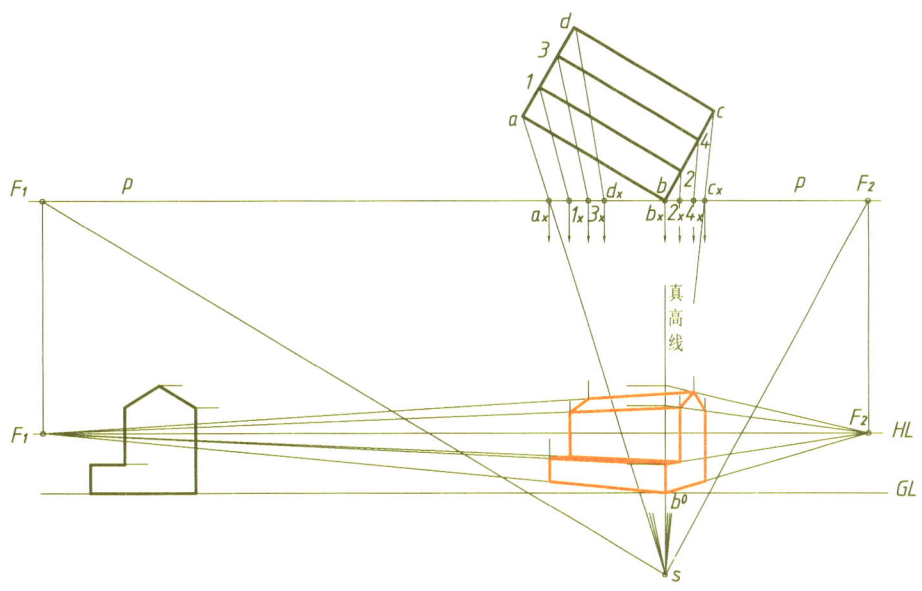

图 8-11 视线法作房屋的二点透视图

（2）用量点法原理求作一个长方体的二点透视图，如图 8-12 所示。

例题 3：已知长方体的长 L，宽 W，高 H，根据设计要求确定视平线 HL，基线 GL，选站点 S。

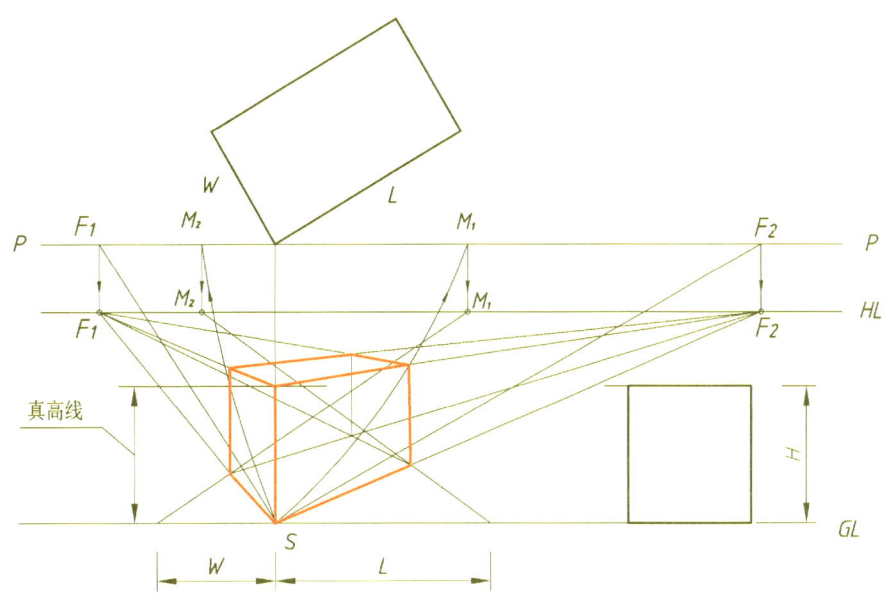

图 8-12 量点法的二点透视作图

解：1) 根据站点 S 确定左右灭点 F_1，F_2（$SF_1 /\!/ W$，$SF_2 /\!/ L$），分别以 F_1，F_2 为圆心，以 SF_1，SF_2 为半径，作圆弧交视平线 HL 于 M_1，M_2，即为左右两个量点；

2) 根据灭点 F_1，F_2，左右量点 M_1，M_2，在透视线上画出长方体的长宽透视长度，再根据真高 H 进一步画出长方体的整体透视图，如图 8-12 所示。

（3）用网格为基础的量点透视法绘制应用，如图 8-13 所示。

首先使用透视网格画出平面图的透视后，然后利用正立面图，侧立面图画出透视轮廓特征，最后绘制细节完成透视效果图。

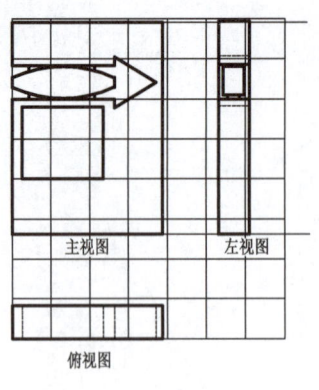
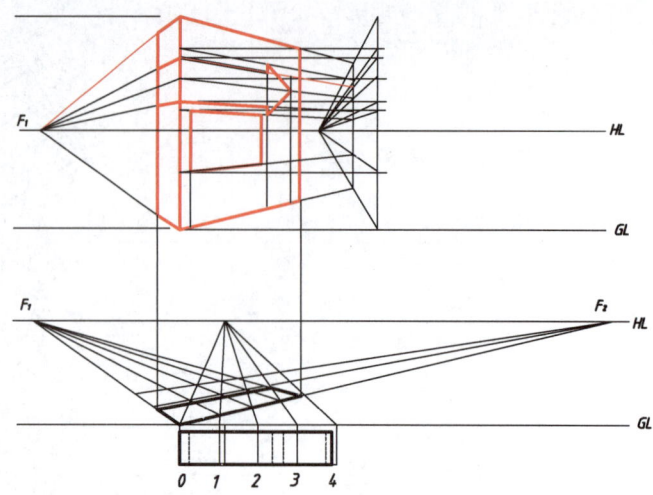

(a) 以网格为基础画透视作图

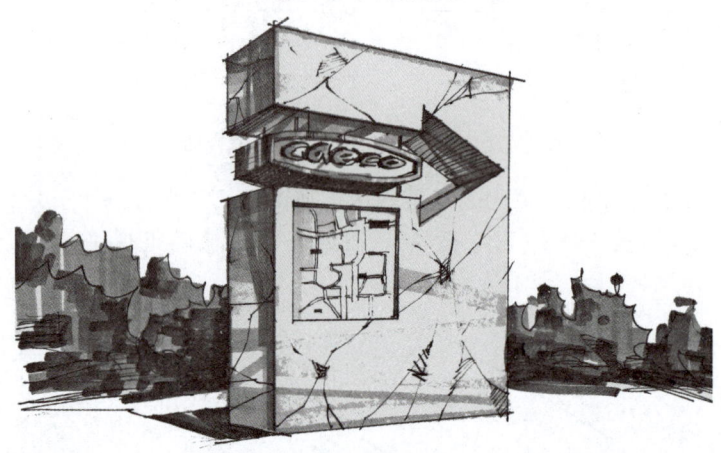

(b) 以网格为基础的透视效果图

图 8-13 网格透视画法的应用

作图步骤如下：

1) 把平面图等画在透视网格上。

2) 根据侧立面图和正立面图的尺寸和形态，画出主要的透视轮廓特征。

3) 最后画出透视的细节部分，完成透视效果图，如图 8-13（b）所示。

3. 圆的透视

当圆的所在平面平行于画面时，圆的透视仍是圆。当圆的所在平面不平行于画面时，圆的透视一般为椭圆。画圆的透视时，则先作出圆的外切正方形的透视，然后找出圆上的八个点，再用曲线板连接成椭圆。

（1）水平位置圆的透视，如图 8-14 所示。

（2）垂直于地面的圆的透视，如图 8-15 所示。

4. 三点透视基本画法

三点透视一般多用于超高层建筑，鸟瞰图或仰视图，个别产品因特殊需要也会选用这样的角度进行展示。

（1）画法原理。

如图 8-16（a）所示以立方体的三点透视作图为例。由圆的中心 A 以夹角 $120°$ 画三条线，与圆周交点为 F_1、F_2、F_3，并确定 F_1F_2 为视平线 HL。在 A 的透视线上任取一点为 B；由 B 向 HL 作

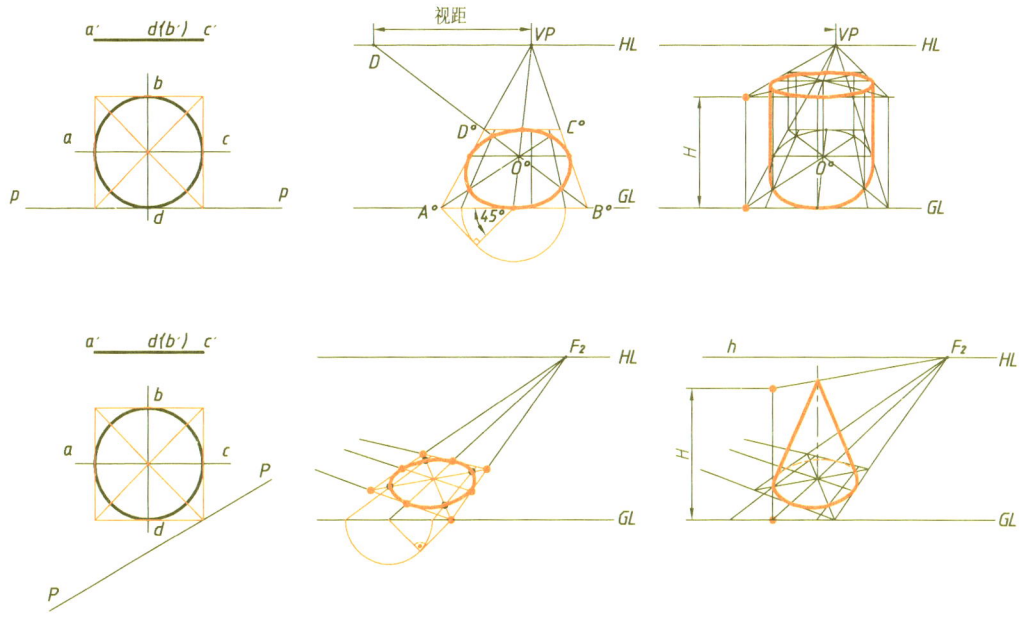

图 8-14 水平面内的圆的一点和二点透视及运用

(a) 垂直于地面的圆的透视及运用

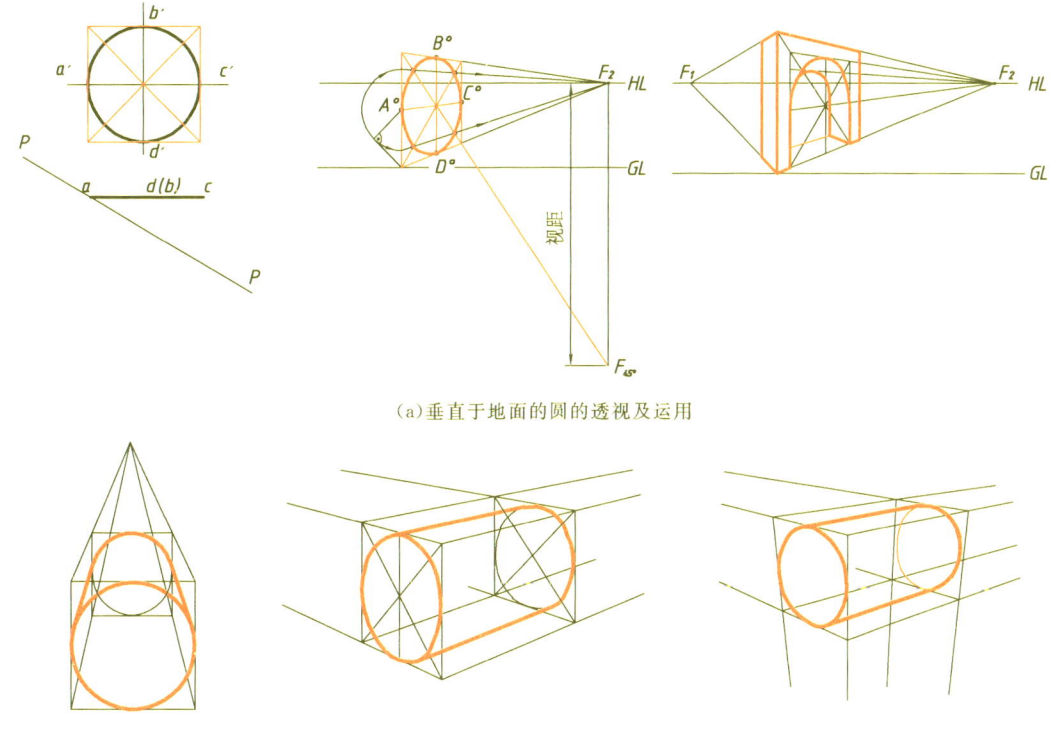

(b) 圆柱体的一点、二点及三点透视图

图 8-15 垂直面内的圆的透视

平行线,与 A-F_1 的交点为 C,BC 为立方体上对角线之一;在 B、C 的透视线上求 D、E,连接相应线完成透视图。此为左右上下均由 45°角相接的立方体三点透视图。

(2) 基本作图。

我们根据一座建筑来分析三点透视作图方法和步骤,具体如图 8-16 (b) 所示。

首先根据实际比例画出视高线 HL 和基线 GL,并在基线上任定一点 S,作为建筑物的一角点,然后在上方任定一灭点 F_3,F_3 不要太偏,并连接点 S 和 F_3。在线 SF_3 上标出高度刻度。具体作图

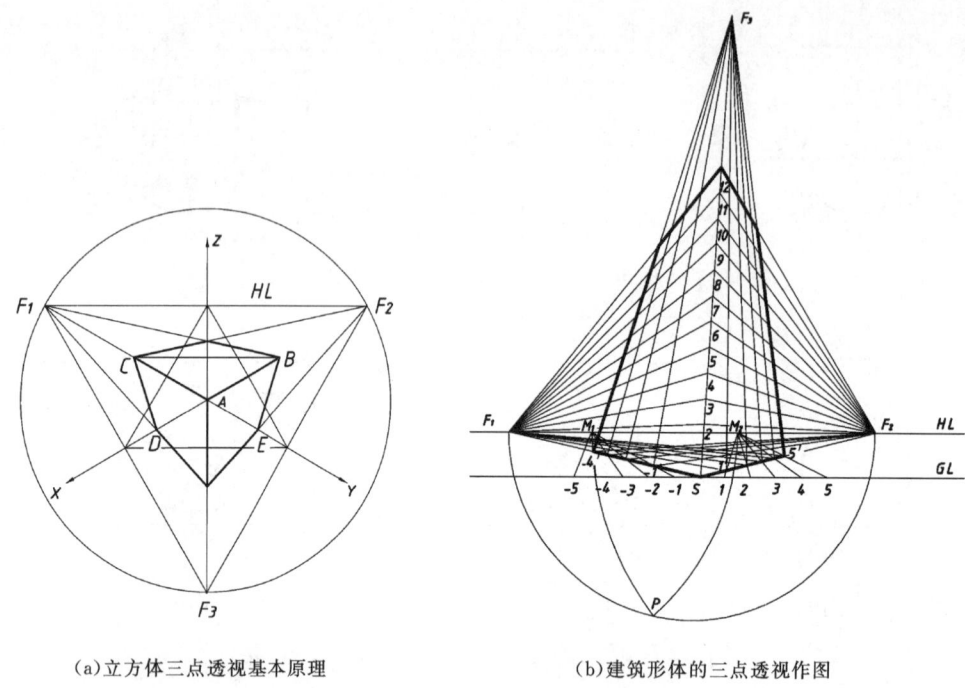

(a) 立方体三点透视基本原理　　(b) 建筑形体的三点透视作图

图 8-16　三点透视作图方法

如下：

步骤 1　视高线 HL 上，F_3 的两边各任定一点 F_1、F_2 作为左、右灭点，再以两灭点间的距离为直径画半圆，然后在半圆上任取一点 P，分别以 F_1、F_2 为圆心，F_1P、F_2P 为半径做圆弧交视高线于两点 M_1、M_2。

步骤 2　在基线 GL 上、点 S 的两边分别标上进深刻度，右为正、左为负，连接 SF_1、SF_2，再过 M_1 分别连接 -1、-2、-3、-4、-5 交线 SF_1 于点 $-1'$、$-2'$、$-3'$、$-4'$，过 M_2 分别连接点 1、2、3、4、5，交 SF_2 于点 $1'$、$2'$、$3'$、$4'$、$5'$。

步骤 3　过点 F_1 分别连接 $1'$、$2'$、$3'$、$4'$、$5'$，过点 F_2 分别连接 $-1'$、$-2'$、$-3'$、$-4'$、$-5'$，即可得到 1、2、3、4、5 和 -1、-2、-3、-4、-5 的进深透视线，过线 F_3 上的高度刻度分别与 F_1、F_2 相连，即可得高度透视线。

8.3　简捷透视图画法

根据前述的透视理论和作图方法，可以保证透视图的准确性，但需很大的图幅，且难以预测完成透视图的效果。所谓简捷透视作图法是在不违反透视规律的基础上，探索简化作图方法。它的优点是可以克服上述弊病，图形效果基本能满足设计表现效果，且实际操作性较强，缺点是图形准确性较差。本节介绍部分常见的简捷透视作图法。

8.3.1　一点和二点透视的简捷画法

1. 一点透视简捷作图法

以正方体为例，具体作图步骤如图 8-17 所示。

（1）在适当的位置作视平线 HL，并定好心点 O，作正方体正投影 $ABCD$，分别将其四角顶点与心点 O 相连（即正方体垂直于画面的棱的全透视）。

（2）在视平线 HL 上适当的位置设定正方体上下底面对角线的灭点 VP，并作对角线的全透视，得正方体垂直于画面的一边的透视长 AK。

（3）分别作平行线或心点 O 连线，加深正方体透视的可见轮廓线，完成作图。

2. 二点透视简捷作图法

以正方体为例，具体作图步骤如图 8-18 所示。

（1）任意画三根坐标轴 O_1X、O_1Y、O_1Z，在 Z 轴上取一点 A，使 O_1A 等于正方体的边长，过 A 点作透视 AB，使 AB 比 O_1X 斜度要小。确定 AB 透视后，意味着透视角度、视平线、灭点等都已确定。

（2）过 X、Y 轴任作一水平线 O_2O_3，并做出矩形 O_2O_3rq。

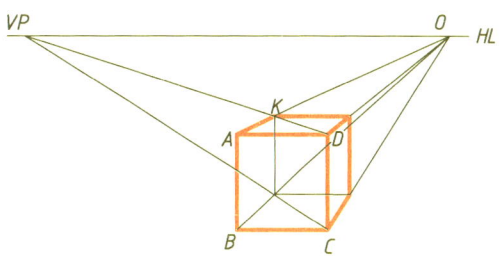

图 8-17　一点透视简捷作图

（3）以 O_2O_3 为直径作半圆交 Z 轴于 m 点，再以 O_2、O_3 为圆心，以 O_2m 和 O_3m 为半径作圆弧交得 p 与 n 点，连接 O_1n 和 O_1p 延长得到 D、B 点。

（4）最后利用正方体上表面的对角线画出 F 点，完成正方体的二点透视。这种不需先找出灭点的透视作图又称为无灭点作图法。

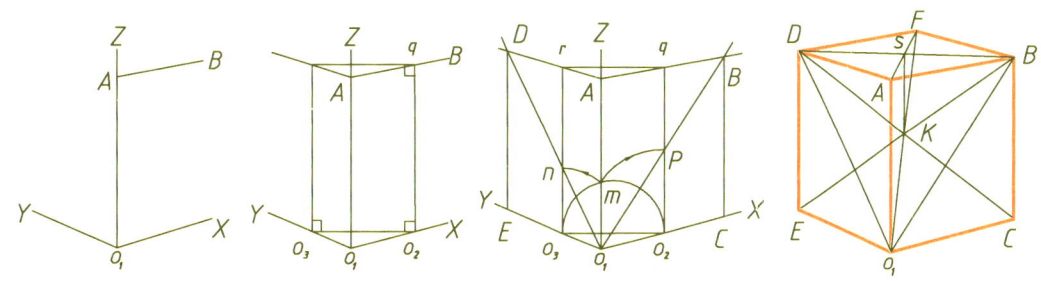

图 8-18　二点透视简捷作图

8.3.2　45°简捷透视图画法

绘制 45°透视图的步骤如图 8-19（a）所示（以正方体为例）。

（1）在视平线 HL 两端的适当位置设定左、右两灭点 F_1、F_2，取中点为心点 O，并由心点 O 引铅垂线，在铅垂线上（此时，图形对称略显呆板）或左右适当位置确定正方形连接点 A，由 A 向两灭点 F_1、F_2 连线（两连线的夹角宜＞90°）。

（2）过点 A 作水平线，并向上作铅垂线使 AB＝正方体实高。过点 A 作 45°倾斜线，并在其上量取 Aa＝正方体边长，由 a 向下引铅垂线交水平线于 a'，连接交点 a' 与心点 O，交 AF_1 于 C，AC 即为底边的透视长。过 C 点作水平线交得 D 点。

（3）分别由各点向灭点连线，加深正方体透视的可见轮廓线，完成作图。图 8-19（b）是此方法的图例。

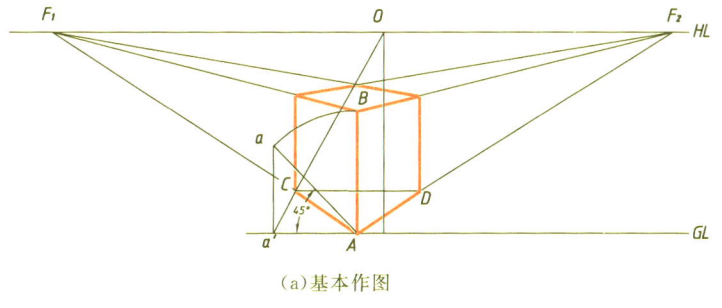
（a）基本作图

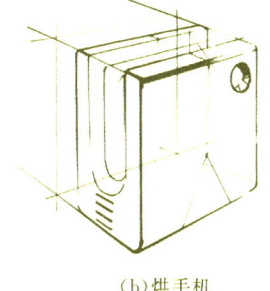
（b）烘手机

图 8-19　45°二点透视的简捷作图

8.3.3　30°～60°简捷透视图画法

绘制 30°～60°透视图的步骤如图 8-20 所示（以正方体为例）。

（1）在视平线 HL 两端的适当位置设定左、右两灭点 F_1、F_2，在视平线两灭点约 1/4 处设心点 O，并由心点 O 引铅垂线，在铅垂线上适当位置确定正方形连接点 A（确定了视高），由 A 向两灭点 F_1、F_2 连线（两连线的夹角宜＞90°）。

（2）过点 A 作水平线，并向上作铅垂线使 AB 等于正方体实高。过点 A 分别作与水平线成 30°和 60°倾斜线，并在其上量取 Aa＝Ab＝正方体边长，分别由 a、b 向下引铅垂线交水平线于 a'、b'，分别将交点 a'、b' 与心点 O 连线，交 AF_1 于 C，AF_2 于 D，AC、AD 即为底面两边的透视长。

（3）分别由各点向灭点连线，加深正方体透视的可见轮廓线，完成作图。图 8-20（b）、（c）是此方法的图例。

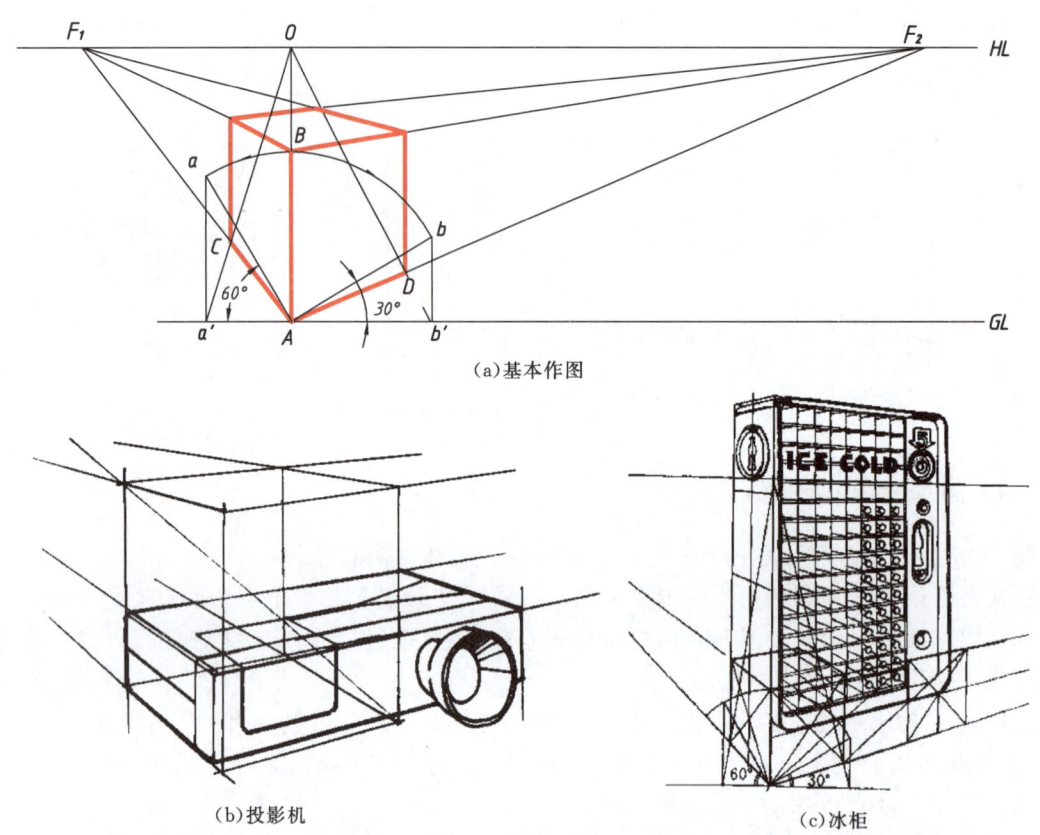

(a)基本作图

(b)投影机　　　　　　　　(c)冰柜

图 8-20　30°～60°二点透视的简捷作图

8.3.4　透视网格作图画法

我们把建立正方体透视和平行互分等方法结合起来，作出透视网格。根据产品正投影网格与透视网格坐标的对应关系，画出产品的透视，这种方法叫透视网格作图法。透视网格作图法适合应于外形复杂并已知产品视图和尺寸的情况，下面以两个例子说明作图方法和应用。

例题 4：用一点透视网格作图法绘制一建筑群的鸟瞰图，如图 8-21 所示。

作图步骤如下：

（1）在图 8-21 所示平面图上作正方形网格，并对网格编号。

（2）在画面上先画一条水平线，将网格最近的一边位于基线上；根据选定的视高在上方画出视平线 HL，确定心点 s°（本例心点 s°取在左右对称位置）。

(3) 由 $s°$ 点作 GL 垂线得到 s_x 点，取视距长度 1/10 得到 s_1 点，由 a 点作垂线并取视距长度 1/10 得到 b_1 点，连接 s_1b_1 线交基线 GL 于 b_x 点，过 b_x 点作垂线与 $as°$ 相交于 $B°$，即为点 b 的透视 $B°$。

(4) 从基线 GL 上各网格点向 $s°$ 作透视线与过 $B°$ 点和点 10 的连线相交，即可做出网格的透视。

(5) 在网格透视上先画出建筑物的平面透视，再利用真高线画出各建筑物的透视，最后完成透视图。

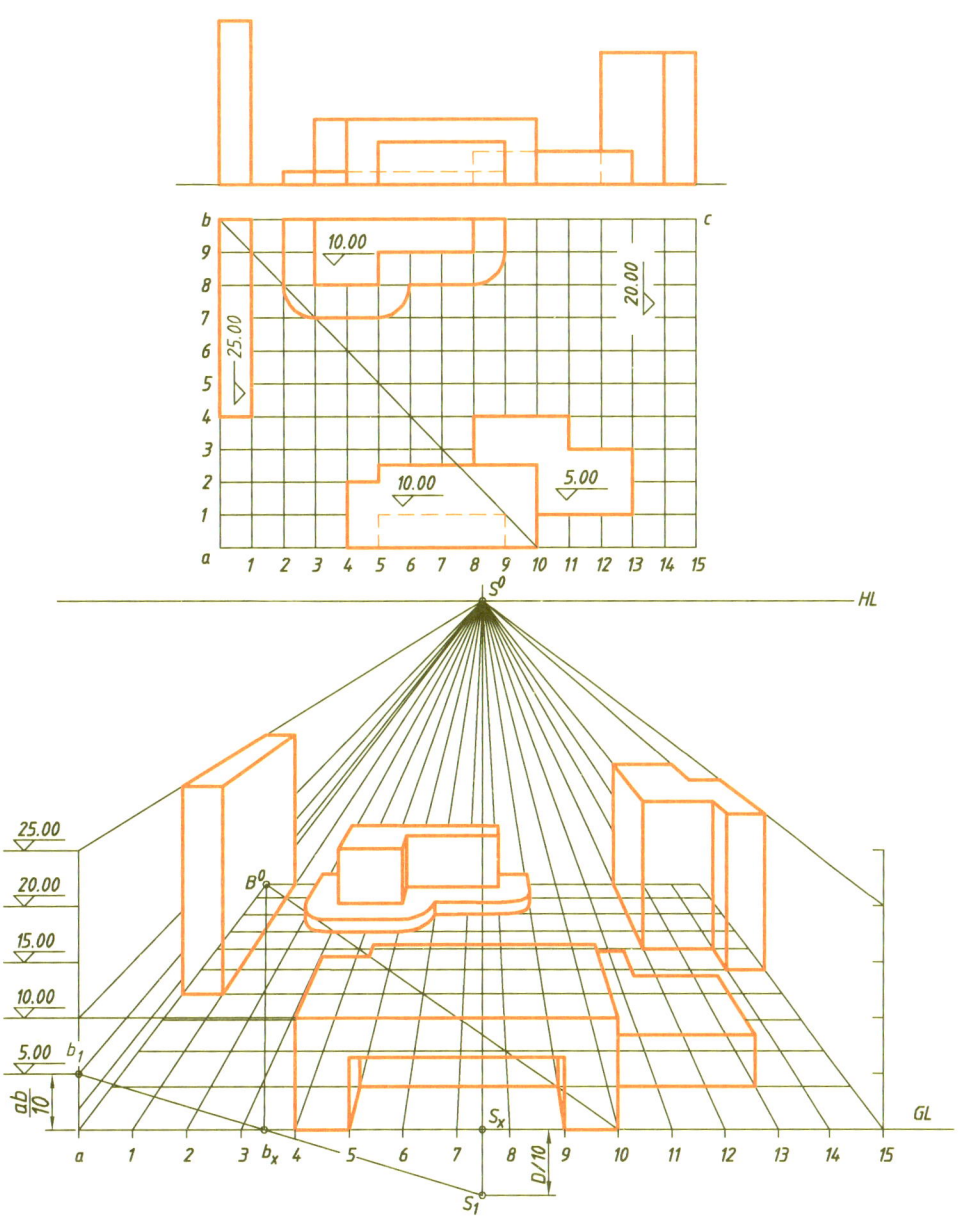

图 8-21 用网格作图法绘制一点透视建筑群的鸟瞰图

例题 5：用二点透视网格作图法绘制一辆大客车，如图 8-22 所示。

作图步骤如下：

(1) 将大客车的外形尺寸图，按一定的比例尺寸作网格（如长、宽、高每单位尺寸为 0.5m）。

(2) 用正方体的新透视图法作正方体透视（取 3m 为单位），并使其倍增到所需的尺寸（也可用长方体新透视图法，按大客车长、宽、高的尺寸作长方体的透视图）。

(3) 用平行区分法将长方体各方向尺寸，按尺寸图同样的比例，将长方体透视进行分割，画出透视网格。

(4)根据尺寸图与透视网格坐标的对应关系,在透视网格上标出外形特征点的位置,画出轮廓形状。

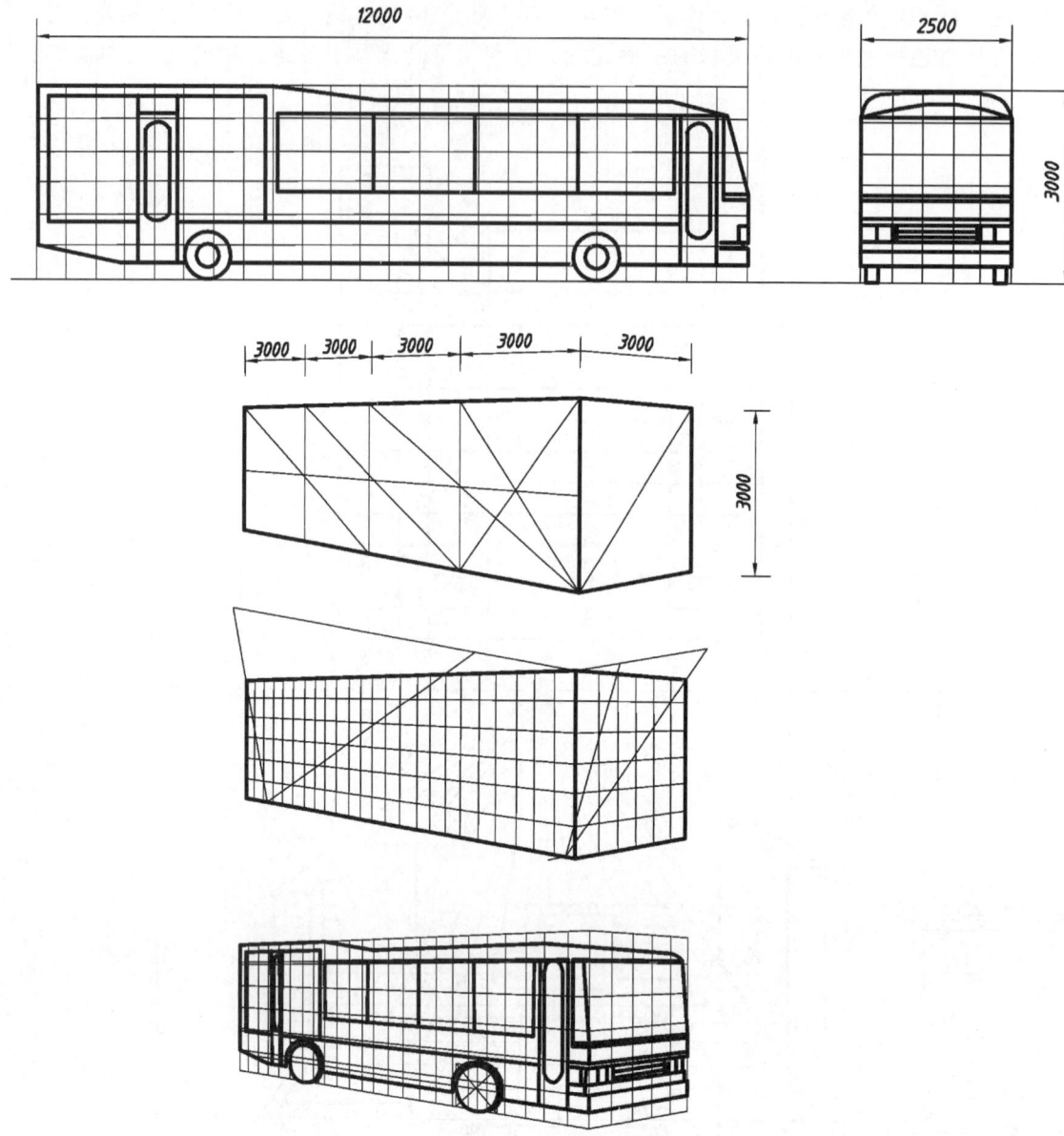

图 8-22 网格透视的简捷作图

8.3.5 室内微角二点透视图画法

当选取心点 O 的位置超出画面中央 1/3 处时,用一点透视会产生视觉上的不稳定感,而采用室内微角透视法,可使透视画面稳定,并使画面显得活泼。

图 8-23 是室内微角二点透视图画法,具体步骤如下:

(1)与室内一点透视作法相同,先定出点 O(进深线的灭点),然后定出宽度线的透视方向如 CF 线(CF 线与视平线 HL 有相交的趋势),以确定室内宽度的透视线 AB′、CD′,如图 8-23(a)所示。

(2)用量点 M 作出室内进深的透视的等分点,如图 8-23(b)所示。

(3)利用对角线和中线求出室内地面内角 b,如图 8-23(b)所示。并用地面平行线分割的方法将进深线 B′b 四等分,如图 8-23(c)所示。依次连接分割点,在侧立面过分割点作垂线。

（4）从高和宽的各等分点向心点 O（即进深线的灭点）连线，得室内宽度和高度的分割线。即完成室内两点透视网格制作，如图 8-23（d）所示。

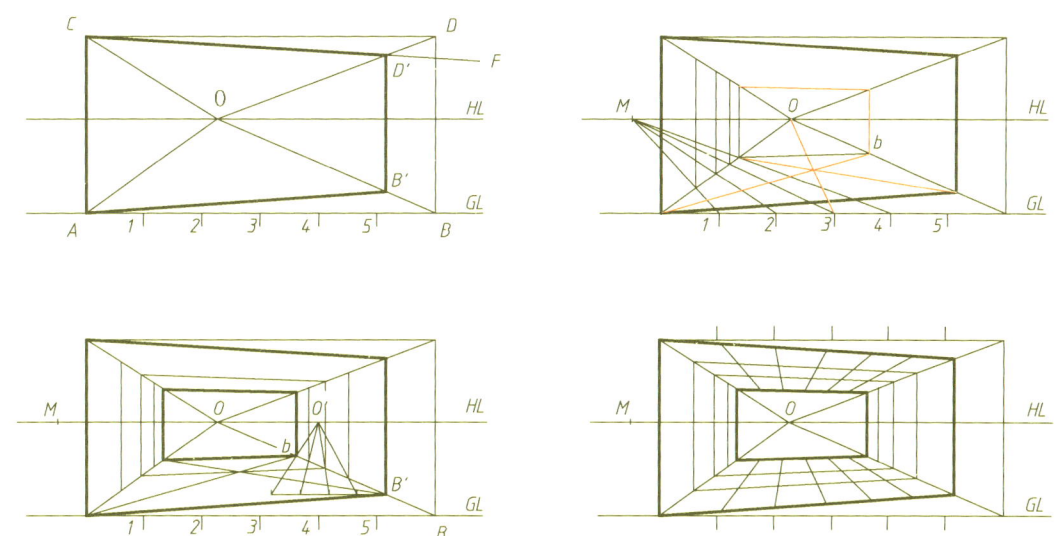

图 8-23 室内微角二点透视图画法

图 8-24 是利用室内微角二点透视原理为基础，绘制室内二点透视草图。

图 8-24 利用室内微角二点透视为基础绘制的透视草图

附 录

附表 1　　普通螺纹的直径与螺距 (GB/T 193—2003)

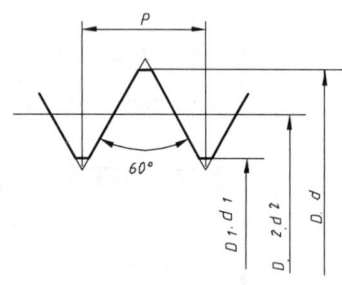

标记示例
直径 24、螺距为 3mm 的粗牙右旋普通螺纹：
　　M24
直径 24、螺距 1.5mm 的细牙左旋普通螺纹：
　　M24×1.5

单位：mm

公称直径 D、d		螺距 P		粗牙小径 D_1、d_1	公称直径 D、d		螺距 P		粗牙小径 D_1、d_1
第一系列	第二系列	粗牙	细牙		第一系列	第二系列	粗牙	细牙	
3		0.5	0.35	2.459		22	2.5	2、1.5、1、(0.75)、(0.5)	19.294
	3.5	(0.6)		2.850	24		3	2、1.5、1、(0.75)	20.752
4		0.7		3.242		27	3	2、1.5、1、(0.75)、	23.752
	4.5	0.8	0.5	3.688	30		3.5	(3)、2、1.5、1、(0.75)	26.211
5		(0.75)		4.134		33	3.5	(3)、2、1.5、(1)、(0.75)	29.211
6		1	0.75、(0.5)	4.917	36		4	3、2、1.5、(1)	31.670
8		1.25	1、0.75、(0.5)	6.647		39	4		34.670
10		1.5	1.25、1、0.75 (0.5)	8.376	42		4.5		37.129
12		1.75	1.5、1.25、1、(0.75)、(0.5)	10.106		45	4.5	(4)、3、2、1.5、(1)	40.129
	14	2	1.5、(1.25)、1、(0.75)、(0.5)	11.835	48		5		42.587
16		2	1.5、1、(0.75)、(0.5)	13.835		52	5		46.587
	18	2.5	2、1.5、1、(0.75)、(0.5)	15.294	56		5.5	4、3、2、1、5、(1)	50.046
20		2.5		17.294		60	5.5		54.046

注　优先选用第一系列，括号内尺寸尽可能不用。第三系列未列入。

附表2　　　　　　　　　　　　　　　　　　六 角 头 螺 栓

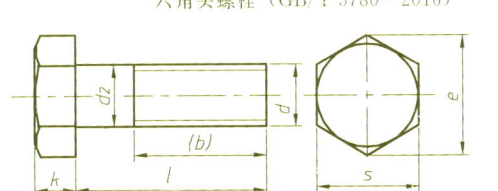
六角头螺栓（GB/T 5780—2016）

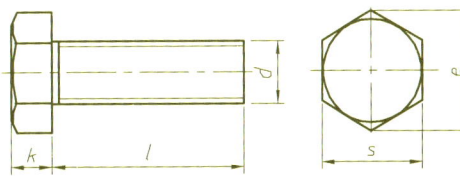
六角头螺栓（GB/T 5783—2016）

标记示例

螺纹规格 d＝M12、公称长度 l＝80mm、性能等级为8.8级、表面氧化、产品等级为A级的六角头螺栓：
　　螺栓　GB/T 5780　M12×80

螺纹规格 d＝M12、公称长度 l＝80mm、性能等级为8.8级、全螺纹、表面氧化、产品等级为A级的六角头螺栓：
　　螺栓　GB/T 5783　M12×80

螺纹规格	d	M4	M5	M6	M8	M10	M12	M16	M20	M24	M30
b 参考	l≤125	14	16	18	22	26	30	38	46	54	66
	125＜l≤200	—	—	—	28	32	36	44	52	60	72
	l＞200	—	—	—	—	—	—	57	65	73	85
k		2.8	3.5	4	5.3	6.4	7.5	10	12.5	15	18.7
d_{max}		4	5	6	8	10	12	16	20	24	30
s_{max}		7	8	10	13	16	18	24	30	36	46
e_{min}	A	7.06	8.97	11.05	14.38	17.77	20.003	26.75	33.53	39.98	—
	B	—	8.63	10.89	14.2	17.59	19.85	26.17	32.95	39.55	50.85
l 范围	GB/T 5782	25～40	25～50	30～60	35～80	40～100	45～120	55～160	65～200	80～240	90～300
	GB/T 5783	8～40	10～50	12～60	16～80	20～100	25～100	35～100	40～100		
l 系列	GB/T 5782	20～65（5进制）、70～160（10进制）、180～400（20进制）									
	GB/T 5783	8、10、12、16、18、20～65（5进制）、20～100（10进制）、180～500（20进制）									

附表 3 双 头 螺 柱

$b_m=1d$ (GB 897—1988)　　$b_m=1.25d$ (GB 898—1988)　　$b_m=1.5d$ (GB 899—1988)　　$b_m=2d$ (GB 900—1988)

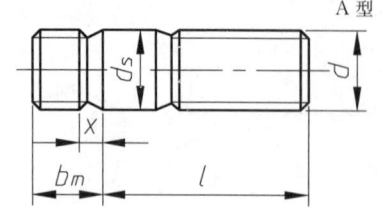
A 型

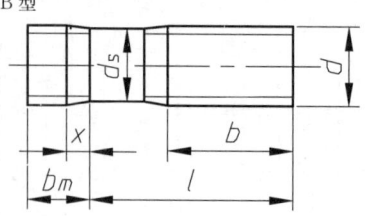
B 型

标记示例

两端均为粗牙普通螺纹，$d=10$mm、$l=50$mm、性能等级 4.8 级、不经表面处理、B 型、$b_m=1d$ 的双头螺柱：

　　螺柱　GB 897 M10×50

旋入机件一端为粗牙普通螺纹，旋螺母一端为螺距 $P=1$mm 的细牙普通螺纹，$d=10$mm、$l=50$mm、性能等级 4.8 级、不经表面处理、A 型、$b_m=1d$ 的双头螺柱：

　　螺柱　GB 897 AM10-M10×1×50-4.8

螺纹规格 d		M4	M5	M6	M8	M10	M12	M16	M20	M24	M30
b_m	GB 897	—	5	6	8	10	12	16	20	24	30
	GB 898	—	6	8	10	12	15	20	25	30	38
	GB 899	6	8	10	12	15	18	24	30	36	45
	GB 900	8	10	12	16	20	24	32	36	48	60
d_s		A 型 $d_s=$ 螺纹大径　　B 型 $d_s=$ 螺纹中径									
s		1.5P									
$\dfrac{l}{b}$		$\dfrac{16\sim22}{8}$	$\dfrac{16\sim22}{10}$	$\dfrac{20\sim22}{10}$	$\dfrac{20\sim22}{12}$	$\dfrac{25\sim28}{14}$	$\dfrac{25\sim30}{16}$	$\dfrac{30\sim38}{20}$	$\dfrac{35\sim40}{25}$	$\dfrac{45\sim50}{30}$	$\dfrac{60\sim65}{40}$
		$\dfrac{25\sim14}{14}$	$\dfrac{25\sim50}{16}$	$\dfrac{25\sim30}{14}$	$\dfrac{25\sim30}{16}$	$\dfrac{30\sim38}{16}$	$\dfrac{31\sim40}{20}$	$\dfrac{40\sim55}{30}$	$\dfrac{45\sim65}{35}$	$\dfrac{55\sim75}{45}$	$\dfrac{70\sim90}{50}$
				$\dfrac{32\sim75}{18}$	$\dfrac{32\sim90}{22}$	$\dfrac{40\sim120}{26}$	$\dfrac{45\sim120}{30}$	$\dfrac{60\sim120}{38}$	$\dfrac{70\sim120}{46}$	$\dfrac{80\sim120}{54}$	$\dfrac{95\sim120}{60}$
						$\dfrac{130}{32}$	$\dfrac{130\sim180}{36}$	$\dfrac{130\sim200}{44}$	$\dfrac{130\sim200}{52}$	$\dfrac{130\sim200}{60}$	$\dfrac{130\sim200}{72}$
											$\dfrac{210\sim250}{85}$
l 系列		16、(18)、20、(22)、25、(18)、30、(38)、40、45、50、(55)、60、(65) 70、(75)、80、(85)、90、(95)、100、110、120、130、140、150、160、170、180、190、200、210、220、230、240、250、260									

附表 4　　　　　　　　　　　　　　　　螺　钉

开槽圆柱头螺钉（GB/T 65—2016）　　　　开槽盘头螺钉（GB/T 67—2016）

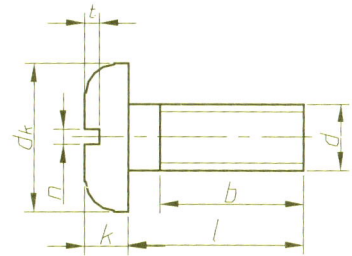

开槽沉头螺钉（GB/T 68—2016）　　　　开槽半沉头螺钉（GB/T 69—2016）

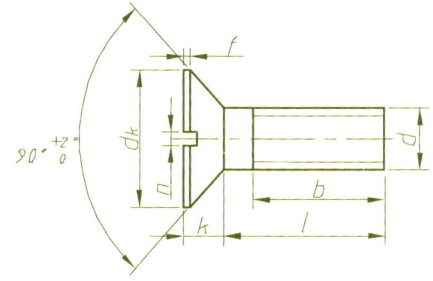

（无螺纹部分杆径≈中径或≈螺纹大径）

标记示例

螺纹规格 d＝M5、公称长度 l＝20、性能等级为 4.8 级、不经表面处理的 A 级开槽圆头螺钉：

螺钉　GB/T 65　M5×20

单位：mm

螺纹规格 d	p	b_{min}	n 公称	f GB/T 68	r_f GB/T 69	k_{max} GB/T 65	k_{max} GB/T 67	k_{max} GB/T 68、GB/T 69	d_{max} GB/T 65	d_{max} GB/T 67	d_{max} GB/T 68、GB/T 69	T_{min} GB/T 65	T_{min} GB/T 67	T_{min} GB/T 68	T_{min} GB/T 69	l 范围
M3	0.5	2.5	0.8	0.7	6	1.8	1.8	1.65	5.6	5.6	5.5	0.7	0.7	0.6	1.2	4~30
M4	0.7	3.8	1.2	1	9.5	2.6	2.4	2.7	7	8	8.4	1.1	1	1	1.6	5~40
M5	0.8	3.8	1.2	1.2	9.5	3.3	3.0	2.7	8.5	9.5	9.3	1.3	1.2	1.1	2	6~50
M6	1	3.8	1.6	1.4	12	3.9	3.6	3.3	10	12	11.3	1.6	1.4	1.2	2.4	8~60
M8	1.25	3.8	2	2	16.5	5	4.8	4.65	13	13	15.8	2	1.9	1.8	3.3	10~80
M10	1.3	3.8	2.5	2.5	19.5	6	6	6	16	16	18.3	2.4	2.4	2	3.8	12~80
l 系列	4、5、6、8、10、12、(14)、16、20、25、30、35、40、50、(55)、60、(65)、70、(75)、80															

附表5　　　　螺母c级（GB/T 41—2016）

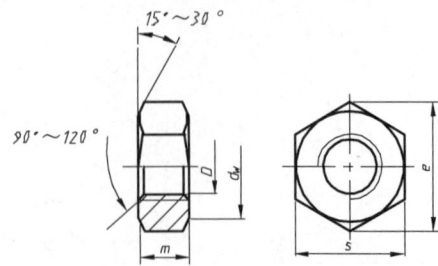

标记示例

螺纹规格 D＝M12、性能等级为5级、不经表面处理、产品等级为级的六角螺母：
　　螺母　GB/T 41　M12

单位：mm

螺纹规格 D	M4	M5	M6	M8	M10	M12	M16	M20	M24	M30	M36	M42	M48
s_{max}	7	8	10	13	16	18	24	30	36	46	55	65	75
e_{min}	—	8.63	10.9	14.2	17.6	19.9	26.2	33.0	39.6	50.9	60.8	72.0	82.6
m_{max}	—	5.6	6.1	7.9	9.5	12.2	15.9	18.7	22.3	26.4	31.5	34.0	38.9
d_w	—	6.9	8.7	11.5	14.5	16.5	22.0	27.7	33.2	42.7	51.1	60.6	69.4

附表6　　　　平　　垫

平垫圈——A级（GB/T 97.1—2002）　　平垫圈倒角型——A级（GB/T 97.2—2002）

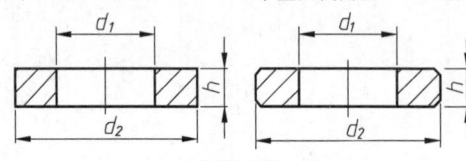

标记示例

标准系列、公称尺寸 d＝8mm、性能等级为140HV级、不经表面处理的平垫圈：
　　垫圈　GB/T 97.1　8—140HV

单位：mm

公称尺寸 d（螺纹规格）	3	4	5	6	8	10	12	14	16	20	24	30	36
内径 d_1	2.2	4.3	5.3	6.4	8.4	10.5	13	15	17	21	25	31	37
外径 d_1	7	9	10	12	16	20	13	28	30	37	44	56	66
厚度 h	0.5	0.8	1	1.6	1.6	2	2.5	2.5	3	3	4	4	5

参 考 文 献

[1] 段齐骏,等. 设计图学 [M]. 北京:机械工业出版社,2003.
[2] 袁和法. 设计制图 [M]. 北京:机械工业出版社,2004.
[3] 卢健涛. 现代工程制图 [M]. 上海:上海交通大学出版社,2004.
[4] 聂桂平. 现代设计图学 [M]. 3版. 北京:机械工业出版社,2011.
[5] 穆存远. 工业设计图学 [M]. 北京:机械工业出版社,2011.
[6] 何斌,等. 建筑制图 [M]. 5版. 北京:高等教育出版社,2005.
[7] 朱辉,曹桄,等. 画法几何及工程制图 [M]. 5版. 上海:上海科学技术出版社,2003.